NF文庫
ノンフィクション

超駆逐艦 標的艦 航空機搭載艦

艦艇学入門講座／軍艦の起源とその発展

石橋孝夫

潮書房光人社

『超駆逐艦 標的艦 航空機搭載艦』目次

超駆逐艦　標的艦　航空機搭載艦

——艦艇学入門講座／軍艦の起源とその発展

超駆逐艦

駆逐艦に成長した水雷艇

超駆逐艦というのは、正規の艦種名ではない。語源は英語のスーパー・デストロイヤーよりきたものである。

戦前、いくつかの造船専門誌に発表された海外の論文に、この名称が見られた。狭義には、一般の駆逐艦から抜きんでた大型、または強兵装の駆逐艦をさすものである。

広義には、駆逐艦だけにこだわらず、巡洋艦のなかからも、小型化されて大型駆逐艦に接近したタイプの艦をこう呼ぶこともあり、さらにふるくは、水雷砲艦、水雷巡洋艦と呼ばれた駆逐艦誕生前の艦種、または通報艦と呼ばれた艦種のなかにも、超駆逐艦の要素は存在したともいえる。

そもそも駆逐艦の誕生は、水雷艇の駆逐を目的とした水雷艇駆逐艦であったことは周知のことだが、いいかえれば、超水雷艇が駆逐艦にほかならない。

世界最初の駆逐艦は一八九三（明治二十六）年にイギリスで出現し、ヤーロー社の建造したハボックがこの艦種の嚆矢となった。

最初の駆逐艦は排水量二七五トン、主機はレシプロで速力二七ノット、艦首は水はけをよくするため丸味をもたせて、いわゆる亀の甲羅に似たところから「二七ノット、タートルバック」と呼ばれた。

イギリス海軍は、この型を一九〇一年までに一〇二隻も建造した。後期の艦は主機にタービンを採用、速力は最高三五ノットまでに達し、排水量も三七〇トンまでにいたった。日本海軍の採用した最初の駆逐艦も、もちろんこの二七ノット、タートルバックであった。

イギリス海軍最初の水雷艇ライトニング（排水量三二トン）が完成したのが一八七七年であるから、したがってこの一六年間に、水雷艇は排水量で八・五倍に達したといってまちがいない。

一九〇三年、イギリス海軍は次のE級駆逐艦で排水量を五五〇トンに高め、さらに一九〇七年のF級では八九〇トン、同級の後期艦では一〇九〇トンと、はじめて一〇〇〇トンを超す駆逐艦が出現する。駆逐艦の出現から一五年にして、排水量は四倍ちかく増大したことになる。

この時代、イギリス海軍がすべてをリードしており、駆逐艦についても例外ではなかったから、イギリス駆逐艦を説明することで、駆逐艦全般の趨勢を語ることができるのである。

このF級はトライバル級とも呼ばれ、世界各地の部族名を艦名としていたことでも有名だが、単に大型化というだけでなく、多くの画期的な新機軸をもった最初の超駆逐艦であった。

本型は平均的な波高の海面で、三三ノットで八時間の連続航行を要求された最初の航洋型駆逐艦であった。当時、水雷艇にくらべれば改善されたとはいえ、三〇〇トン前後の駆逐艦では、すこし波が高いと外洋での行動は制約されることがおおく、主力艦隊に随伴するには不十分であった。

しかし、最初この要求はあまりにハードルが高すぎて、造船官からも実現困難という声が強く、その実現には技術的な問題も多かった。

結局、当時まだ完全に信頼が得られなかったタービンを全面的に採用し、しかも燃料の重油専焼化をはかることで、これを実現することができた。

これは、いままでのレシプロ、石炭焚きの駆逐艦にたいして画期的な進歩で、当時これを断行できたのは、タービンと重油燃料化のメリットを完全に理解していた軍令部長ジョン・アーバスノット・フィッシャー大将の強力なリーダーシップがあったからにほかならない。ドレッドノートの生みの親でもあるフィッシャーは、駆逐艦にたいしてもリーダーシップを発揮して、このトライバル級の計画も、もちろんフィッシャーの息のかかったものであったことはいうまでもない。

トライバル級一二隻は七社の民間造船所に発注され、期間は各社にまかされた。そのため、外観的には三〜六本煙突とさまざまであった。タービン三基三軸は共通で、公試では全艦三

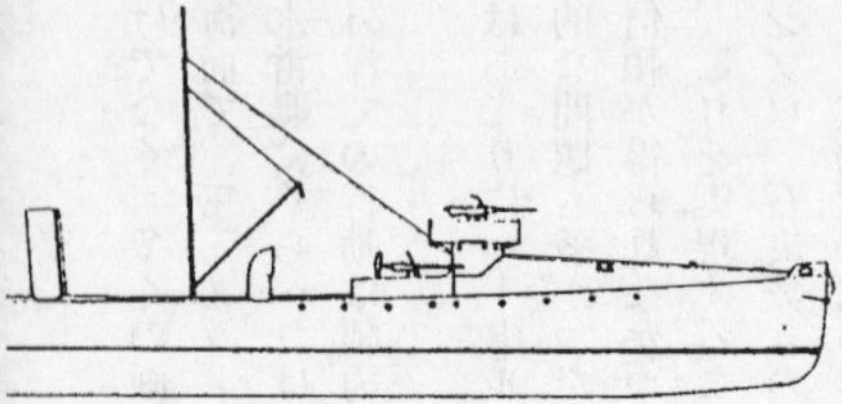

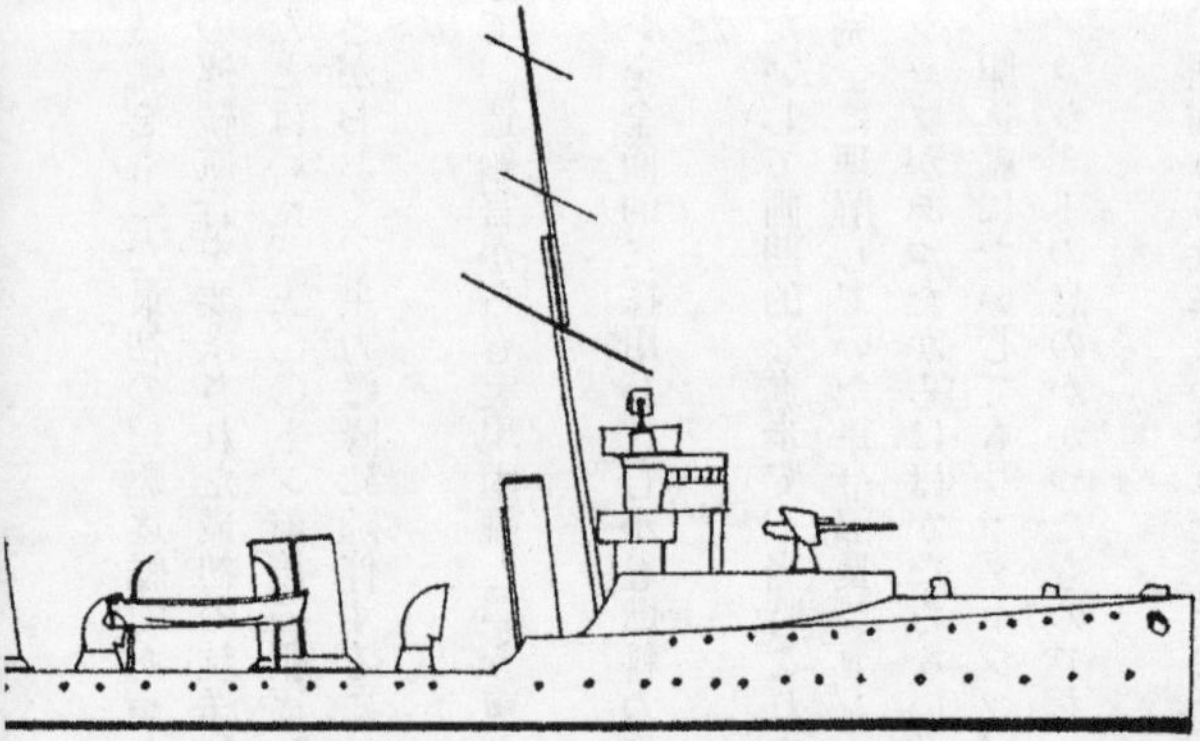

第 1 図　水雷艇ライトニング (1877 年)

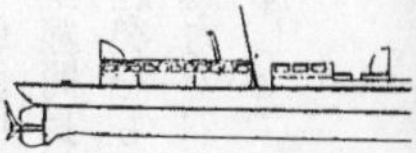

第 2 図　駆逐艦ハボック (1893 年)

第 3 図　トライバル級駆逐艦バイキング (1909 年)

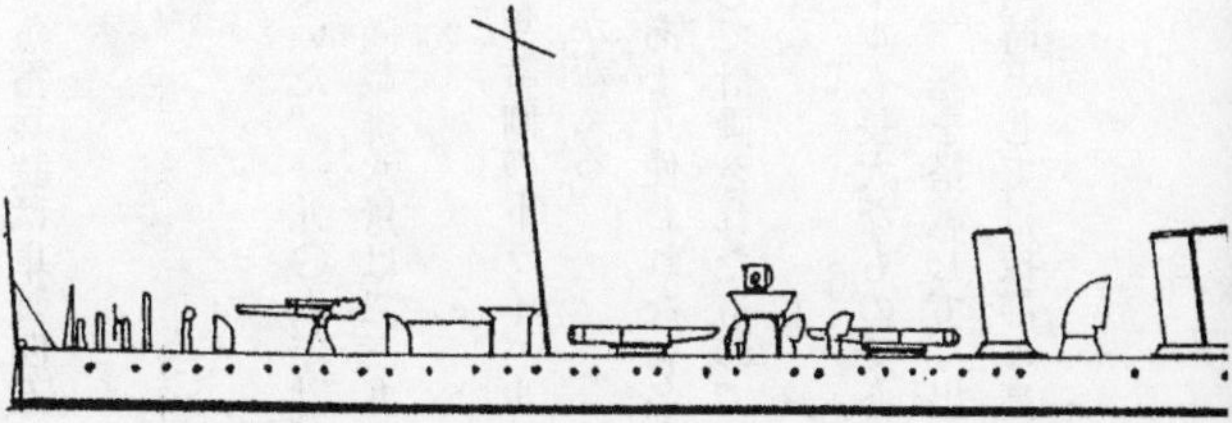

三ノットをクリアーし、最高は三五ノットに達した。

兵装は、後期艦で駆逐艦としてははじめて一〇センチ砲が搭載され、魚雷兵装は単装四五センチ発射管二基と変化はなかった。

スーパー・デストロイヤー

このトライバル級と同時に、本当の超駆逐艦がもう一隻建造されていた。一九〇六年計画のスイフトである。本艦は一隻のみの建造で、排水量二一七〇トン、満載排水量は二三九〇トンという破天荒な大型駆逐艦であった。

イギリス海軍でこれを上まわる駆逐艦は、約三〇年後の一九三五年計画のトライバル級(二代目)まで出現しなかった事実からも、その突出した大きさがうかがえる。

本艦は最初のフロチラ・リーダー(嚮導駆逐艦)であった。今ではあまり使われない名称だが、駆逐隊群または水雷戦隊の旗艦駆逐艦の役目をもつ駆逐艦として計画されたもので、たぶんに試験艦的な要素が強い艦である。

船体は垂線間長で一〇五メートルと、トライバル級より二〇メートルも長大なものである。太い三本煙突をもつ船首楼甲板型で、機関はタービン四基四軸、缶一二基を搭載して、出力約三万軸馬力で、公試では六時間平均三五ノットという、これまた当時としては抜群の高速性能を発揮した。

スイフト

このため、船体長さの半分以上を機関部が占めるという、当時の駆逐艦の典型的アレンジを有していた。

兵装は一〇センチ砲四門、四五センチ単装発射管二基を搭載した。艦型のわりに雷装は貧弱であった。

のちの第一次大戦ではドーバー哨戒隊に配置され、一九一六年以降は前甲板の一〇センチ砲二門を一五センチ砲一門に換装し、イギリス駆逐艦で唯一の六インチ砲搭載艦となった。

一方、トライバル級とスイフトは兵装が旧式なため、第一次大戦では第一線よりしりぞいていたが、これ以後に計画されたG級以降の駆逐艦は排水量一〇〇〇トン以下とし、速力も三〇ノット前後に設定され、いわゆる標準型として数を揃えることに主眼がうつされた。

これは建造費が、トライバル級で平均約一四万ポンド、スイフトでは二三・六万ポンドを要したものを、G級では一〇万ポンドまで落としていることでも明らかである。

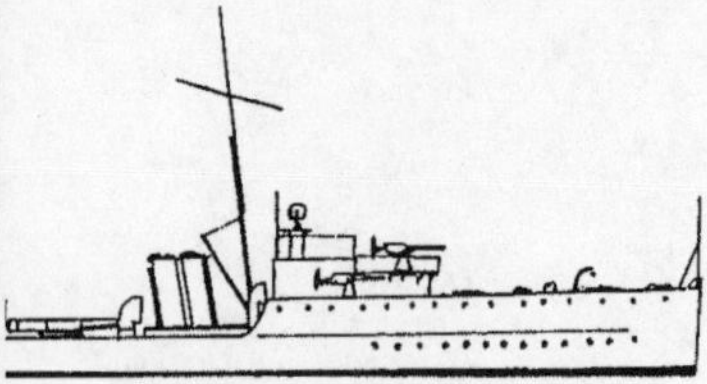

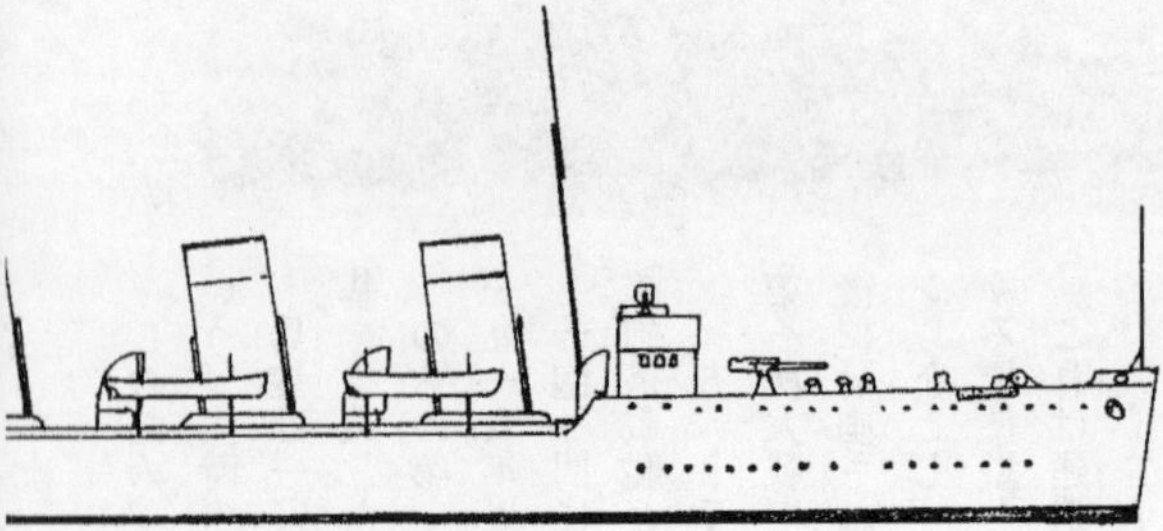

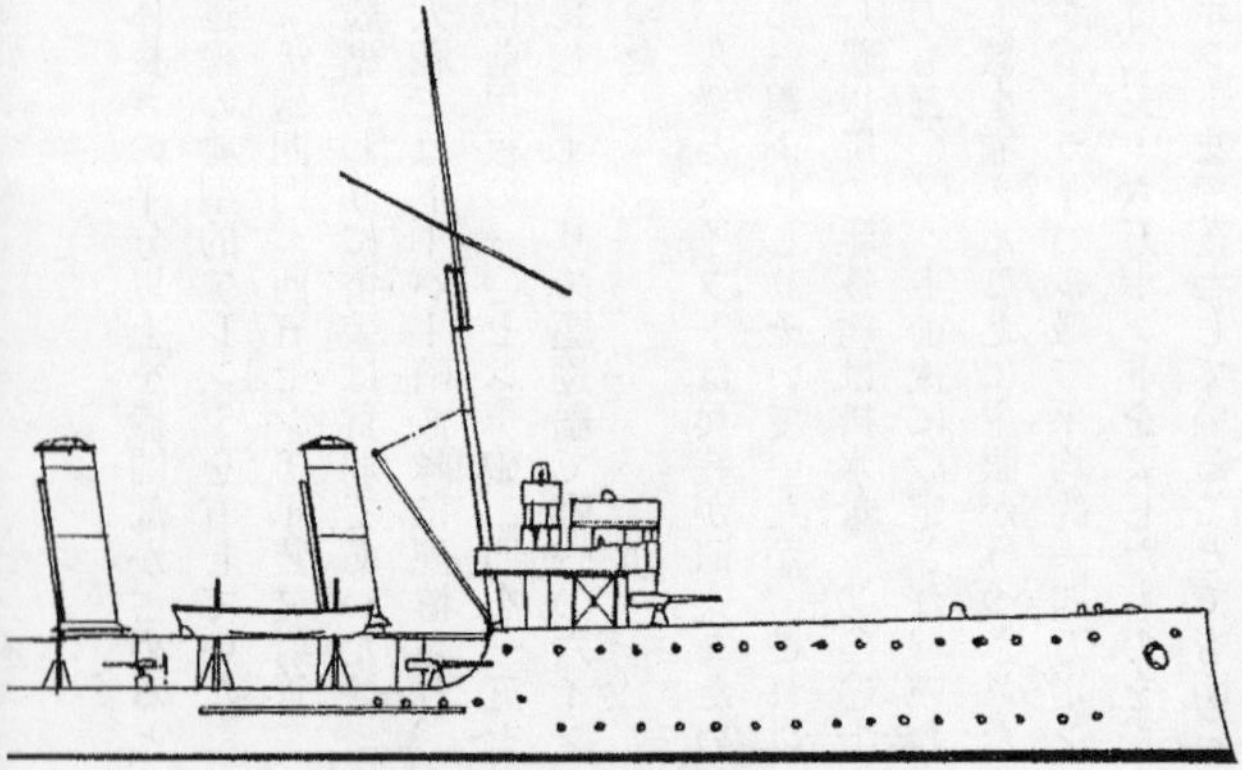

第4図　リバー級駆逐艦（1904年）

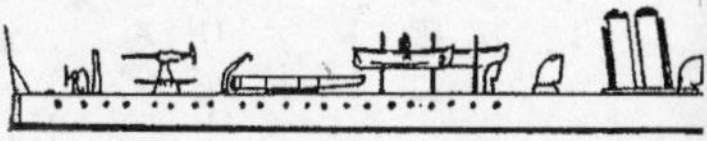

第5図　駆逐艦スイフト（1907年）

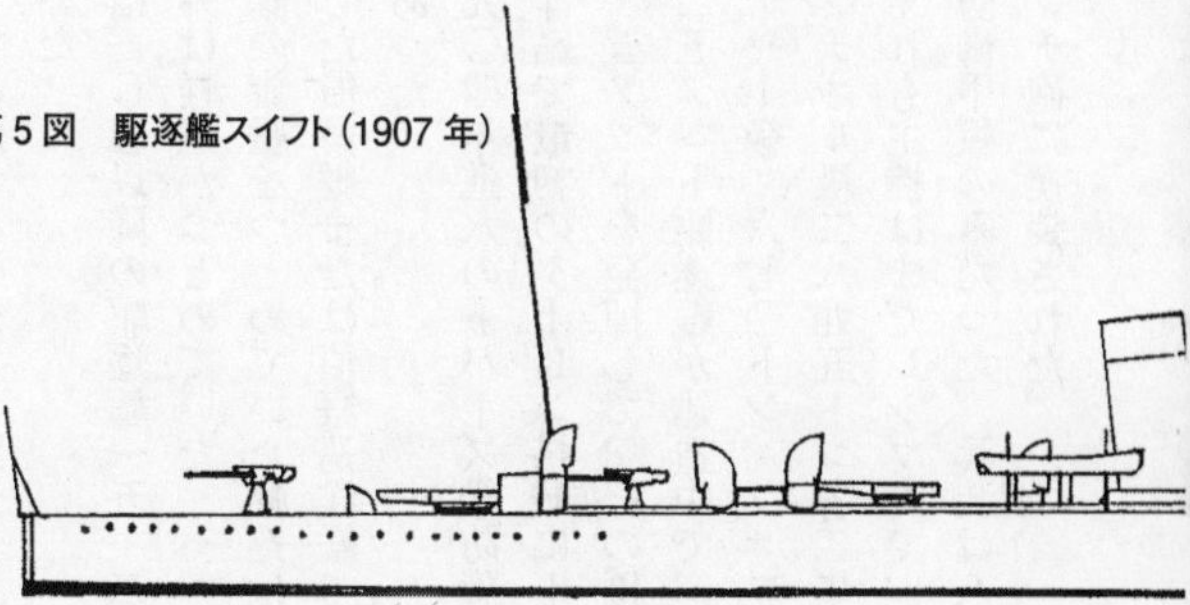

第6図　偵察巡洋艦パスファインダー（1904年）

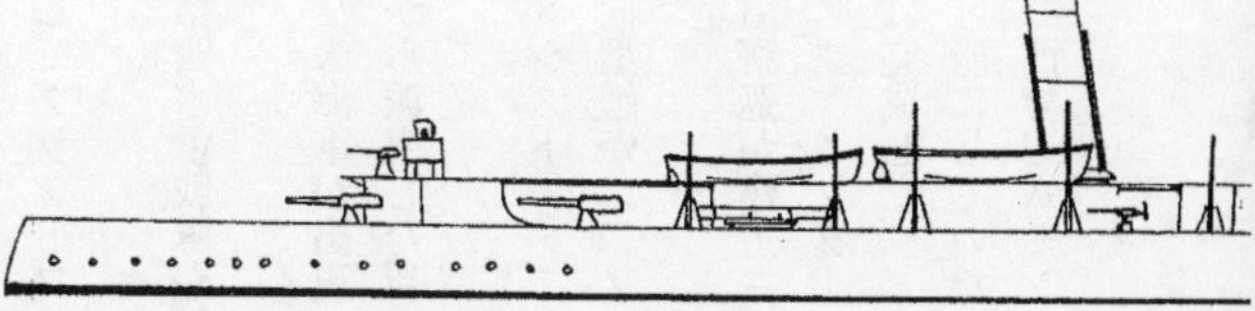

一九一四年八月に第一次大戦が開戦したとき、イギリス海軍は二〇七隻の駆逐艦をもち、八コ水雷戦隊を編成していた。このうち、第一~五水雷戦隊は、第一線用としてグランドフリートに配置されていた。

これらの水雷戦隊は、G級以降の駆逐艦一五~二〇隻で編成され、旗艦は第四水雷戦隊がスイフトであった以外は軽巡がつとめていた。

この時期、水雷戦隊の旗艦をつとめていた軽巡は、一九〇五年以降にイギリス海軍が出現させたスカウトと称した偵察艦または偵察巡洋艦で、従来の小型防護巡洋艦から派生した新しいタイプの艦艇であった。

イギリス海軍は一九〇四年進水のトパーズ級防護巡三〇〇〇トンの一隻アメシストにタービンを搭載して、巡洋艦で最初のタービン搭載にトライした。速力は、他の同型艦が二二ノットのところ、二三・五ノットを発揮して、その優位性を実証した。

おりからリバー級二五ノット駆逐艦が建造中で、これにあわせて一〇隻の偵察巡が建造されていた。アドベンチャー級二六七〇トン、フォワード級二八五〇トン、パスファインダー級二九四〇トン、センチネル級二八九五トン各二隻で、いずれも一九〇五年に完成した。

これらの艦は、いずれも主機はまだレシプロで、速力二五~二六ノットを可能にしていたが、防御は五一ミリ防御甲板のみだった。兵装は八センチ砲一〇門、発射管二門で、八センチ砲はのちに一〇センチ砲に換装された。

これらのスカウトは超駆逐艦的な性格をもっていたものの、タービン装備におくれをとり、中途半端な速力のため、開戦時の駆逐艦の速力には追従できず、旗艦任務も長くはつづかなかった。

海軍先進国のスカウト巡

じつは、イギリス海軍がこうしたスカウトを建造する四年も前にロシア海軍が同種艦を出現させていたことは、あまり知られていない。

ノウイック三〇八〇トンは、ロシア海軍が一八九八年にドイツのシーショー社に発注した小型巡洋艦で、当時としては駆逐艦に準ずる二五ノットの速力を発揮する快速巡洋艦であった。これぞまさにスカウトの第一艦であり、超駆逐艦の祖先であった。

事実、日露戦争開戦時、旅順にあった同艦は、その快速ゆえに前評判どおりの活躍をしめし、こうした快速艦をもたなかった日本海軍を悩ますことになる。黄海海戦後、樺太に脱出したノウイックは同地で座礁、のちに日本海軍が接収して通報艦「鈴谷」となったことは周知のとおりである。

ロシア海軍は一九〇一〜〇四年に、ほぼ同型のイズムルドとジェムチーグを自国で建造している。こうした防護巡洋艦の小型高速化は、駆逐艦の大型高速化と軸をひとつにしたものであった。

水雷艇を駆逐するために出現した駆逐艦を駆逐するには、高速で兵装にすぐれた巡洋艦、すなわち近代的軽巡洋艦の出現にいたるのである。その意味では、これら初期の軽巡の元祖を無理に超駆逐艦に分類する必要はないが、相反する意味で超駆逐艦と称してもまちがいではない。

イギリスでは一連のスカウトの建造でタービンの採用に踏みきれず、タービンを採用して速力二六ノットのボーデシア級四隻三四〇〇トンを建造したのは約五年後のことであった。さらに、開戦まぢかい一九一二〜一三年にほぼ同型のアクティブ級三隻が完成、これらが開戦時の水雷戦隊旗艦をつとめることになった。

しかし、イギリス海軍はより水雷戦隊旗艦にふさわしい新しい巡洋艦を、開戦直後に完成させていた。すなわち、近代軽巡の元祖といわれるアレシューサ級八隻（三五〇〇トン）である。

これまでのスカウトが防護巡洋艦の防御様式、すなわち舷側装甲をもたず、防御甲板のみで防御されていたのにたいし、三インチの舷側甲板をもち、かつ速力も三〇ノットに達して、兵装は六インチ砲に雷装も五三センチ発射管連装四基と駆逐艦なみに強化されていた。

これらの巡洋艦は、舷側装甲を復活させたことで軽装甲巡洋艦と称されたが、当時、装甲巡洋艦がすでに巡洋戦艦にその地位をゆずって、没落の道をたどっていたことからも、以後は単に軽巡洋艦と呼称されるにいたるのである。

（上）「鈴谷」〈旧ノウイック〉。（下）アレシューサ

イギリス海軍は第一次大戦中にじつに四二隻ものこうした軽巡を完成させた。また、イギリス海軍は他に艦隊用に兵装を強化し、速力を二五ノットにとどめた五〇〇〇トン級軽巡も大戦前半に二〇隻ほど建造しており、この時期、このような近代的軽巡を豊富に保有していたのはイギリス海軍のみであった。

日本海軍でこうした近代的軽巡が出現したのは、一九一九年の「天龍」「龍田」が最初で、他の列強海軍においても、のちのワシントン条約時代にはいるまで、こうした軽巡兵力はわずかに数隻を保有していたのがせいぜいで、まさにイギリス海軍の独壇場であった。

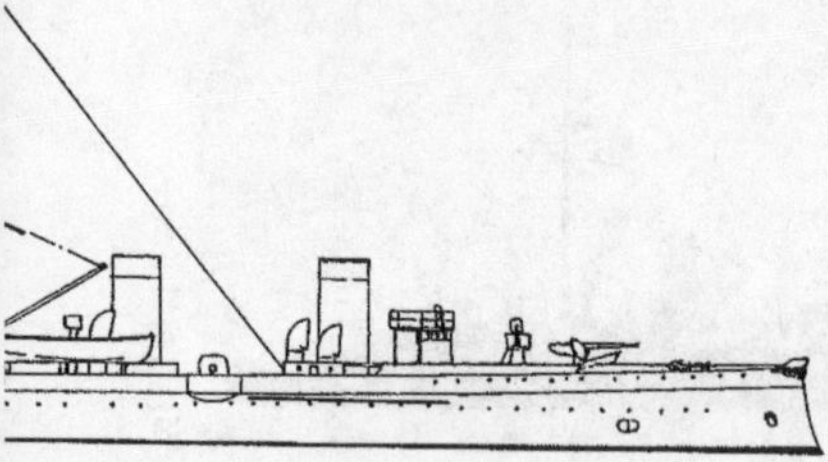

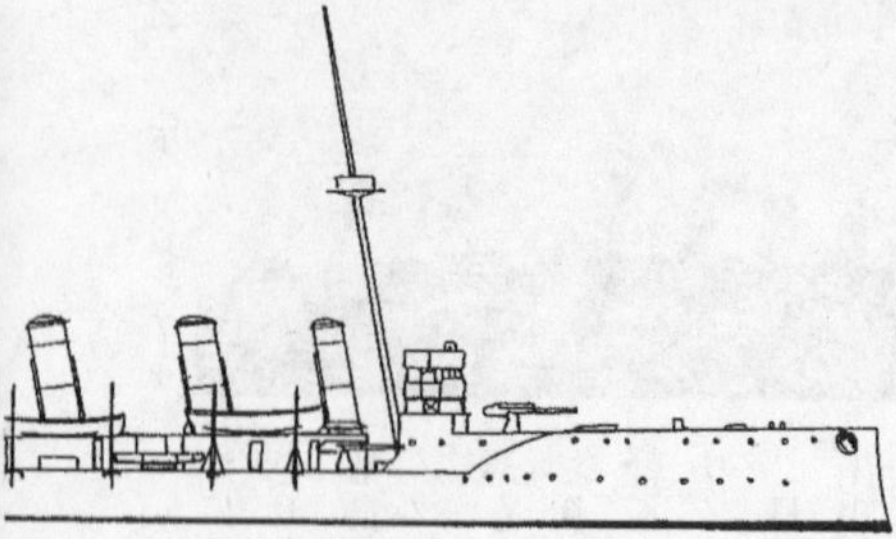

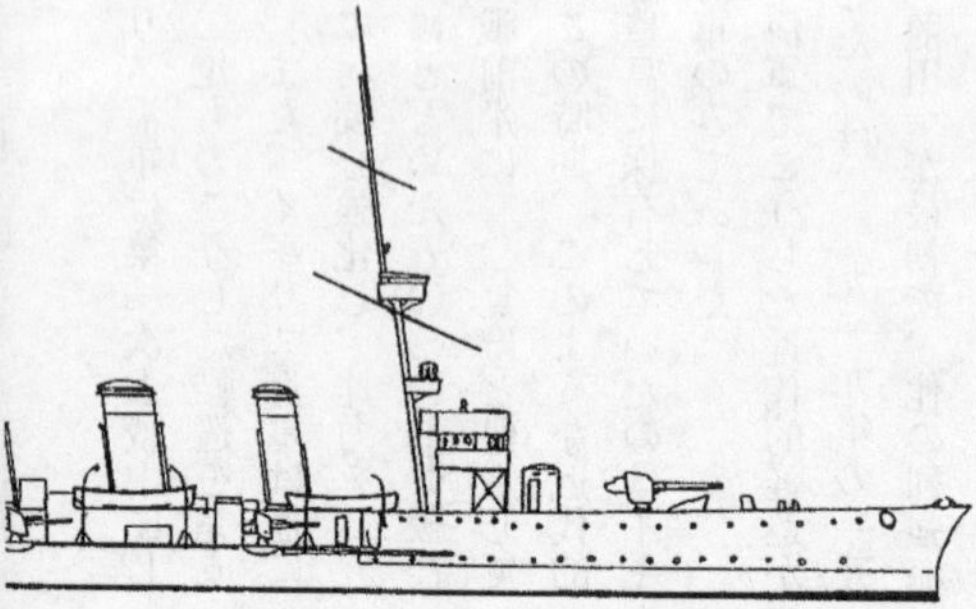

第７図　防護巡洋艦ノウイック（ロシア・1901 年）

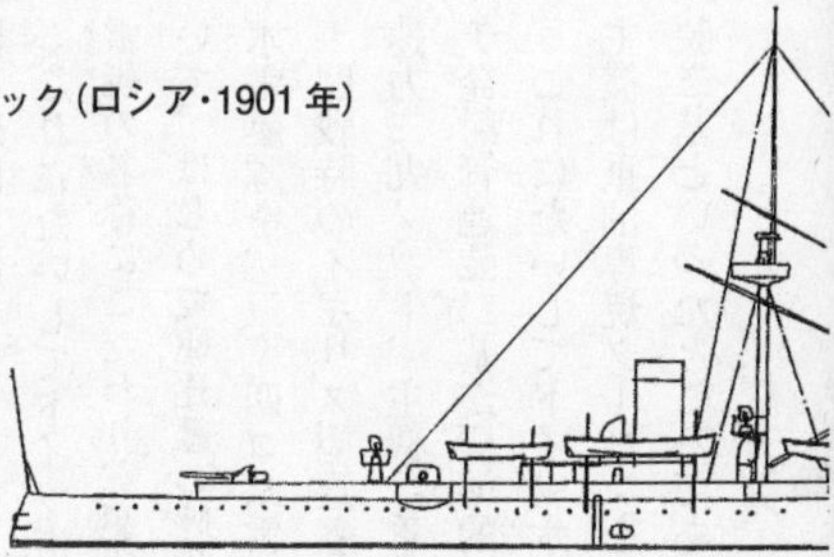

第８図　偵察巡洋艦アクティブ
（イギリス・1911 年）

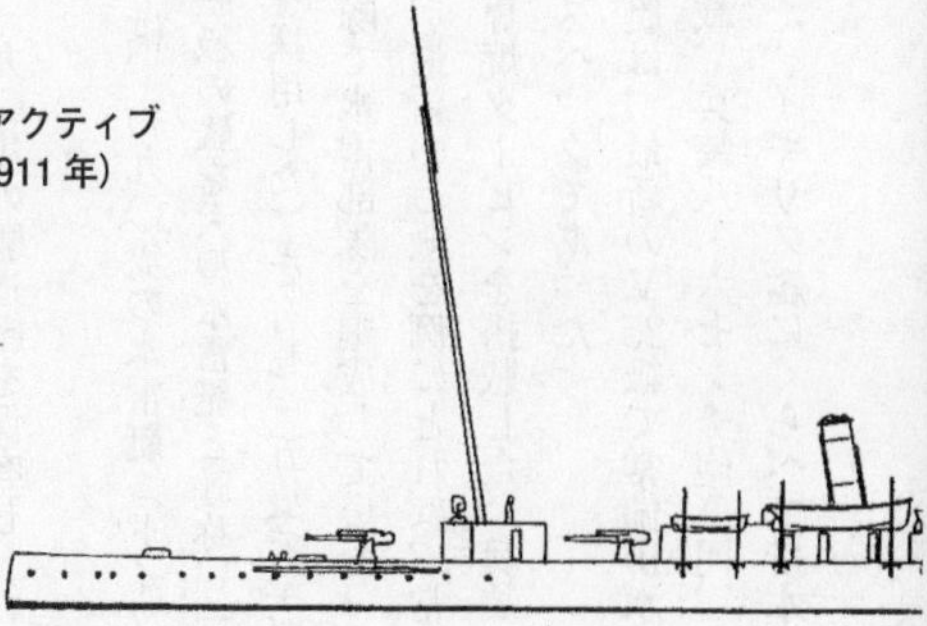

第９図　軽巡洋艦アレシューサ（イギリス・1914 年）

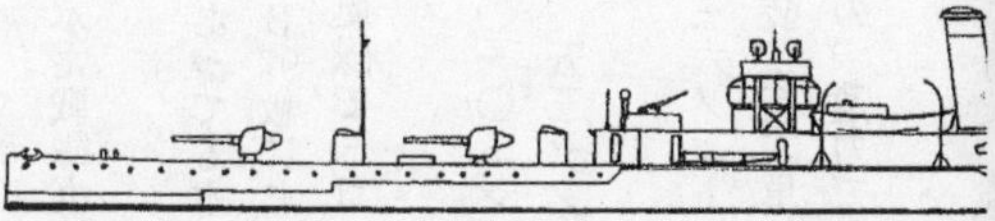

英駆逐艦と独水雷艇の対決

一九一四年に勃発した第一次大戦は、ヨーロッパ大陸を主戦場とした陸上戦闘を主としたが、海上では世界第一位のイギリス海軍と、同第二位のドイツ海軍の激突という側面があった。

開戦時のイギリス海軍は約一九〇隻の駆逐艦を保有し、約二〇隻より編成した水雷戦隊九隊を艦隊に配していた。

これにたいしてドイツ海軍は、約九〇隻の水雷艇（ドイツ海軍は駆逐艦時代にあっても水雷艇の名称にこだわり、駆逐艦級の艦を大型水雷艇と呼称、一〇〇〇トンを超えたB97級において、はじめて駆逐艦の呼称を採用した）を有し、五隻で半艇隊を編成、二コ半艇隊で一コ水雷艇隊を、三〜四コ水雷艇隊で水雷部隊を編成していた。

開戦時のイギリス駆逐艦は、最新のL級を例にとれば、常備排水量九六五〜一〇一〇トン、速力二九ノット、主機は重油専焼タービンを搭載した。兵装は一〇センチ砲三門、五三センチ発射管連装二基が標準的なスペックであった。

これにたいしてドイツ水雷艇は、最新のV25級で常備排水量八一二トン、速力三六ノット、主機は重油専焼タービンを搭載、兵装八・六センチ砲三門、五〇センチ発射管連装二基、単装二基といったところであった。イギリス艦にくらべて排水量が小型であるものの、速力で

アルミランテ級駆逐艦

はまさり、兵装では備砲でおとるものの、雷装ではより強力であるのが特色であった。

イギリスの水雷戦隊は、大型駆逐艦が旗艦をつとめるのが通例で、ドイツの水雷部隊は軽巡洋艦が旗艦をつとめていた。

開戦後最初のイギリス海軍嚮導駆逐艦は、チリ海軍の注文でホワイト社が建造中だったアルミランテ級一六九四〜一七四二トン四隻であった。開戦によりイギリス海軍が接収しチィペラリー等に改名して、開戦直後にイギリス海軍に編入した。

当時、先の超駆逐艦スイフトをのぞいては最大の駆逐艦で、速力三二ノットだった。ただし機関は混焼式で三軸、兵装は一〇センチ砲六門、五三センチ発射管連装二基（一部は単装四基）と、当時の標準型イギリス駆逐艦より備砲でまさり、のちに備砲二門を一二センチ砲に換装した。

大型の船体と四本煙突が特長で、編入後ただちに水雷戦隊の旗艦任務についた。チィペラリーは大戦中、ジュットランド海戦において水雷戦隊をひきいて、ドイツ戦艦列に夜間雷撃を敢行したが、ドイツ側の反撃により撃沈されている。のこりの艦は戦後、

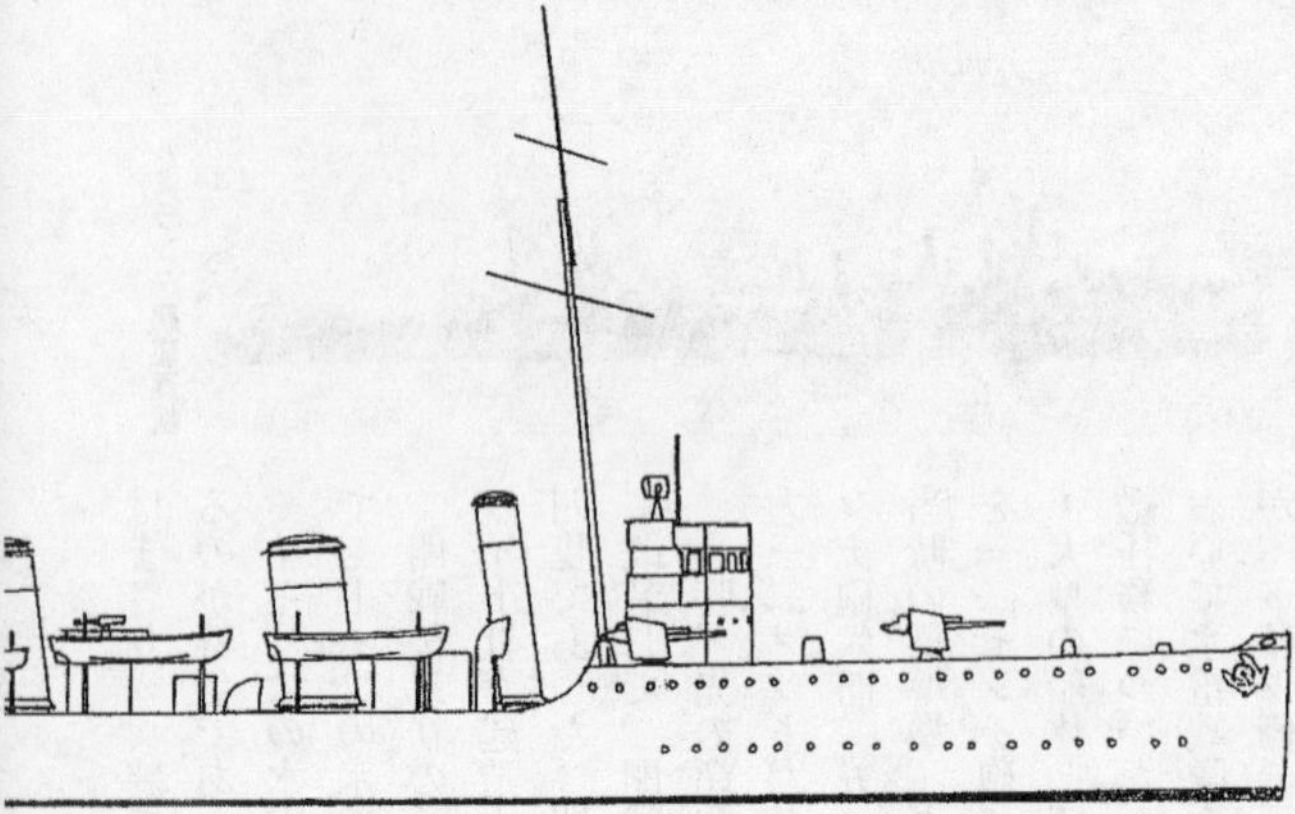

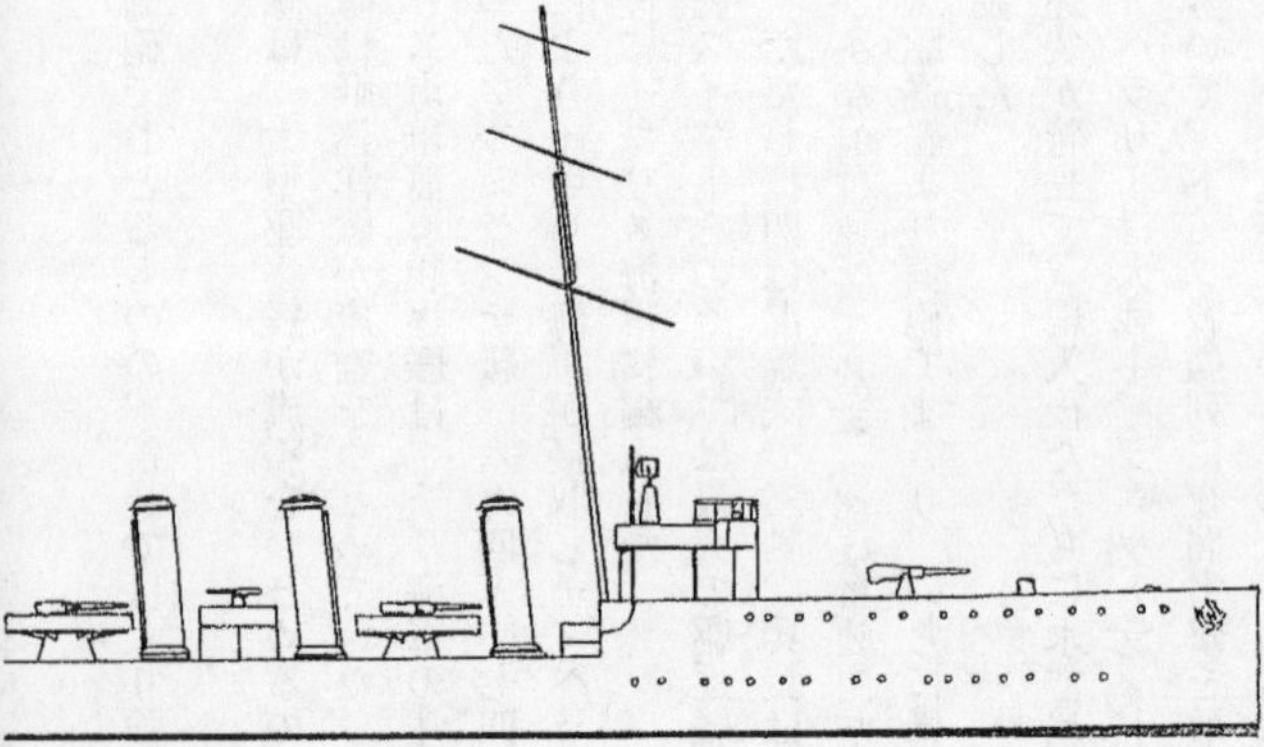

第10図　嚮導駆逐艦ボータ（旧チリ艦・1914年）

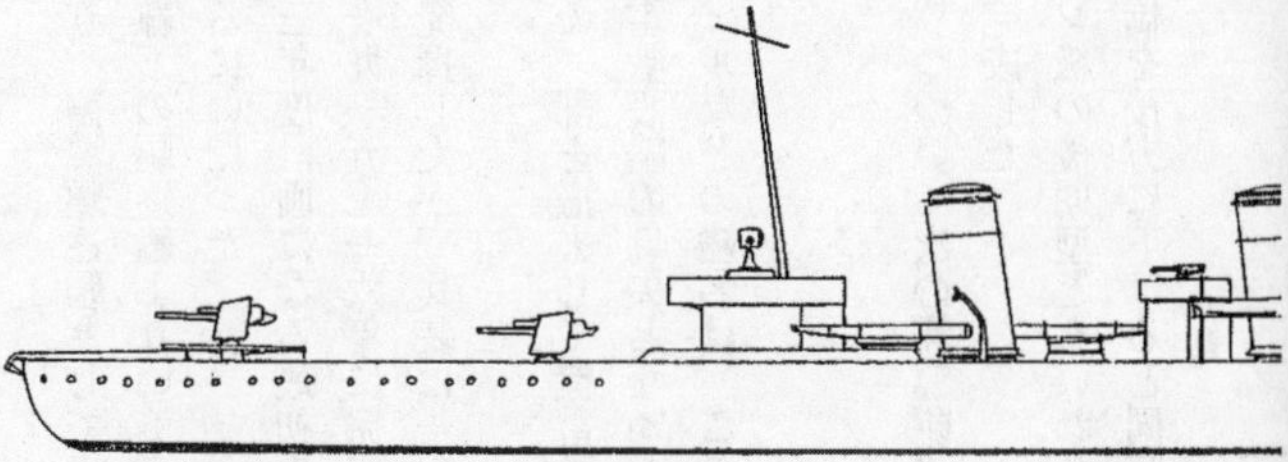

第11図　嚮導駆逐艦マークスマン（1915年）

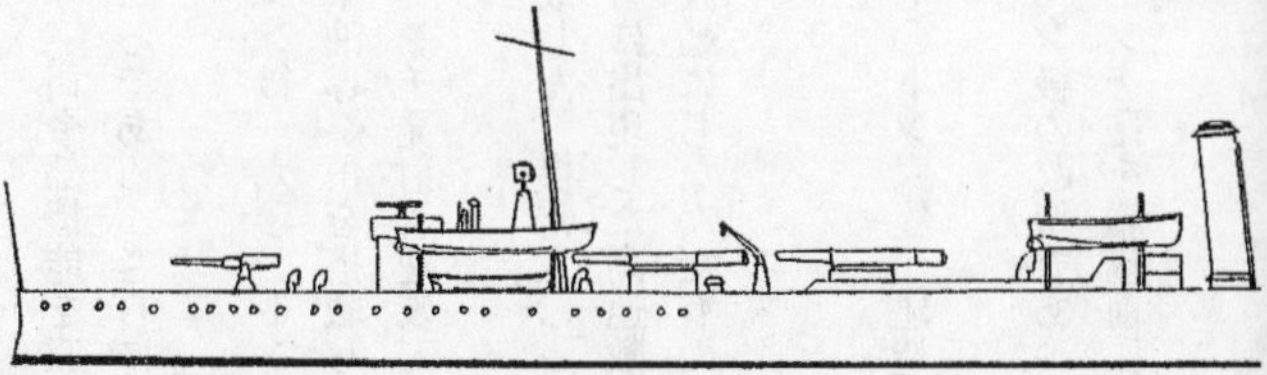

チリに返還された。

本艦型の実績により、嚮導駆逐艦としての条件がほぼ明確になり、司令部機能を収容するための船体の余裕、隷下の駆逐艦よりいくぶんの優速といったところである。さらに、兵装の優越さも考慮されるにいたった。

これ以前、一九一三年度計画になる最初の嚮導駆逐艦マークスマン級一六〇〇トン七隻が開戦時に建造中で、一九一五～一六年に完成した。これらの艦は重油専焼缶を搭載し、三軸で速力三四ノットを発揮したが、兵装は一〇センチ砲四門、五三センチ発射管連装二基と平凡であった。

一部の艦は、兵装の一部を撤去して機雷敷設艦に改造されて完成した。機雷六〇～七二コを搭載して、高速機雷敷設艦の嚆矢となった。のちの第二次大戦時に出現した高速敷設艦マークスマン、アブディルなどの艦名は、このときの本級の機雷敷設艦にちなんだものである。

ド級駆逐艦の旗艦

一九一五年計画で、つづいて次の嚮導駆逐艦アンザック級一六七〇トン六隻が建造され、一九一六～一七年に完成した。

本級はマークスマン級の後期型ともいわれるように、マークスマン級の改型であった。缶室を一室減じて、艦橋を後方に下げると同時に高さを高め、一〇センチ砲を艦橋前に背負い

（上）V級、W級の嚮導駆逐艦ケッペル
（下）スコット級〈海軍省大型〉ブルース

式に装備した最初のイギリス駆逐艦となった。

機関は前級とおなじで、速力三四ノット、煙突は三本となった。兵装は一〇センチ砲四門、七・六センチ高角砲一門、五三センチ発射管連装二基を装備した。

一九一六年計画のV、W級駆逐艦は、ド級駆逐艦といわれたように、ドイツが大型駆逐艦（S113級）を計画中との情報により、標準型駆逐艦の水準を大幅にひき上げたデザインであった。

排水量の増加と速力の向上は最小限にとどめて、排水量一四

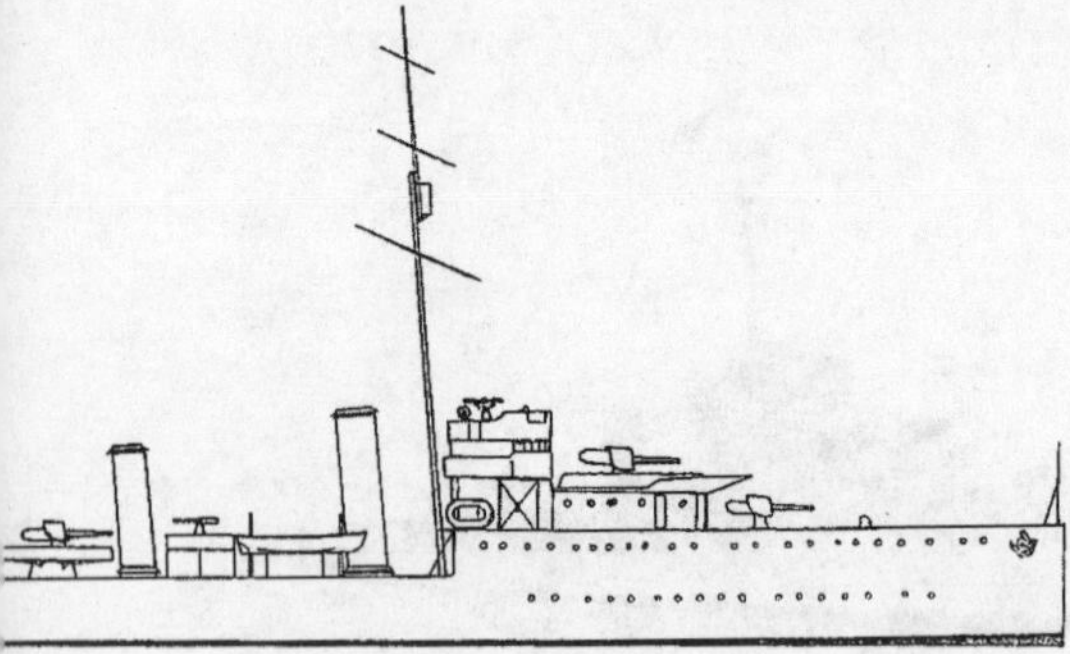

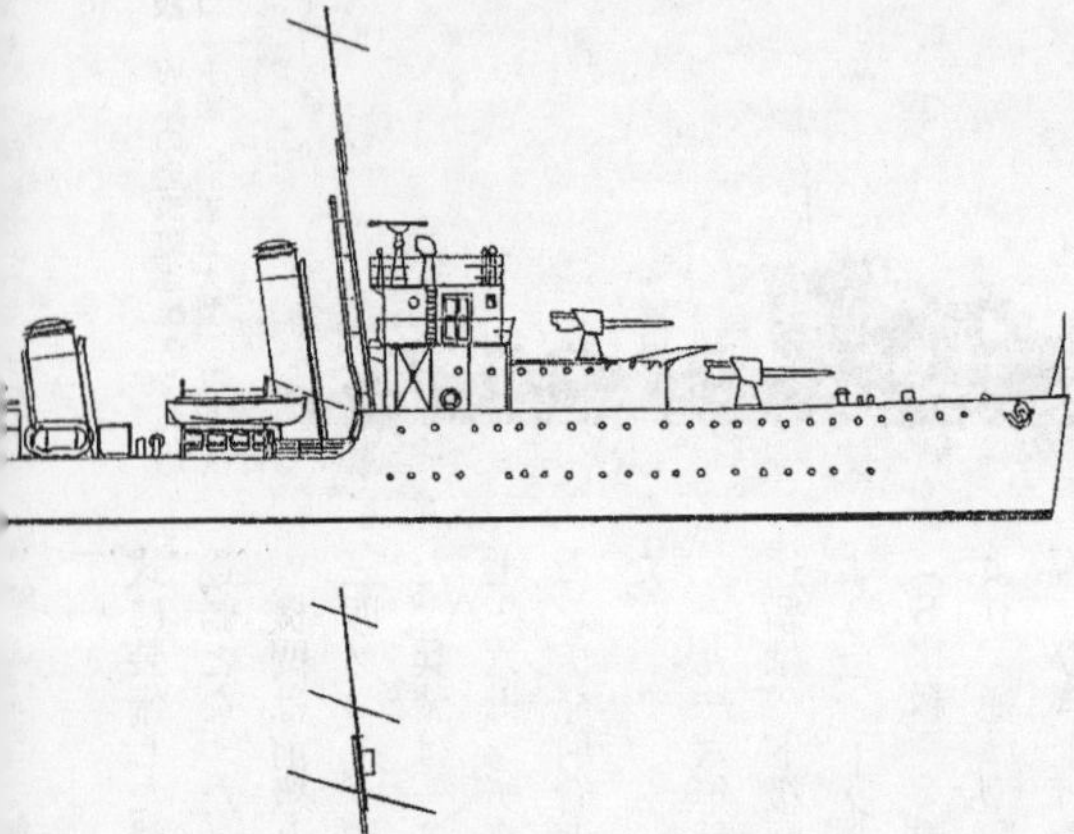

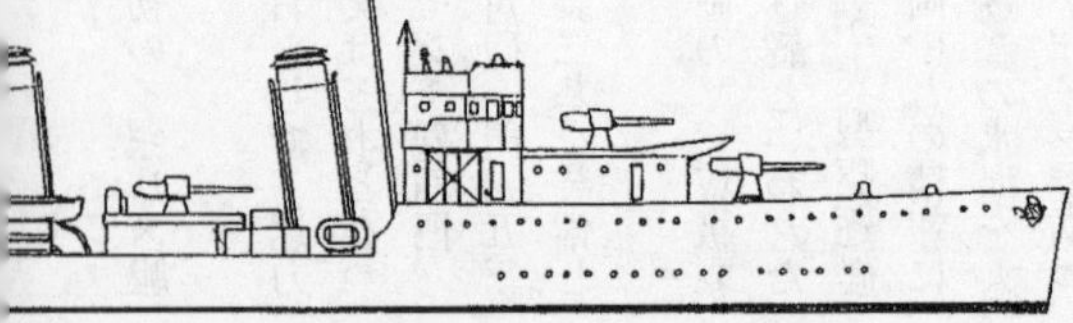

第 12 図　嚮導駆逐艦アンザック (1917 年)

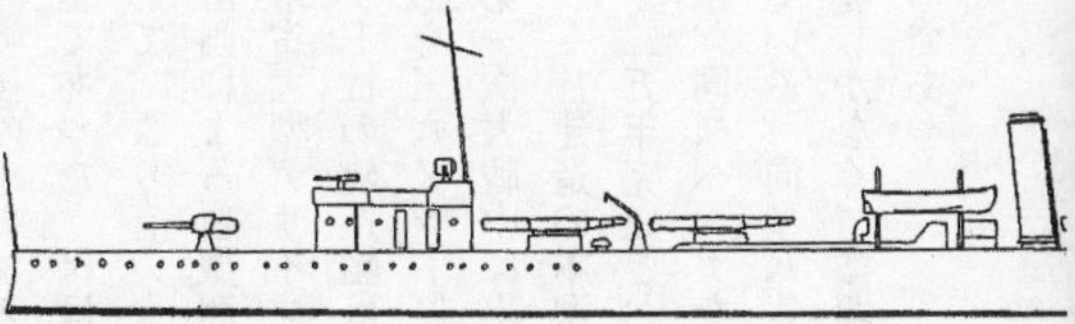

第 13 図　W 級嚮導駆逐艦 (1918 年)

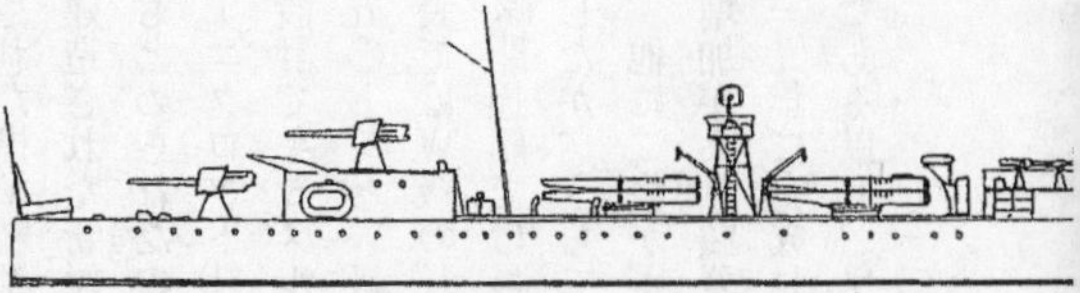

第 14 図　スコット級嚮導駆逐艦 (海軍省大型・1918 年)

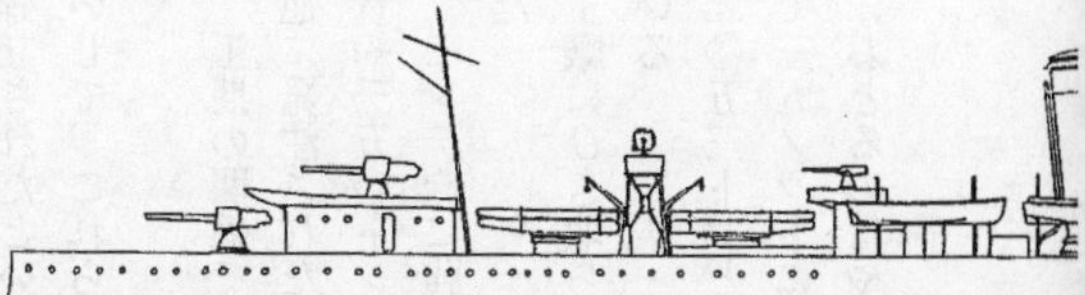

〇〇トン、速力三四ノット、一〇センチ砲四門を前後に背負い式に、他に七・六センチ高角砲一門を中心線上に配し、方位盤による射撃指揮を可能にした。また、雷装も五三センチ発射管三連装（V級は連装）二基と強化したものであった。

形態的には、戦後のイギリス駆逐艦に踏襲された標準艦型は、本級により確立されたといってよい優秀艦であった。ほぼ同型六八隻が建造された新鋭のV、W級にたいして、これらのリーダーとして、より有力な嚮導駆逐艦がもとめられたのも当然であった。

一九一六年計画による新型嚮導駆逐艦はソーニクロフト社に発注されたが、工期の関係で約半数は、海軍省大型デザインと称された別設計でキャメルレアード社その他に発注された。ソーニクロフト社の建造艦は、排水量一七五〇トンとW級にたいして排水量約三五〇トンの増加で、速力を三六ノットに向上した。兵装ではW級の一〇センチ砲を一二センチ砲に強化しており、第一次大戦中に出現したイギリス駆逐艦では最強の兵装であった。

ソーニクロフト社建造の本型は五隻が完成したが、うち二隻は戦後、海軍工廠にひき取られて一九二四〜二五年完成とおおはばに遅れ、他に二隻がキャンセルされている。

海軍省大型は、同スペックながら排水量の増加がより顕著で、一八〇〇〜二〇五三トンとより大型化している。同型八隻が一九一七〜一九年に完成したものの、公試で三五ノットに達した艦は二隻しかなく、機関出力がおなじである以上、ソーニクロフト型におとるのはやむ得ないところであった。

いずれにしても、これらの一三隻は第一次大戦中に出現したイギリス駆逐艦の頂点に達する超駆逐艦といってよかった。

ロシア海軍発注の大型艦

一方、ドイツ水雷艇の方は、前述のようにイギリス駆逐艦にくらべて小型、かつ軽砲装で整備されてきた。しかし、一九一五年に最初の大型水雷艇（駆逐艦）B97級一三五〇～一三七四トン八隻（B97、98、V99、100、B109～112、ドイツ駆逐艦の艦名の頭文字は建造所の名称をしめす）が出現した。

本型は、これまでのドイツ水雷艇より大幅に大型化され、計画速力三六・五ノットと高速であった。しかし、本型はほんらいドイツ海軍の計画艦ではなく、ロシア海軍が一九一三年に発注した駆逐艦であった。

B97、98はハンブルグのブローム&フォス社で、V99、100はステッチンのAGフルカン社が開戦時に建造中であったものを徴発したものであった。B109～112はブローム&フォス社が同型艦として建造を予定していたぶんの主機などの部品を流用して、同型艦を建造したものであった。

ドイツ海軍最初の大型駆逐艦となった本型を、ドイツでは嚮導駆逐艦とは呼称していないが、実質的には水雷艇隊の旗艦任務につけており、実績も満足すべきものであった。

本型の兵装は当初、八・八センチ砲四門、五〇センチ発射管連装二基、単装二基であったが、のちに一〇センチ砲に換装している。

同様のケースとしては、開戦時にアルゼンチン海軍の注文でキールのゲルマニア社で建造中であった駆逐艦四隻を徴発したのがG101～104、一一一六トンで、先のロシア艦ほどではなかったが、大型駆逐艦の部類にはいった。

本型は、先にイギリス海軍のところで述べたチリ海軍の嚮導駆逐艦に対抗したものらしく、当時南米ではABC海軍といわれたアルゼンチン、ブラジル、チリ三ヵ国が、海軍拡張競争をおこなっていたものであった。本型は、兵装は先のロシア艦と同様であったが、速力は三三ノットといくぶん低下していた。

ドイツ海軍自体は開戦後、自国水雷艇がイギリス駆逐艦と交戦する機会のあるたびに、備砲の八・八センチ砲では、一〇センチ砲におとる事実を知る結果となった。

そのため、一〇センチ砲への換装をおこなったものの、そのころのイギリス駆逐艦はすでに一二センチ砲へすすんでいた。

ドイツでも一二センチ砲の採用を要望する声もあったが、実際には当時、適当な艦載砲がなく、新規開発には時間がかかることから断念されたいきさつがあった。

そのため、実績のある一五センチ砲（五・九インチ）を搭載して、備砲の劣勢をいっきょに挽回して、単艦でも偵察行動を可能とする大型駆逐艦の計画が生じた。

S113級

一九一六年デザインといわれるS113級はこうして生まれたもので、本型こそ、まさに超駆逐艦中の超駆逐艦であった。

兵装は、目玉である軽巡の主砲の一五センチ四五口径砲四門を、シールド付きで艦首、中央部、後部に背負い式に配置した。発射管は六〇センチという、大型魚雷用の連装二基を装備した画期的なものであった。このため、計画排水量も二〇六〇トンと大型化し、速力も三四・五ノットを計画していた。

しかし、こうした重兵装を搭載するのには、船体強度や安定性に問題が生じたようで、建造に手間どり、同型一二隻中（S113～115、V116～118、G119～121、B122～124）休戦時までに完成したのはS113とV116の二隻のみであった。

実際には二四〇〇トンちかくまで排水量が増大した。ただし、S113は公試では三七ノット弱の好成績をあげている。戦後、この二隻はフランスとイタリアにひき渡され、両国海軍に編入されて長期にわたって保有された。

以上の英独海軍のほかに、この時期、特長ある超駆逐艦を建造し

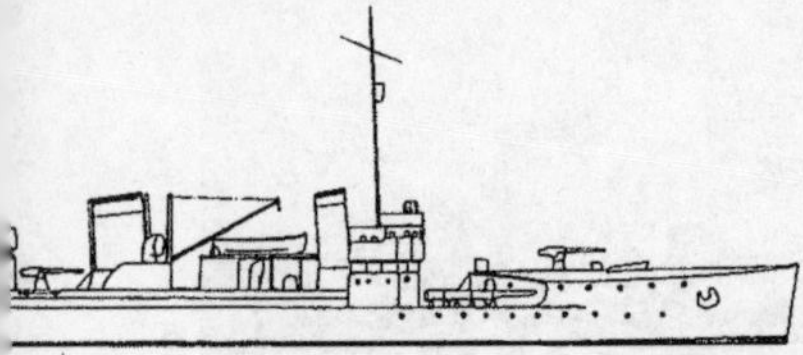

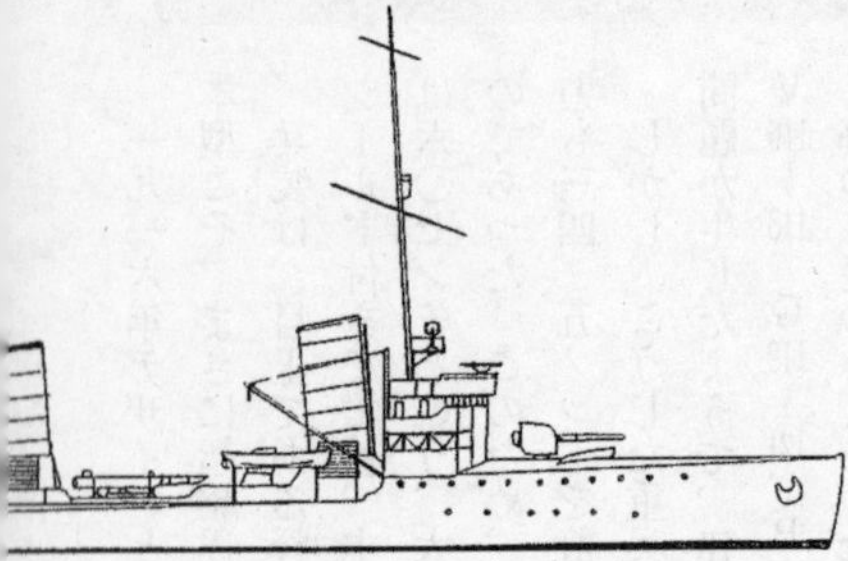

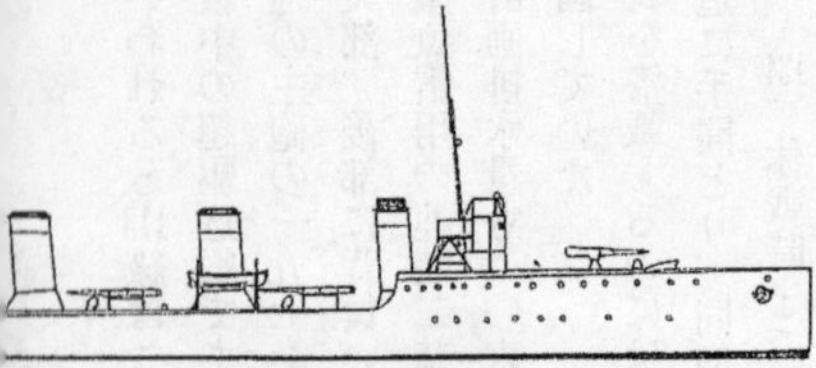

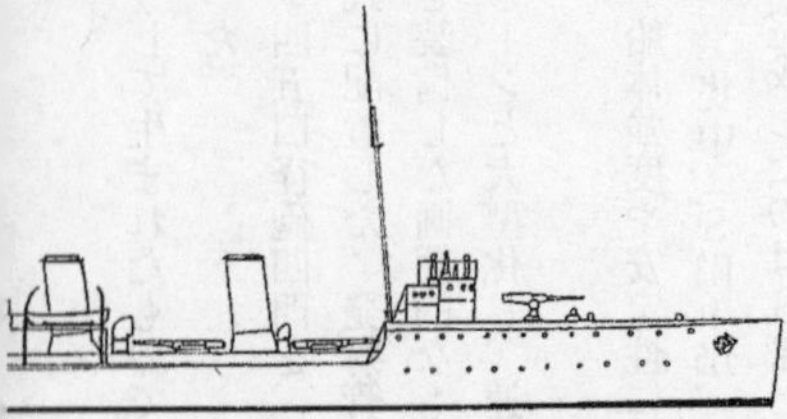

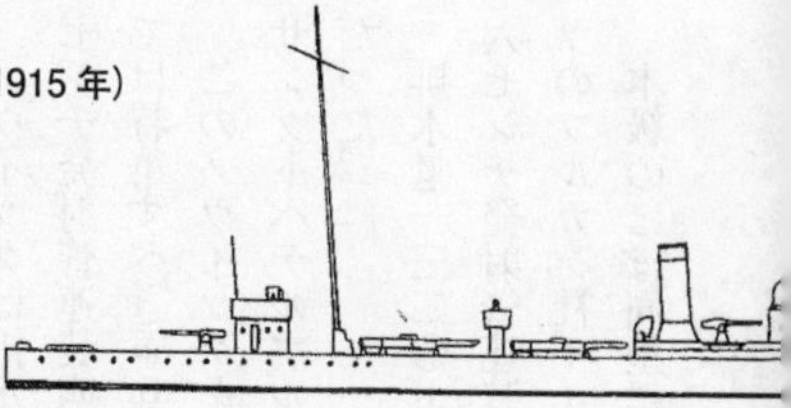

第 15 図　駆逐艦 V99（ドイツ・1915 年）

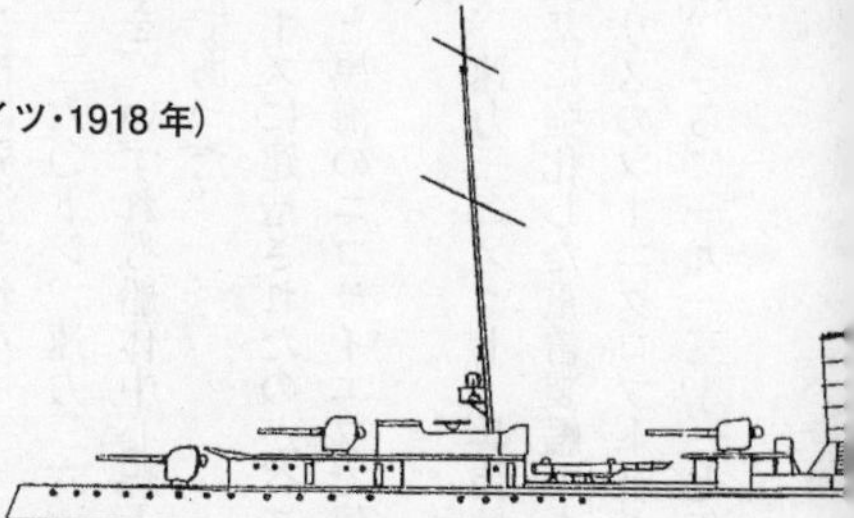

第 16 図　駆逐艦 S113（ドイツ・1918 年）

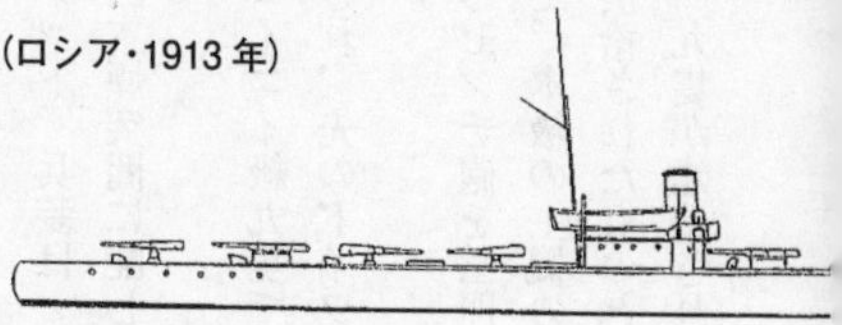

第 17 図　駆逐艦ノウイック（ロシア・1913 年）

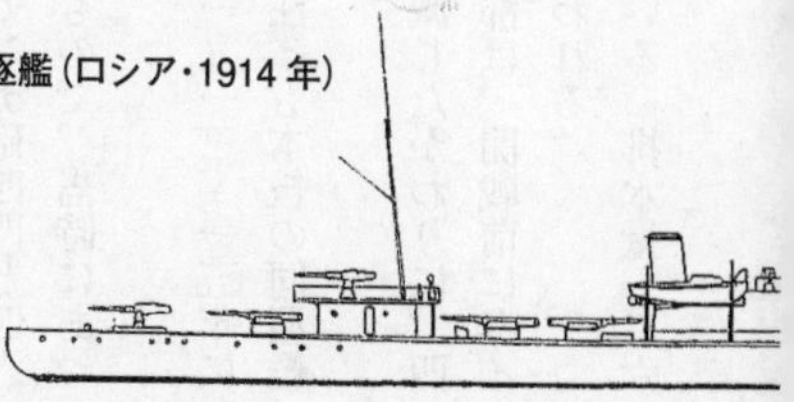

第 18 図　ベスポコイニイ級駆逐艦（ロシア・1914 年）

ていた国にロシア海軍があった。

日露戦争で海軍兵力の大半をうしなったロシアは海軍再建期にあり、新鋭艦艇の建造にはげんでいた。このなかで、一九一三年に完成した駆逐艦ノウイックは、当時にあってはまさに画期的な駆逐艦、いわゆる超駆逐艦であった。

先代の快速軽巡の名を襲名した本艦は、一隻のみ建造された試作艦的要素が強かった。一九一〇年にサンクトペテルブルグのプティロフ造船会社で起工された。ただし、機関の主機と缶はドイツのフルカン社に発注された。

ノウイックは排水量一二六〇トン、速力三六・五ノット、兵装は一〇センチ砲四門と四六センチ発射管連装四基を、いずれも船体中心線上の四本煙突間に配したもので、当時にあっては特筆すべき重兵装であった。

このノウイックをベースに建造されたのがベスポコイニイ級九隻で、一九一三〜一五年にサンクトペテルブルグと黒海のニコライエフで建造され、先のドイツ発注艦も本級の同型艦だった。

排水量一三二〇トン、速力三二ノット、兵装は一〇センチ砲を三門に減じたかわりに、四六センチ発射管連装五基に強化した重雷装艦であった。本級の主機の一部は、開戦前にドイツのフルカン社やイギリスのソーニクロフト社から供給されたものといわれる。

本級のほぼ同型艦は、さらに一九一三〜一七年に一九隻が建造されている。排水量一二六〇～一三二六トン、速力三三～三五ノット、兵装一〇センチ砲四～五門、四六センチ発射管三連装三～四基、この時期の駆逐艦の水準を大きくうわまわる多射線の雷装を特長としていた。

偵察艦を名乗った大型艦

一九一八年、第一次世界大戦がおわると、欧州では世界第二位の海軍を擁したドイツが、敗戦により過酷な軍備制限をかせられて弱小海軍に没落し、地中海ではオーストリア・ハンガリー帝国が解体されて、かつてアドリア海に君臨したオーストリア海軍は消滅した。さらに日露戦争後、海軍の再建にとりかかっていたロシアも、革命により海軍は混乱のうちに多くの艦船をうしなって、再出発をよぎなくされた。

これより第一次大戦後から、のちの第二次大戦勃発までの約二〇年間に出現した超駆逐艦について述べることにする。

しかし、その前に第一次世界大戦中の超駆逐艦としては、上記海軍以外にぜひ触れる必要のあるものとして、イタリア海軍の一連の超駆逐艦群がある。

これらは、第一次大戦前の一九一三年に完成したクアルト（三二七一トン）に端を発する、スカウトと称する小型快速の巡洋艦、または駆逐艦類似の艦たちである。

スカウトは前に触れたように、イギリス海軍が防護巡洋艦から軽巡洋艦への過渡期に一時的に出現した艦種であったが、イタリア海軍ではスカウト、イタリア語でエスプロラトーレ（偵察艦）を正式な艦種名として、第二次世界大戦前から一九三〇年代末までに、これらの超駆逐艦群を整備したのであった。

クアルトは速力二八ノット、主機にタービンを採用した最初のイタリア巡洋艦である。一二センチ砲六門、七・六センチ砲六門、発射管二門を装備して、次のニーノ・ビクシオ級二隻とともに、英独のように二五〜三〇ノット級の軽巡洋艦を欠いていたイタリア海軍においては、貴重な存在であった。

ニーノ・ビクシオは、同型のマルサラとともに一九一四年の開戦前に竣工した。排水量はわずかに増えて三五七五トン、速力二七・五ノットで、兵装はクアルトと同等であった。ただし、艦型はかなりことなる。タートルバックの船首楼をもち、三本煙突のクアルトにたいして、ビクシオ級は傾斜した四本煙突をもつ駆逐艦型であった。

スカウトの第三陣として、一九一五年に完成したポエリオ級三隻になると、排水量は九一一〜一〇三八トンと小型化し、駆逐艦そのものに変化してしまった。

速力約三二ノット、一〇センチ砲五門、四五センチ連装発射管二基と、当時の駆逐艦の水準とかわりなく、戦後の一九二一年には通常の駆逐艦に変更されている。

次のミラベロ級三隻は一九一六〜一七年に完成し、本級は当初五〇〇〇トン級として計画されたといわれる。しかし、予算の関係からか、二〇〇〇トン級に縮小して完成した。

第19図　偵察巡洋艦クアルト

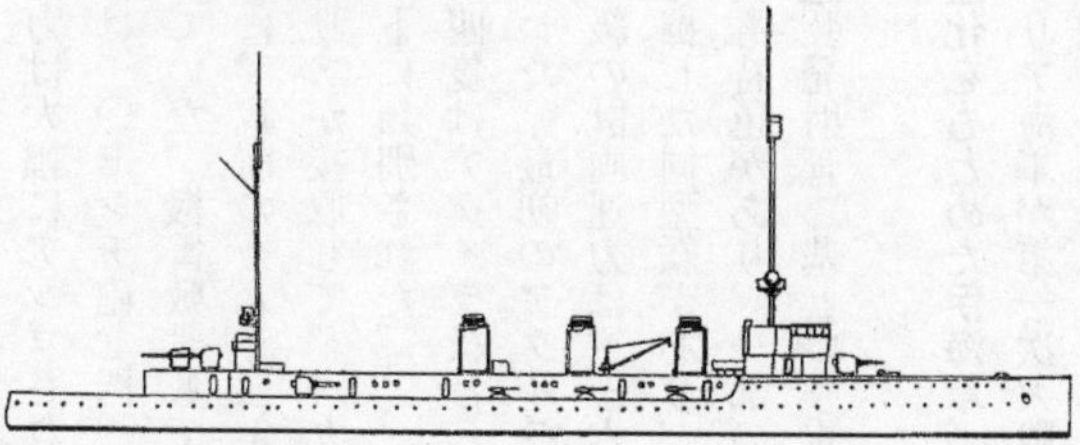

第20図　ニーノ・ビクシオ級偵察巡洋艦

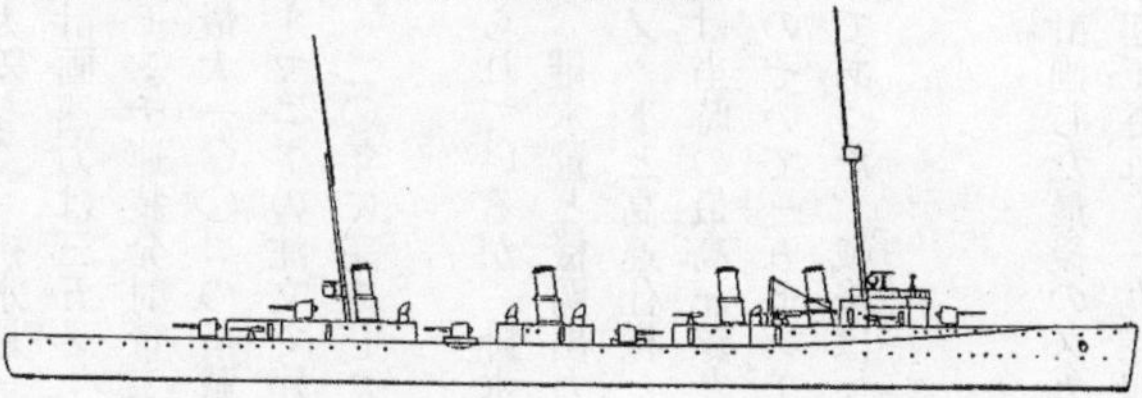

第21図　ポエリオ級偵察巡洋艦

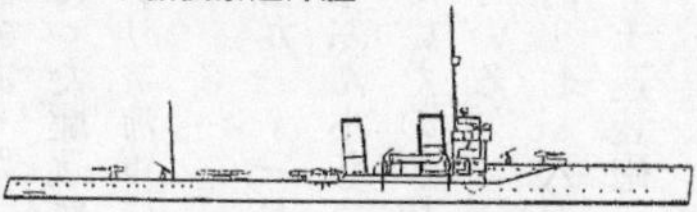

第22図　アクイラ級偵察巡洋艦

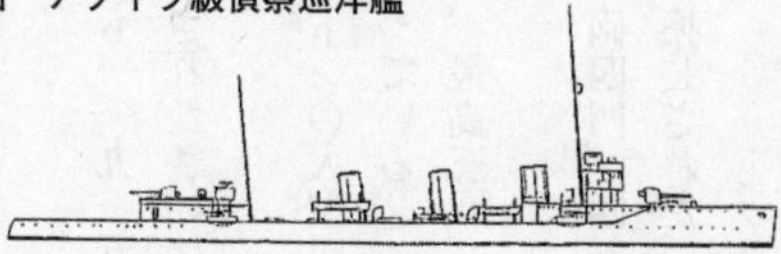

本級は艦型的にはポエリオ級と大差なく、排水量一七八四〜二〇四〇トンである。ただし、機関出力は大幅にアップされて、計画速力は三五ノットとされた。

兵装は一〇センチ砲七門、四五センチ連装発射管二基は、前級とおなじく両舷に梯形に配備されていた。機雷敷設もでき、最大一〇〇コの搭載が可能であった。

さらに、戦前の一九一三年にルーマニアの注文で建造中だった駆逐艦四隻も、一九一五年にイタリアが接収して、一九一七〜二〇年に完成した。イタリア海軍に編入されたさいに、スカウトに類別された。

この四隻はアクイラ級として知られているが、排水量一三九一〜一七六〇トンの大型駆逐艦であった。最初のアクイラのみ、排水量と機関出力がいくぶん小さめとなっている。

この級の計画速力は、三六・五ノットと高速仕様となっていたのが特色で、最高三八ノットを発揮した同型艦があり、これは当時の最高記録とされている。

兵装も特色があり、一部の艦をのぞいて一五センチ砲三門、七・六センチ砲四門、四五センチ連装発射管二基という重武装であった。戦後は一二センチ連装砲二基に換装された。

高速化をもとめた伊海軍

イタリア海軍が第一次大戦中に計画した最後のスカウトはレオネ級二一九五トン五隻であった。戦後の一九二一年に三隻が起工され、一九二四年に完成、二隻はキャンセルされた。

本級は、艦型的には先のミラベロ級の踏襲で、第二煙突までつづく長い船首楼甲板をもつ直線的な船体を有する。

機関出力は計画速力三四ノットと、比較的に優速の傾向はひきついでいたが、兵装においても重武装で、一二センチ連装砲四基、五三センチ三連装発射管二基を装備した。また、機雷敷設も兼用で、最大六〇コの機雷搭載が可能であった。

備砲の連装四基を中心線配備というのは、当時としては画期的なものだった。しかし、軽いシールド付き構造で、エンクローズされた砲室装備にはいたっていない。

レオネ級とは別に、戦後最初のスカウトはドイツ海軍からの戦利艦「V116」であった。

本艦は、先に紹介したドイツ海軍が大戦末期に完成させた一五センチ砲搭載の超駆逐艦S113級のわずか二隻の完成艦の一隻で、プレミュダと命名して編入就役した。艦型は原形のままで、兵装もドイツ艦時代のままであった。

戦後最初の新計画スカウトは、レオネ級が完成してから二年ほどした一九二六年にはじまった。

同型一二隻という多数が建造されたナヴィガトリ級は、基準排水量一六八〇トン、計画速力三八ノットという高速艦で、一二センチ連装砲三基、五三センチ三連装発射管二基、機雷五四コが搭載できた。

備砲はすべて船首楼甲板レベルに装備し、耐波性を考慮した配置となっている。艦型もレ

ナヴィガトリ級ウゴリーノ・ヴィヴァルディ

第23図　レオネ級偵察巡洋艦

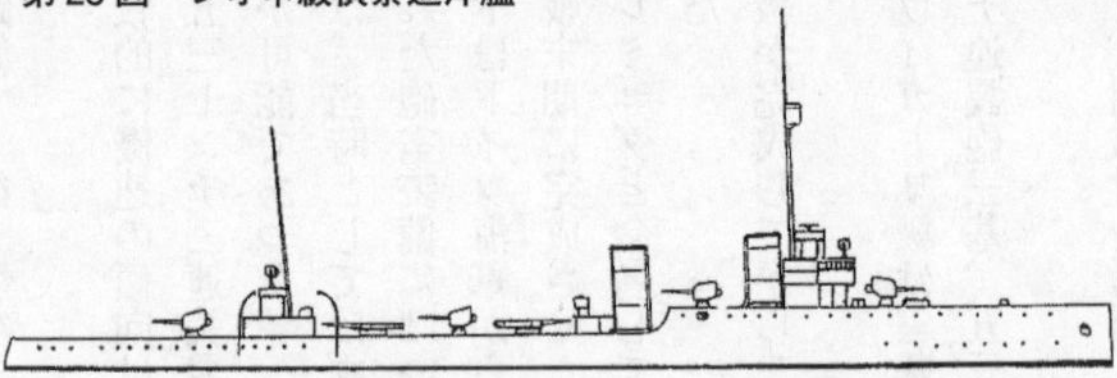

第24図　ナヴィガトリ級偵察巡洋艦

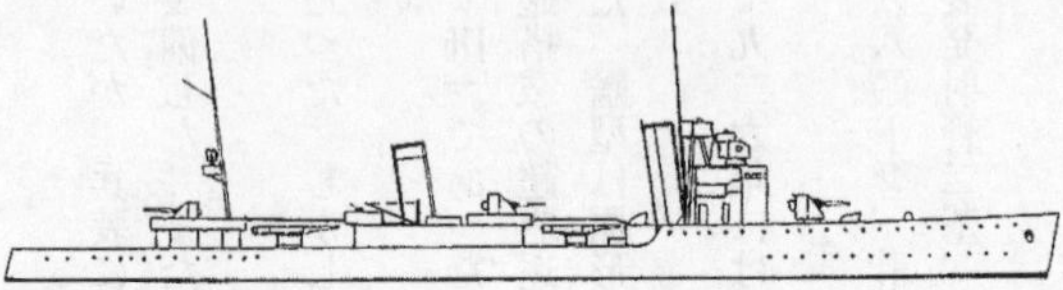

オネ級にくらべて近代化され、前後の煙突間が大きくはなれ、機関配置はシフト配置を採用した。出力五万軸馬力は、駆逐艦級としてはこれまでの最高であった。

同型のダ・モストは、公試で四五ノット／七万一〇〇〇軸馬力を発揮したといわれており、これは当時の最高記録であった。

イタリア海軍におけるスカウトは嚮導駆逐艦とはことなり、これら同種艦で部隊を編成していた。これは、地中海で対抗するフランス海軍が、一九二〇年代はじめから整備しはじめた超駆逐艦群を意識した計画であることは明白であった。とくに、その高速化は当時、イタリア海軍がフランス超駆逐艦に対抗するために計画した軽巡洋艦にも見られた特長のひとつであった。

イタリア海軍のスカウトは、このナヴィガトリ級をもって最後となり、一九三八年にいたって通常の駆逐艦に類別をあらためられている。

フランス式近代的軽艦艇

さて、一方のフランス海軍は、第一次大戦前および戦争中にあっては近代的な軽巡洋艦は皆無で、駆逐艦の大型化という点でも、まったく見るべきものはなかった。ド級戦艦、巡洋戦艦陣の整備に遅れをとったフランス海軍は、第一次大戦にさいしては、きわめて機動力におとった低速海軍に甘んじていたのであった。

こうした反省もふくめて、戦後のフランス海軍は近代的軽艦艇の整備に注力することになった。

一九二二年に計画された二種の駆逐艦のうち、ブーラスク級は一三〇〇トン級の通常の駆逐艦であった。もうひとつのシャガル級は、水雷艇駆逐艦というよりは対駆逐艦駆逐艦、すなわち駆逐艦を駆逐する駆逐艦という性格を位置づけられていた。

そのため、基準排水量二一二六トン、満載では三〇五〇トンに達する大型駆逐艦として計画された。計画速力三五・五ノットも、一般の駆逐艦より優速を加味していた。

ただし、本級の兵装の一三センチ砲五門、五五センチ三連装発射管二基は、通常型駆逐艦のブーラスク級より一三センチ砲が一門多いだけで、あまり優越性は認められない。二〇〇〇トンを越す排水量だけに、船体は乾舷が高く、凌波性は十分とみられたが、艤装全般にあまり近代性は認められなかった。

同型六隻が一九二六〜二七年に完成したが、二年前に完成していたイタリア海軍のレオネ級とおなじく、獅子、虎、豹などの猛獣名を艦名とした超駆逐艦が、両国海軍に出現することになった。

フランス超駆逐艦の第二陣は、一九二五〜二六年度計画でおなじく同型六隻が建造されたゲパール級である。基準排水量は二四三六トンに大型化し、機関出力も五万軸馬力から六万四〇〇〇軸馬力に増加した。計画速力は三五・五ノットとおなじだったが、同型のビソンと

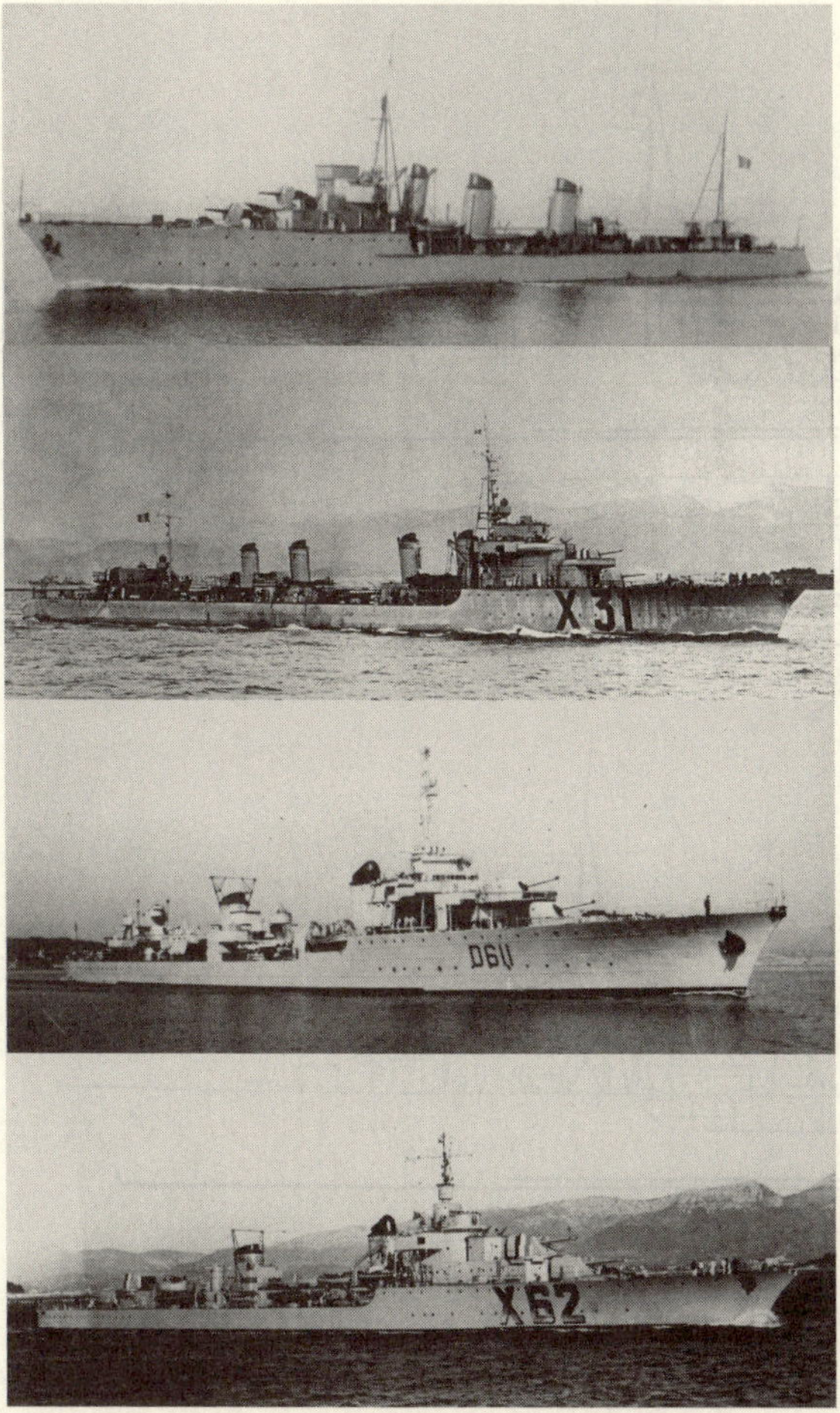

上からシャガル、ゲパール、ル・テリブル、モガドル級ヴォルタ

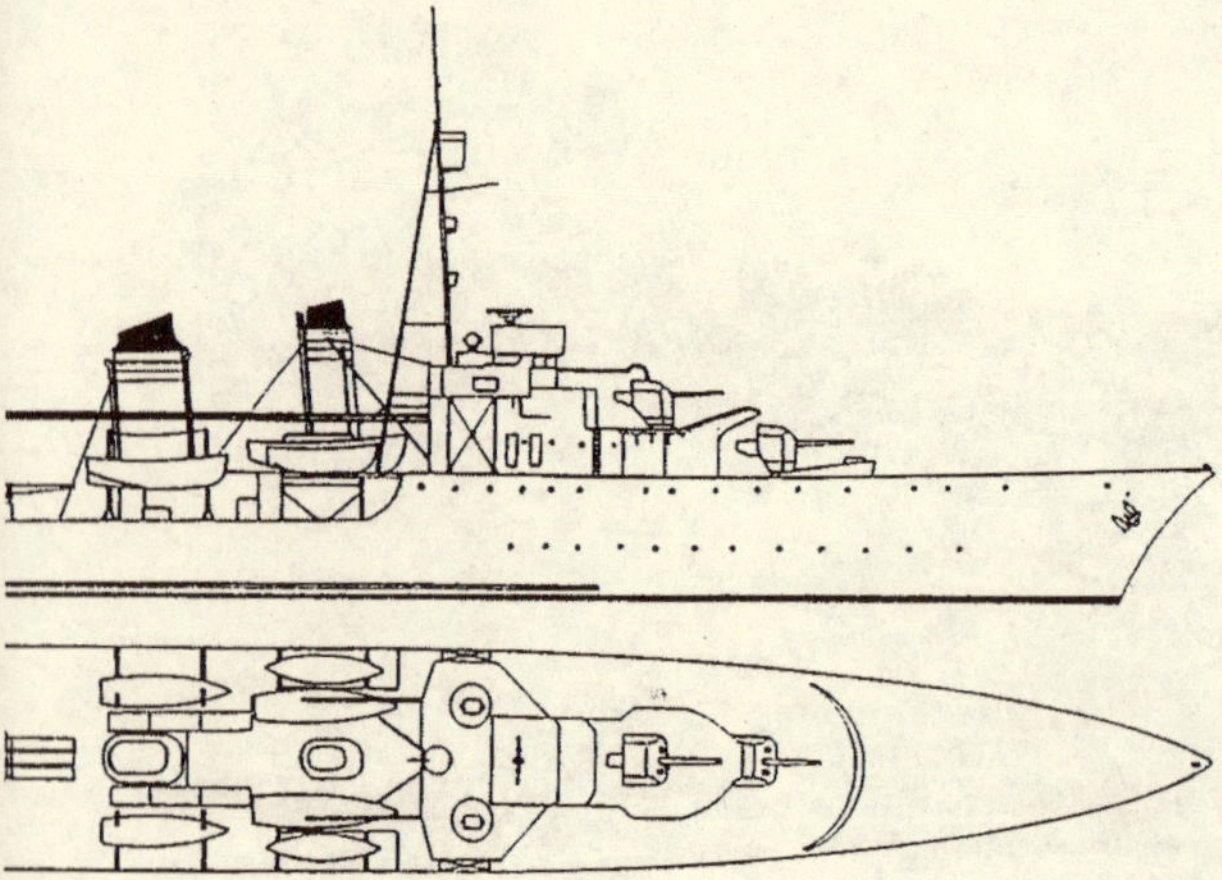

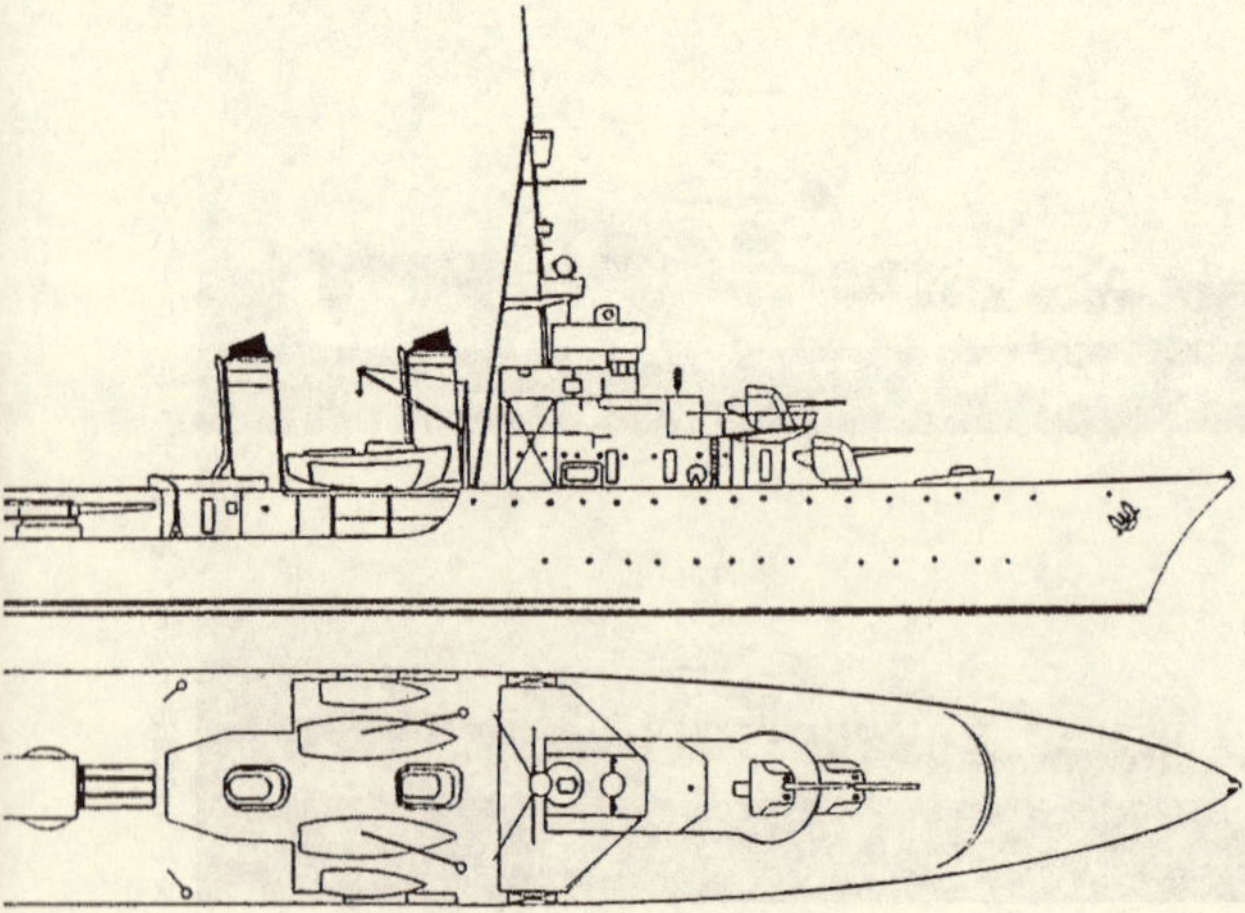

第25図　シャガル級駆逐艦

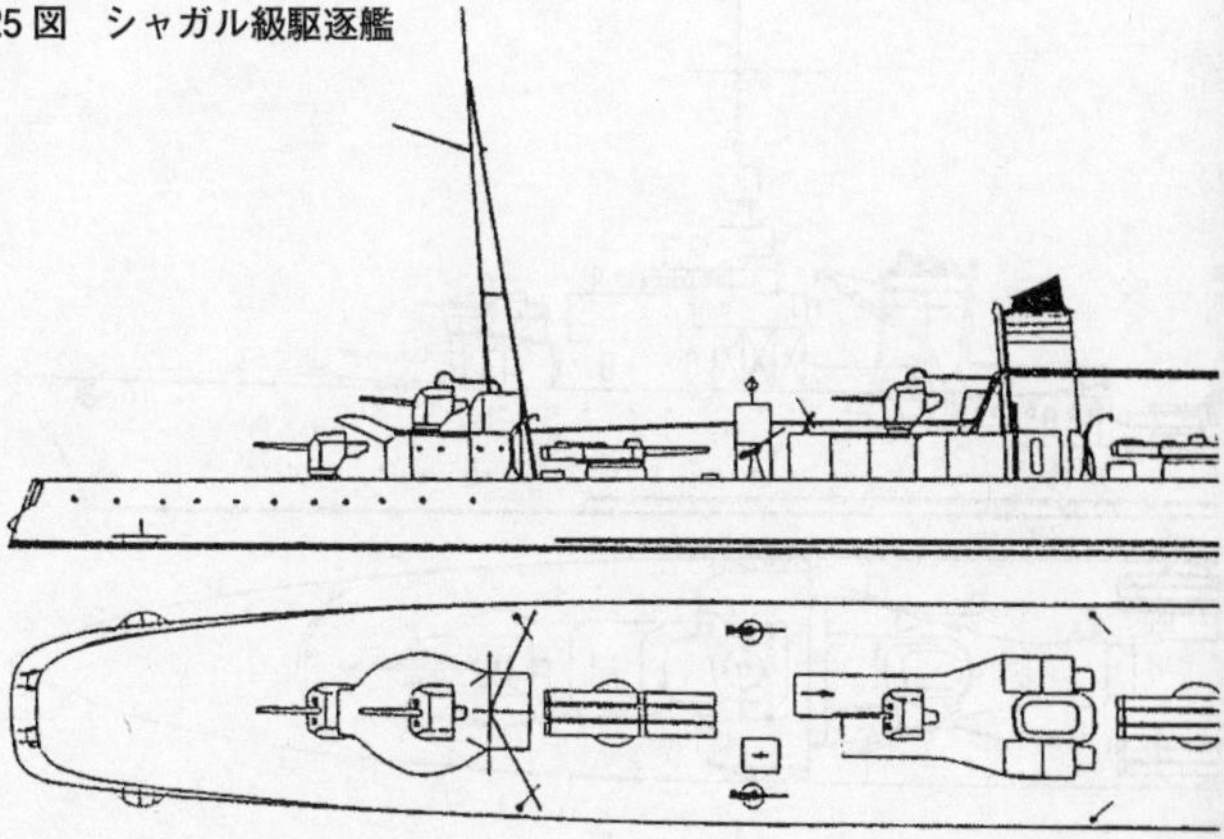

第26図　ゲパール級駆逐艦

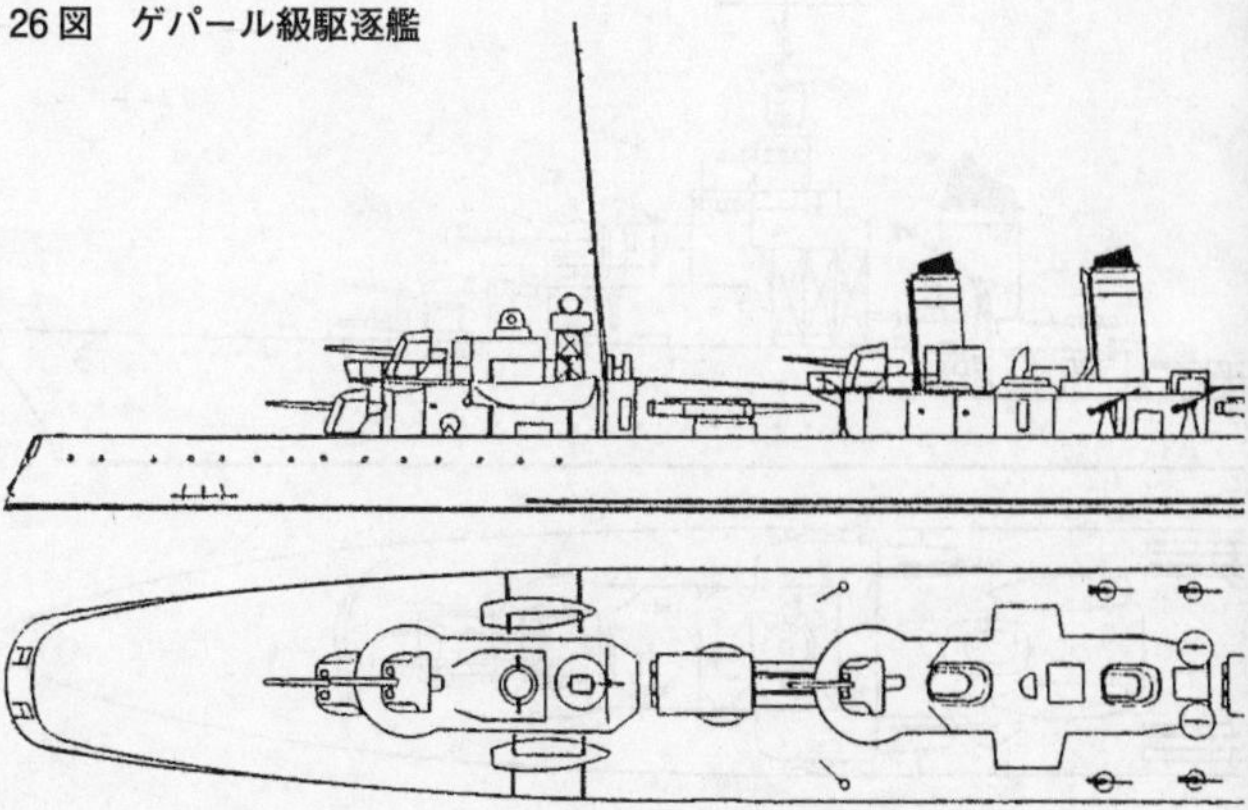

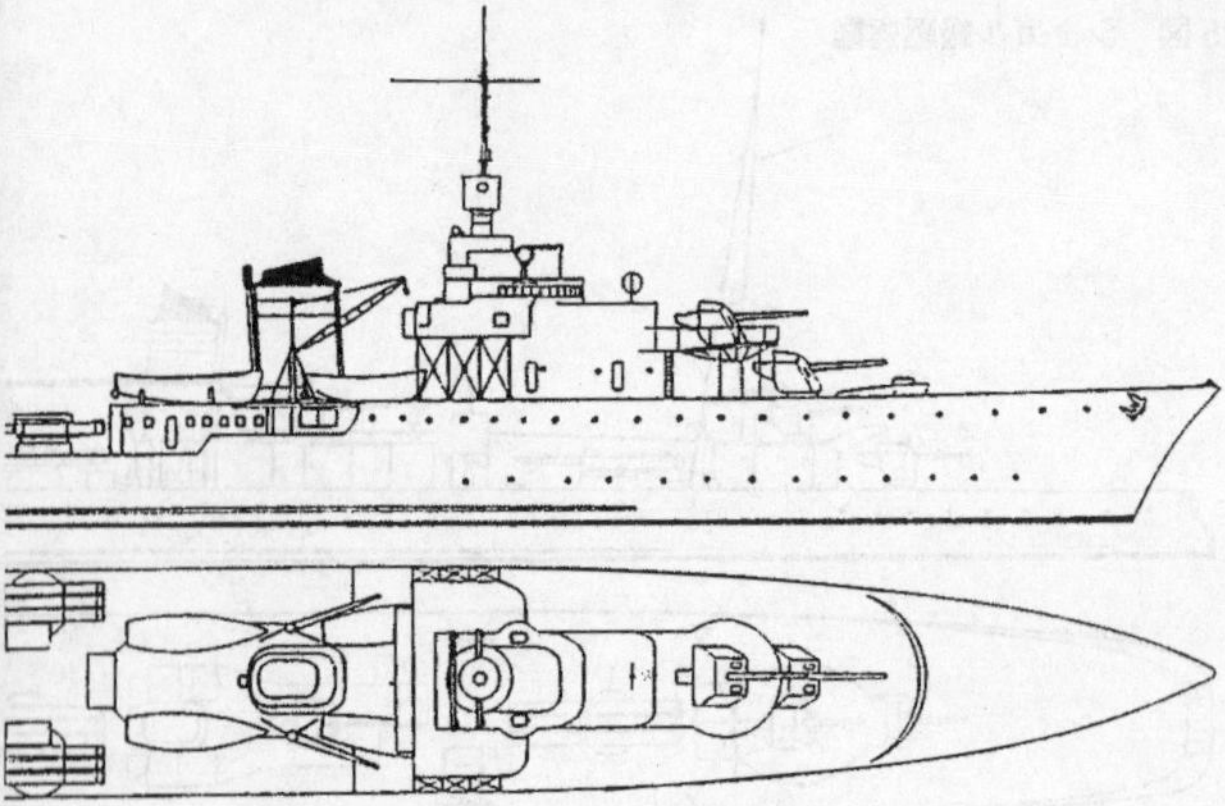

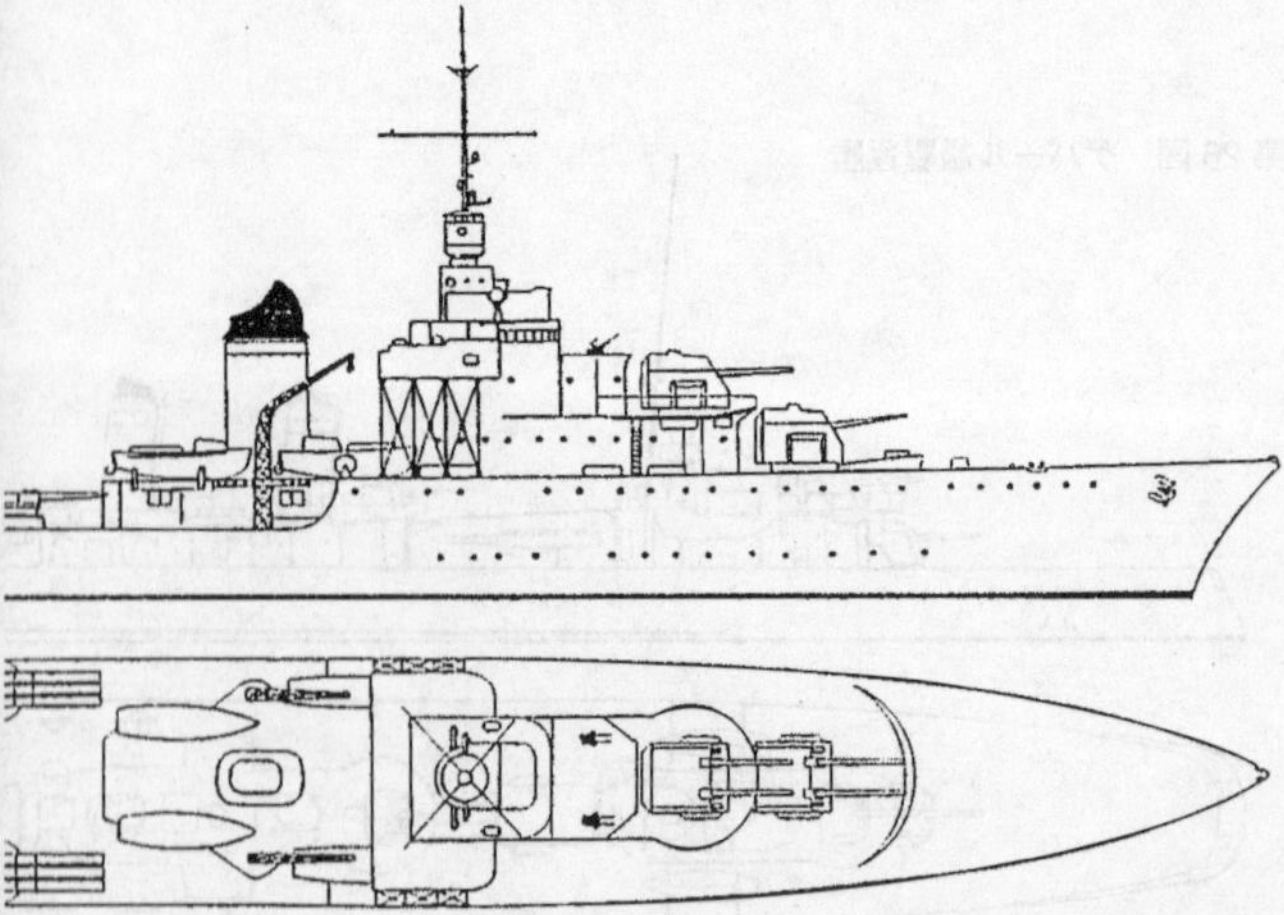

第 27 図　ル・ファンタスク級駆逐艦

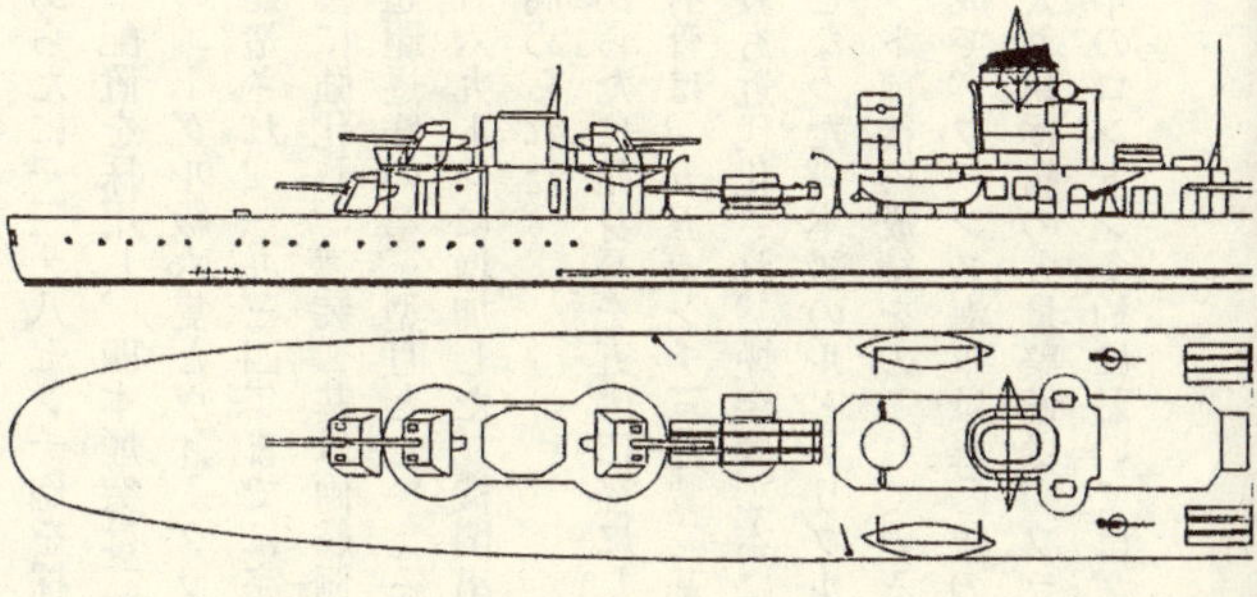

第 28 図　モガドル級駆逐艦

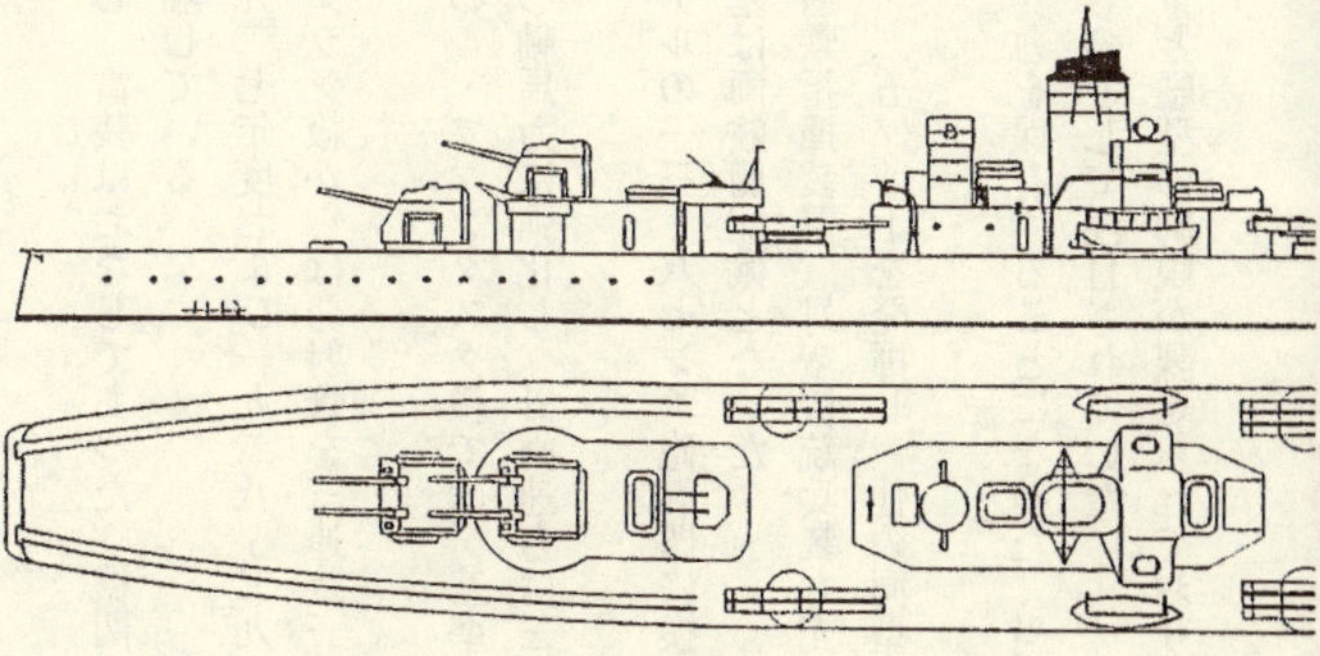

リオンは公試で四〇ノットを発揮したと記録されている。

兵装ではあらたに一三・八センチ砲を採用、五門を装備し、雷装はおなじであった。機関配置はシフト配置を採用し、四本煙突は二本ずつ前後に分離している。

ほぼ同型のエーグル級六隻とヴォークラン級六隻が、一九二七年度および一九二八〜二九年度計画で建造され、一九三四年までに完成した。ヴォークラン級からは発射管を三連装一基、連装二基に強化し、連装二基は両舷側に配置された。

フランス超駆逐艦の第三型目ともいえる一九三〇年計画のル・ファンタスク級では、基準排水量を二五六九トンに増加した。機関出力も八万一四〇〇軸馬力に強化し、計画速力は三七ノットに高められた。

兵装も、あらたに砲身長を五〇口径にした一九二九年モデルの一三・八センチ砲五門に換装した。発射管は、五五センチ三連装三基とされ、うち二基は両舷側配置となった。

上構の艤装も近代化され、煙突は二本にまとめられた。射撃指揮装置、対空機銃兵装も充実したものとなった。本級のル・テリブルは、公試で四五・二五ノットを発揮し、他の同型艦も四〇ノット前後の成績をのこしている。

本級の完成で、フランス海軍は三〇隻の特異な超駆逐艦兵力を保有することになった。当時こうした大型駆逐艦の大量整備は、フランス海軍特有のものとして注目されていた。

一九三〇年のロンドン条約においては、補助艦艇の保有量と艦型の制限が課せられており、駆逐艦の基準排水量は一八五〇トンを越えないことと定義されていたから、これらは明らかに軽巡洋艦の範疇にふくまれることになる。同条約では、補助艦艇については英米日三ヵ国だけの締結であったことから、仏伊はこれに拘束されることはなかった。

フランス最後の超駆逐艦モガドル級は、しばらく間をおいた一九三六年計画で建造、同型二隻が一九三八年に完成した。本級では基準排水量は二八八四トンに達し、満載では四〇〇〇トンを超えて、計画速力は三九ノットの超高速仕様となった。

一三・八センチ砲ははじめて連装砲となり、エンクローズされた砲室に装備された。かつ、半自動装填装置も採用、前後に二基ずつ背負式に配置された。発射管も三連装、連装各二基に強化された。対空機銃も三七ミリ六門、一三・二ミリ連装二基と大幅に強化されていた。公試では四三ノットを発揮したといわれており、まさに超駆逐艦中の超駆逐艦にふさわしい性能をもっていた。日本の「夕張」や五五〇〇トン型軽巡よりは、対水上戦闘力はかなり上であるといえよう。一九三八年計画で同型四隻の建造を予定していたが、第二次大戦の勃発により、建造は中止されている。

こうしたフランス海軍の超駆逐艦群は、第二次大戦においては不本意な戦局の推移から、ほんらいの威力を発揮する機会がなかったが、軽巡以下の軽艦艇との水上戦闘においては、その高速性と兵装を生かした戦闘で有効な兵力として期待できた。

「雷」型「電」

煤煙が決めた駆逐艦任務

日本海軍は駆逐艦の採用はきわめてすばやく、その最初の駆逐艦「雷」がイギリスのヤーロー社で完成したのは明治三十二（一八九九）年二月のことである。世界最初の駆逐艦ハボックが、おなじヤーロー社で完成してから五年後のことでった。

のちの日露戦争は、日本駆逐艦として最初の実戦体験となった。当時、水雷艇よりは大型といっても、初期の三〇〇トン型駆逐艦では、ちょっと海が荒れると行動は制限され、艦隊に随伴するのも、天候に左右されることがおおかった。

イギリス海軍に範をとった日本海軍は、駆逐艦の趨勢でもイギリス海軍に追従することが常で、最初の変化は明治四十四（一九一一）年に出現した「海風」と「山風」の二隻であった。

この二隻は常備排水量一〇三〇トンという大型駆逐艦で、当時の標準型駆逐艦が常備排水量三八〇トン型であったのにくらべて、三倍ちかい大きさであった。

いうまでもなく、この二隻はイギリス海軍が一九〇七〜〇九年に完成させたF級／トライバル級にならったもので、艦型も類似

（上）「海風」
（下）明治44年、三菱長崎造船所で進水前の「山風」。艦首に菊の御紋章が見える

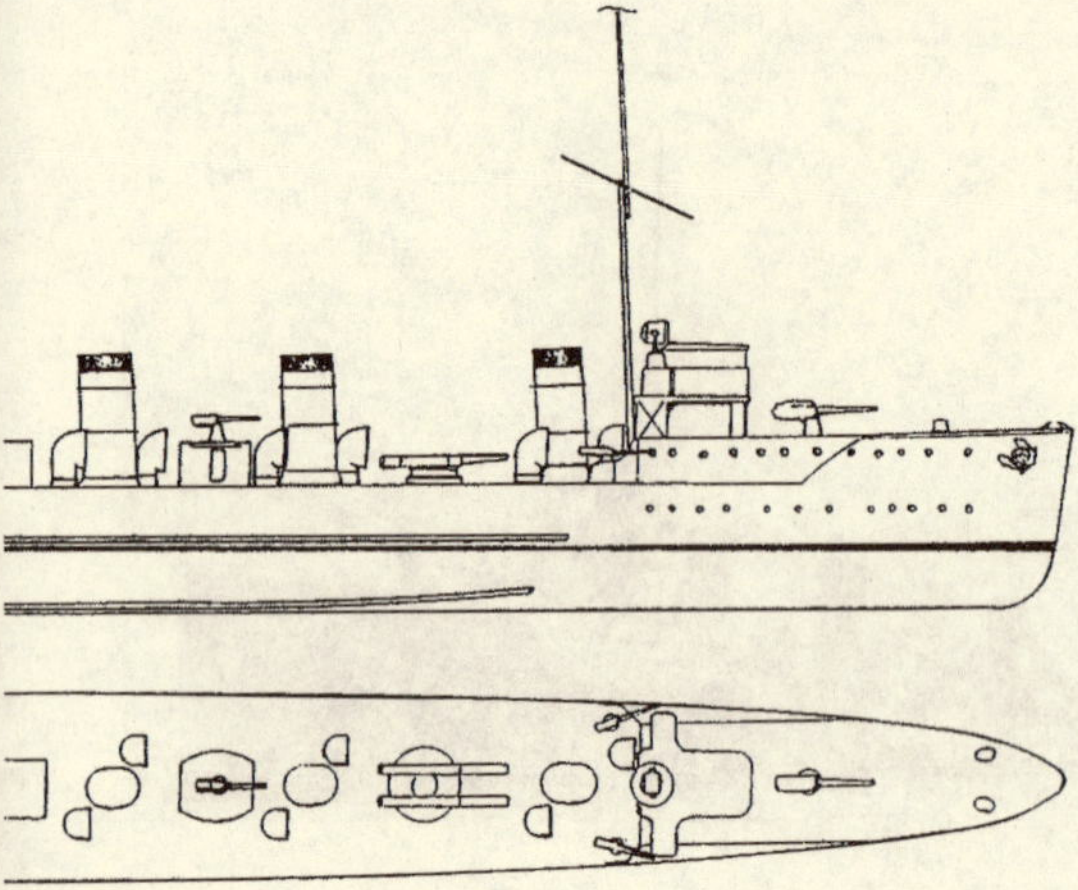

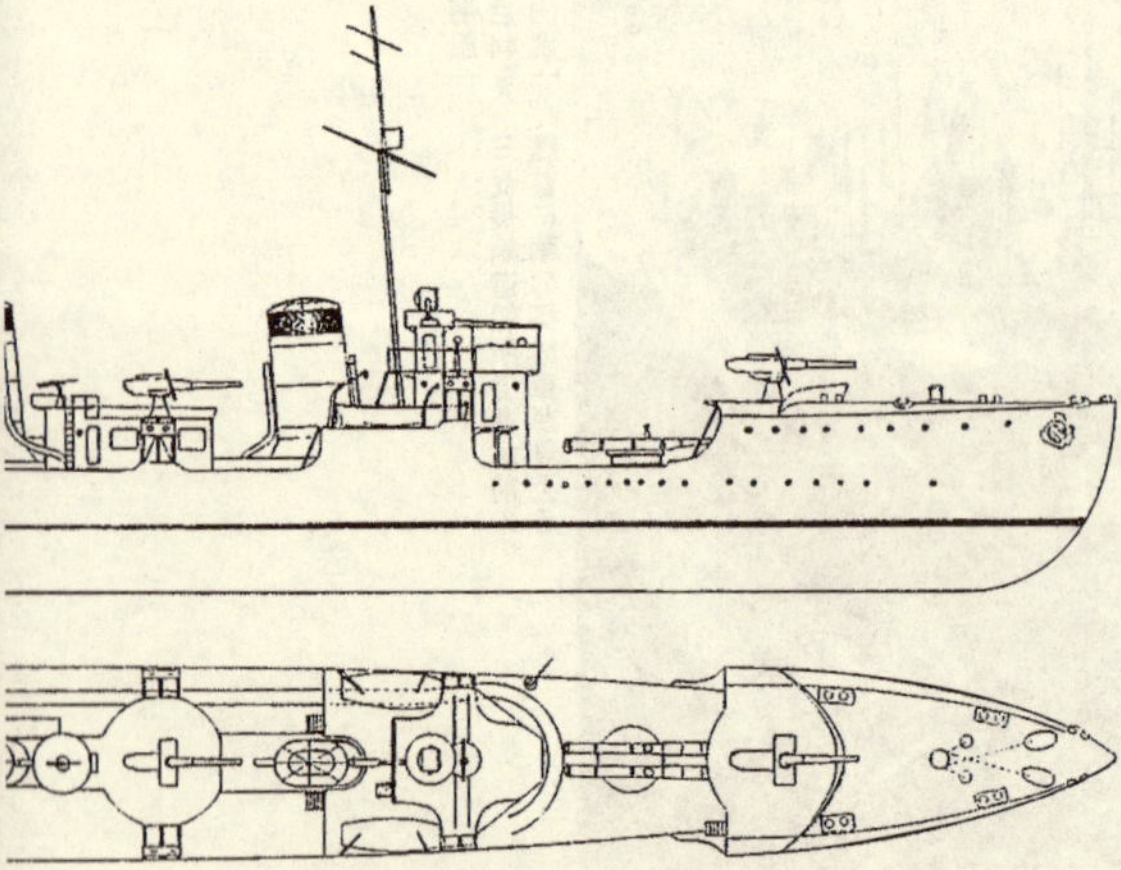

第29図　駆逐艦「海風」(1912年)

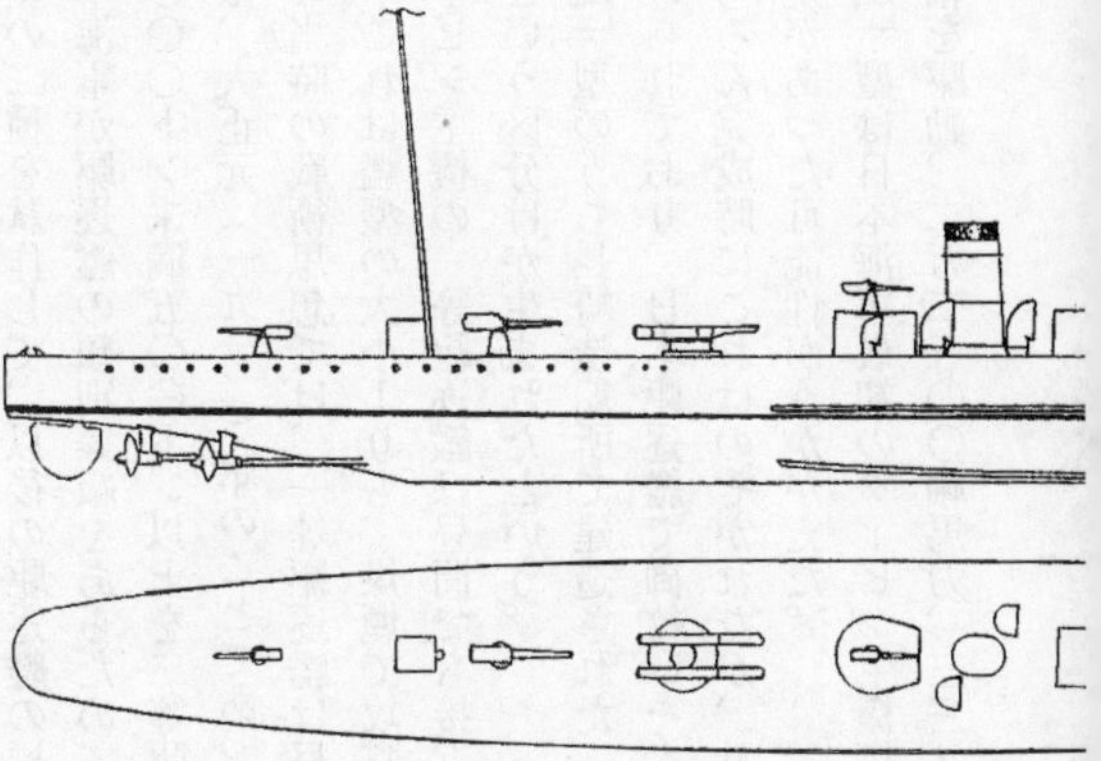

第30図　駆逐艦「峯風」

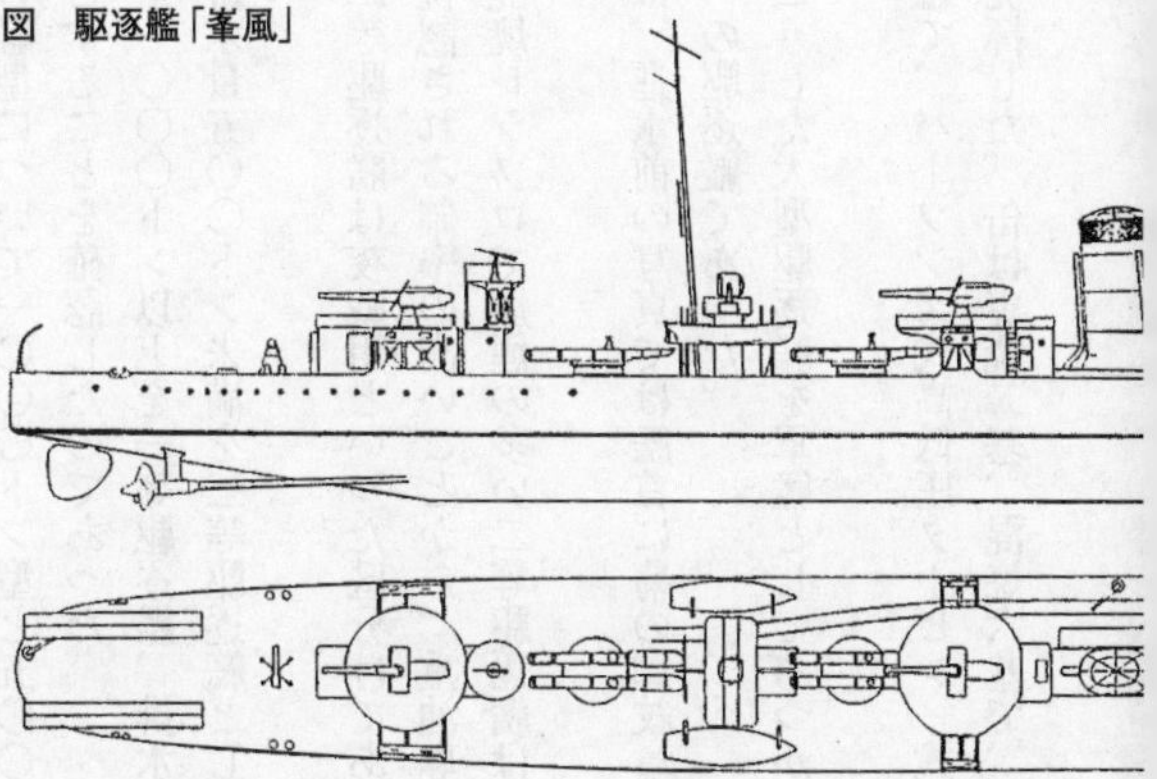

していた。このとき日本海軍では、さらに翌年に五三〇トン型の「櫻」と「橘」の二隻が完成した。

すなわち、明治末期において日本海軍は、駆逐艦の艦型について一〇〇〇トン型と五〇〇トン型の二種を試作して、以後の駆逐艦の標準艦型とすることを確認したのであった。

日本海軍が駆逐艦の類別等級をあらためて、排水量一〇〇〇トン以上を一等駆逐艦、排水量一〇〇〇トン未満五〇〇トン以上を二等駆逐艦、排水量五〇〇トン未満を三等駆逐艦としたのは、大正元（一九一二）年のことであった。

この当時の戦術思想では、一等駆逐艦は昼戦用、二等駆逐艦は夜戦用といった区分けであった。これは艦型の大小よりも、煤煙で攻撃相手に視認される確率の高いことから、重油専焼タービン主機の一等駆逐艦は昼間でも接近可能、混焼レシプロで煤煙の多い二等駆逐艦は夜戦という区分けが生まれたという。

「海風」型のうち長崎造船所で建造された「山風」は、進水前の写真では艦首に菊の御紋章がつけられており、日本駆逐艦で御紋章をもった唯一の駆逐艦であった。

もちろん完成時にこれはのぞかれたが、計画時にこうした大型駆逐艦を軍艦としてあつかう内規があった可能性がうかがえた。

「海風」型は日本海軍最初のタービン主機搭載駆逐艦で、パーソンズ式高低圧タービン一式で三軸を駆動、二万二五〇〇軸馬力、三三ノットを発揮した。缶は専焼二基、混焼六基で、機関計画はイギリスのトライバル級に準じたものであったが、兵装重量の増加などから速力は低下している。

本型の兵装はトライバル級より進歩したもので、一二センチ砲二門、八センチ砲五門、四五センチ連装発射管二基を装備し、一二センチ砲、四五センチ連装発射管を装備した最初の日本駆逐艦でもあった。

大正期の日本駆逐艦は以後、一等駆逐艦として「磯風」型、同改型、「峯風」型、同改型とすんだが、いわゆる超駆逐艦といえる存在の艦はなかった。

平賀作でなかった「夕張」

これとは別に、この時期に出現した超駆逐艦にふさわしい艦として特筆すべきものに軽巡「夕張」がある。

本艦は、予算的には大正六年度の八四艦隊完成案において建造された、ただ一隻の特型軽巡である。実質的には、大正十年に当時艦本計画主任の平賀譲造船大佐が、八八艦隊用軽巡として同型多数が建造中であった五五〇〇トン型の約半分の排水量で、同等の兵装、防御力を有し、かつ運動力を具備できる新型軽巡の計画を提出、これにより建造費を軽減できるとの意見具申をして、急遽建造を決定した一種の試作艦であった。

一般には平賀大佐の設計とされているが、永村清造船中将の戦後の回想記では、最初の着想と実際の設計は、部下の藤本喜久雄造船少佐がおこなったものとしている。のちの艦本における平賀と藤本の確執は有名だが、平賀という人は部下の手柄を平気で横取りするようなところがあり、上への意見具申では、すべて自分の発想ということにしたものらしい。

「夕張」は佐世保工廠で、わずか一年余の短期間のうちに完成している。これはたぶん実績を確認して、建造中の五五〇〇トン型を本型におきかえる価値があるか知りたかったのであろう。

本型の公試排水量は当初、二八〇〇トンほどで計画したらしいが、実際には三〇〇〇トンほど超過して、完成状態の公試排水量は三一四一トン、満載排水量は四三七八トンとなっていた。

全長一三九メートル、最大幅一二メートルの船体構造は、駆逐艦に準じた軽構造であるが、防御上は五五〇〇トン型に準じたものであった。

機関区画の舷側部外板に一九ミリの高張力鋼鈑を、その内側に三八ミリ鋼鈑を配し、上甲板部には二五ミリ鋼鈑をもうけていた。このほか、前後の弾薬庫および舵取機械室にも二五～一九ミリの鋼鈑を配していた。

機関も基本的に、当時の「峯風」型駆逐艦のタービン主機を一基増した三基三軸としたもので、計画能力三五・五ノットを予定していた。しかし、公試では三四・七八ノットにとど

「夕張」

まった。

実績では五五〇〇トン型にくらべて振動や動揺もすくなく、居住性も遜色なかったといわれている。とくに士官居住区を従来と異なり、艦の中央部にもうけて合理化をはかっていた。

兵装は一四センチ砲単装二基、同連装二基、および六一センチ連装発射管二基を、すべて中心線配備としたことで、片舷射線は五五〇〇トン型と同等である。また、艦尾には一号機雷四八コを搭載可能な構造となっていた。

以上の結果からも、完成実績はほぼ所期の目標を達したかに見えたが、周知のとおり建造は一隻のみにとどまり、五五〇〇トン型を本型におきかえることはなかった。

このあたりの事情については明らかにした文書はないが、推定すれば、造船学上のマージンが極端にすくなかったこと、いわゆる設計全般に余裕度がなかったことが嫌われたものと思われた。

マージンがすくないと、将来的に兵器などの進歩発展に対処して、換装や追加装備をおこなうことができなくなる。五五〇〇トン型が新造時に装備した飛行機搭載装置、さらにのちに装備された射出機

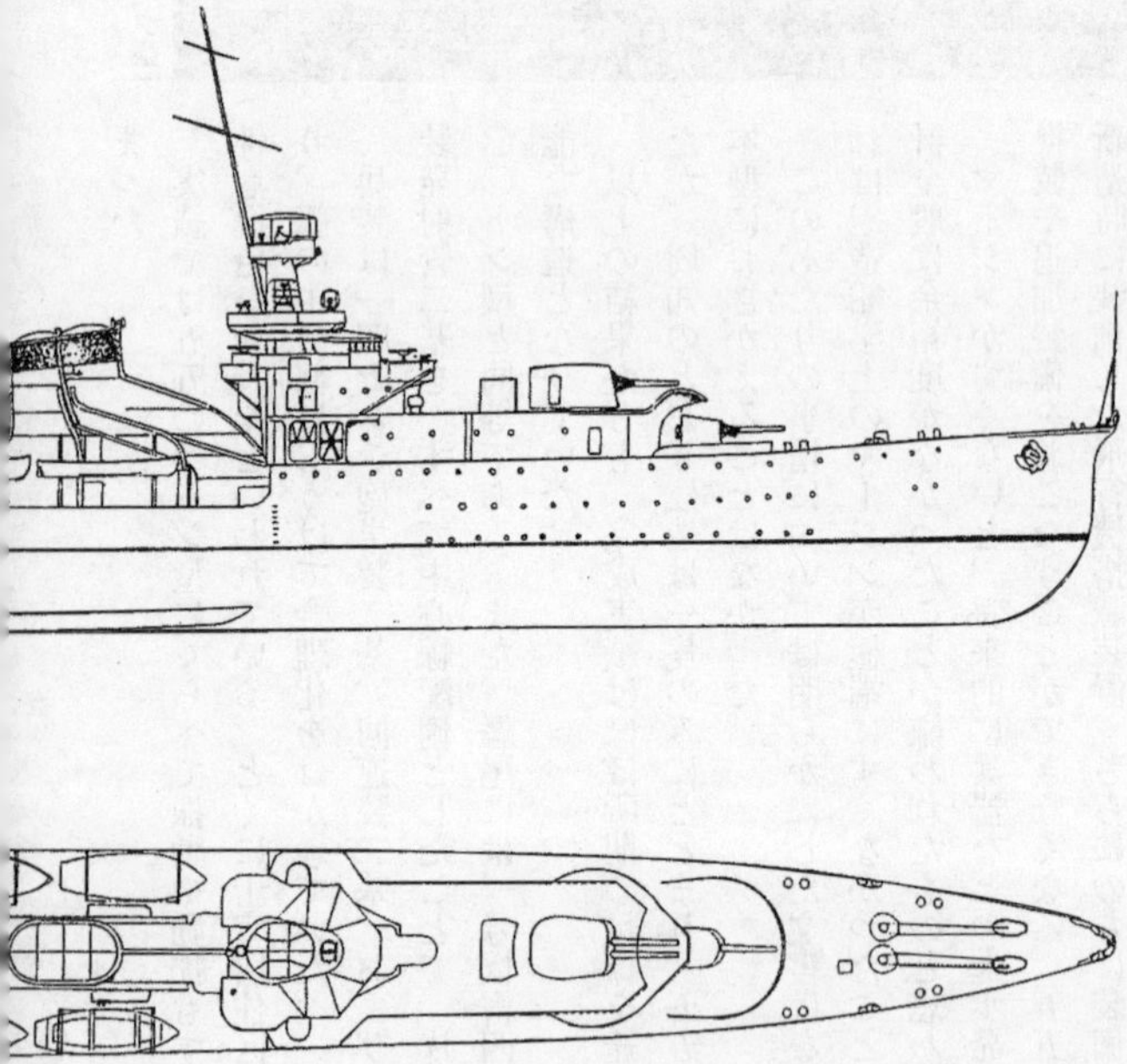

第 31 図　軽巡洋艦「夕張」

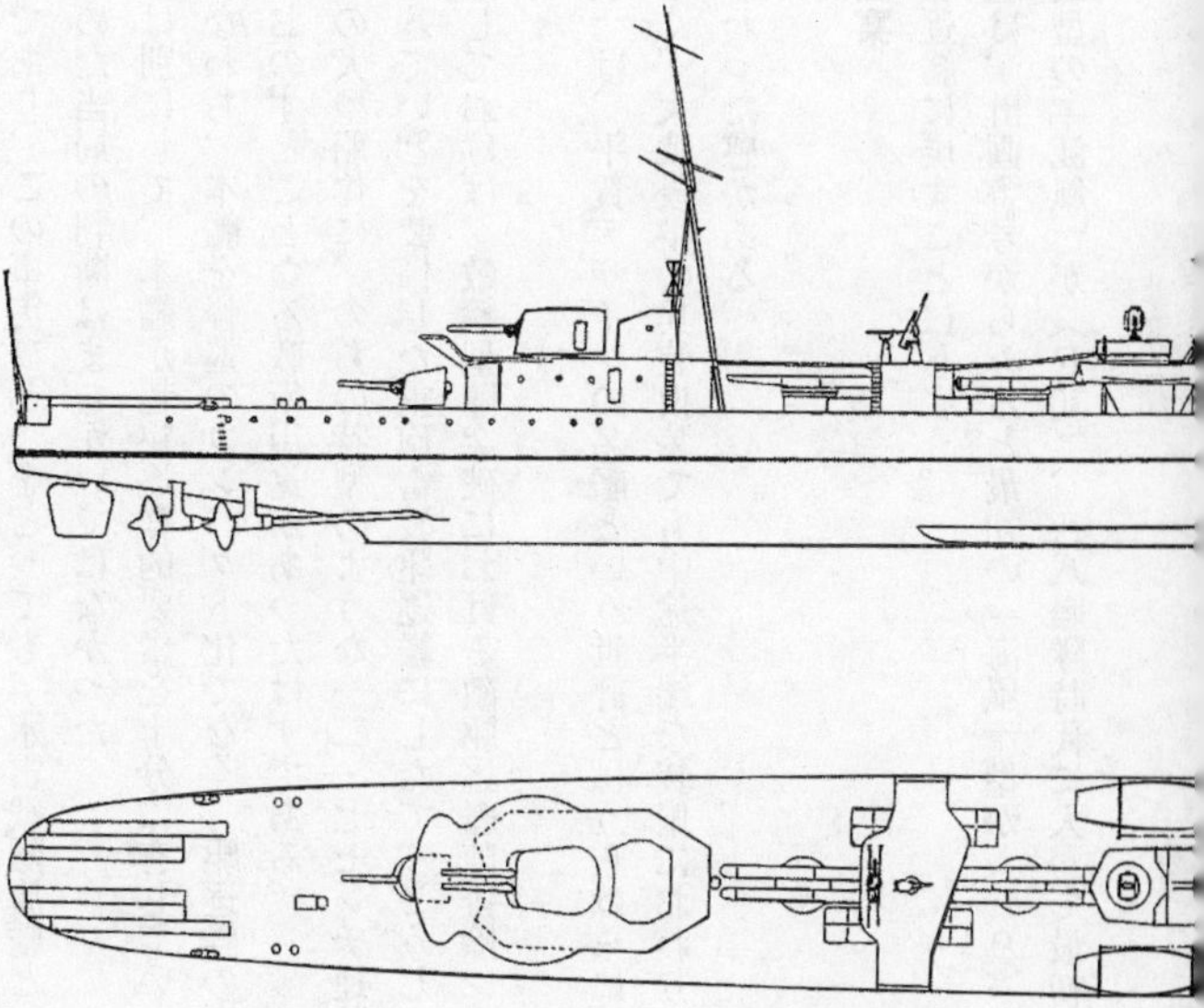

の設置は本型の場合困難であり、この事実ひとつをとっても、水雷戦隊旗艦としては不適格である。試作一隻にとどめた当局の判断はまちがいではなかった。

こうした艦政上の問題は別にして、本艦が超駆逐艦的要素を十分に有していたことはまぎれもない事実である。すなわち、本艦を軽巡のコンパクト化でなく、駆逐艦の大型強化型として計画すれば、それはおのずとことなる戦術用途があったはずである。

たとえば、このていどの大型船体に、のちの特型のような一二・七センチ連装砲四基と六一センチ四連装発射管三基ていどを装備した重砲雷装駆逐艦にしたて、こうした超駆逐艦を各水雷戦隊に二〜三隻配しておけば、敵輪型陣突破における敵駆逐艦陣排除に有効にはたらくはずである。

いずれにしても「夕張」は、平賀デザインの名艦という世評とはうらはらに、太平洋戦争ではあまり活躍の場もなく、大戦後半の兵装換装でも中途半端な装備におわり、マージンのなさは最後までついてまわった感がある。

兵器にこだわった計画案

さて、ふたたび話を駆逐艦に戻すことにしよう。

日本海軍の一等駆逐艦は、計画番号からみると最初の「海風」型が〈F9〉、つぎの「天津風」型が〈F24〉、改型の「江風」が〈F30〉、八八艦隊時代に入って最初の標準型一等駆逐艦となった「峯風」型が〈F41－41A－41B〉、同改型の「神風」型が〈F41C－41D〉、同「睦月」型が〈F41E－41F－41G〉となっている。

この「峯風」型は、第一次大戦後の駆逐艦としては、列強の駆逐艦にくらべてそれほど見劣りしないレベルに達していたが、超駆逐艦といえるほどの卓越性はなかった。

「峯風」型の設計は平賀の設計ではなかったが、彼が計画主任になった大正九年末以降、改型の「神風」型および「睦月」型の計画時期にあたり、彼自身の指導のもとに、部下が試案したと思われるいくつかの駆逐艦の計画案の存在が知られている。

これらはF41D1、同D2、同D3、同D4、同Eおよび同E1の各試案とされている。F41C、Dは「神風」型としての原案だから、D1～D3はいずれもこれから派生した試案であろう。排水量（常備）は原案より最大でも三五トンしか増加していず、基本的には船体、機関をそのままとして、兵装のみ変化させたものと推定される。

D1は発射管を六一センチ三連装四基、一二センチ砲三門としたもので、のちの「睦月」型にくらべて雷装を倍に、砲を一門減じたものであった。D2はD1にくらべて一二センチ砲を四門としたもの、D3は発射管を四連装三基、一二センチ砲は三門に減じたものである。

これらはいずれも、兵装として機雷と掃海具の装備はとりやめ、爆雷のみは一八～二四コを搭載するものとされていた。

このように、排水量の増加なしに兵装を増備強化させる試案は、平賀のもっとも得意とするところで、この前にも戦艦「陸奥」の建造にたいして、排水量の増加なしに主砲塔一基の増加試案を提出したり、八八艦隊の主力艦に四連装主砲塔の提案をしたことなどがあったことは、よく知られている。

この時期に片舷一二射線、とくに四連装発射管を考えていたのは、ひじょうな進歩であったが、時期尚早ということか、試案にとどまっている。

多少割り引きして、「睦月」型に六一センチ三連装三基の雷装を搭載することは、それほど難しいとは思われない。とすれば、つぎの特型で四連装三基の搭載が実現していたかも知れない。もちろん、この一二射線艦が実現すれば、超駆逐艦の条件はそなえているといっていいであろう。

つづいてEとE1試案だが、ほんらいE案は「睦月」型の後期型に相当する設計であるが、ここではまったく別の試案がこころみられている。

この二案とも、常備排水量は一五〇〇トン、ほぼのちの「睦月」型と同大で、注目すべきは砲として一四センチ砲を搭載したことにある。いうまでもなく三年式五〇口径一四センチ砲は、当時主力艦の副砲および軽巡の主砲として採用されていた標準的な中口径砲である。

E案では、この一四センチ砲連装および単装各一基を搭載し、発射管は六一センチ三連装四基を搭載するという、きわめて過大な兵装をもりこんでいた。E1案は一四センチ砲を単装二基として、八センチ高角砲一門を追加したもので、雷装はかわりない。

一五〇〇トン級駆逐艦に一四センチ砲、しかも同連装砲を搭載するという思いきったデザインは、いささか過剰との感がないでもない。しかし、さすがに平賀デザインらしく、造船性能上の基本はおさえているということで、一四センチ連装砲は船体中心の上構上に配置され、バランスをとっている。

一四センチ連装砲の重量は、砲室楯重量をふくめて約三六・五トン、単装でも一八・八トンと、現用の一二センチ四五口径G型砲六・七トンとくらべて、きわめて過大な重量である。この試案が実現したら、文句なしに超駆逐艦と称されたであろうが、さすがにこのままでは実現しなかった。

このままではといったのは、じつはこれが、先の「夕張」の布石ではなかったかと思わせるからである。ここでのこれら駆逐艦の計画番号がF41であることは周知のとおりであるが、じつは「夕張」の設計番号がF42である事実である。

すなわち「夕張」は、巡洋艦の計画番号である〈C〉ではなく、駆逐艦の〈F〉を計画番号としていたのである。今日知られている艦本の計画番号表では「夕張」の欄は空欄のままで、F42という番号は、平賀遺稿集によってはじめて知られた事実である。

全般に、艦本の計画番号は理路整然と命名されたものとはいえず、今日知られているものを見ても欠番や重複がある。厳密な手順で記録されたものといいがたいものがあり、計画担当者によって、とったりとらなかったりの差異があったように感じられる。

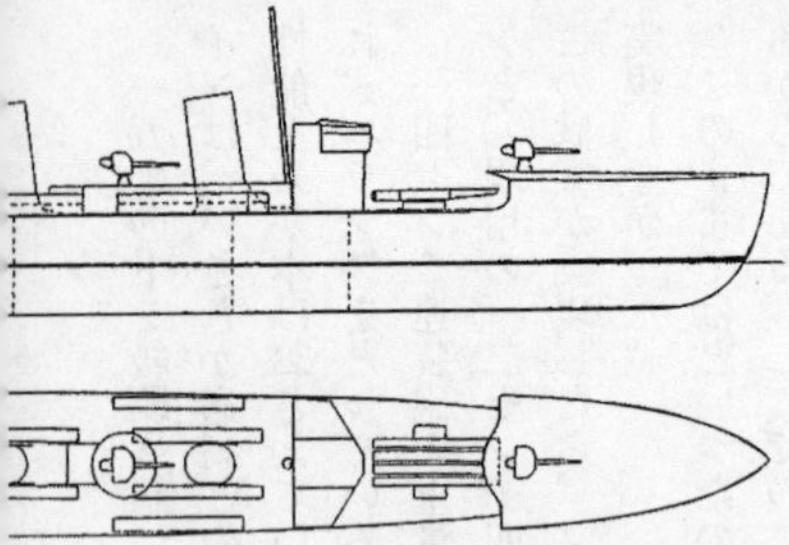

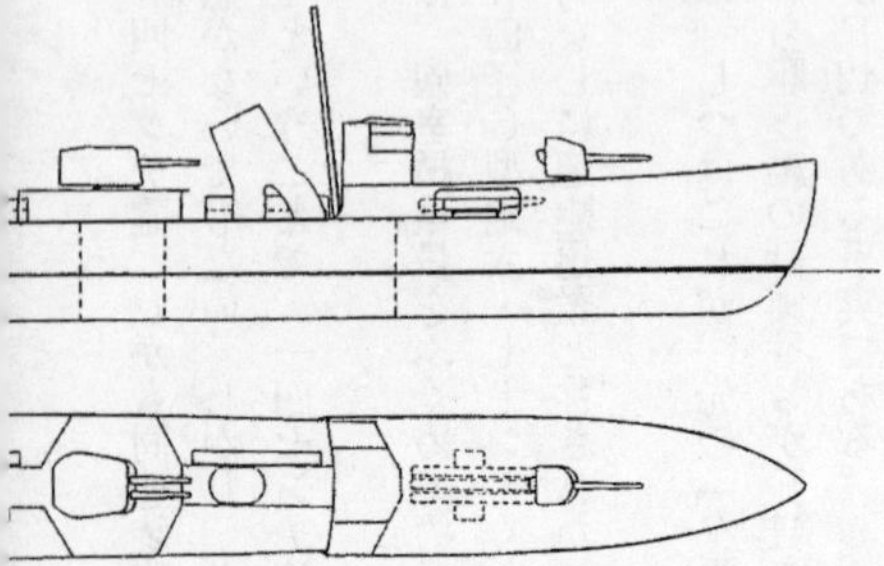

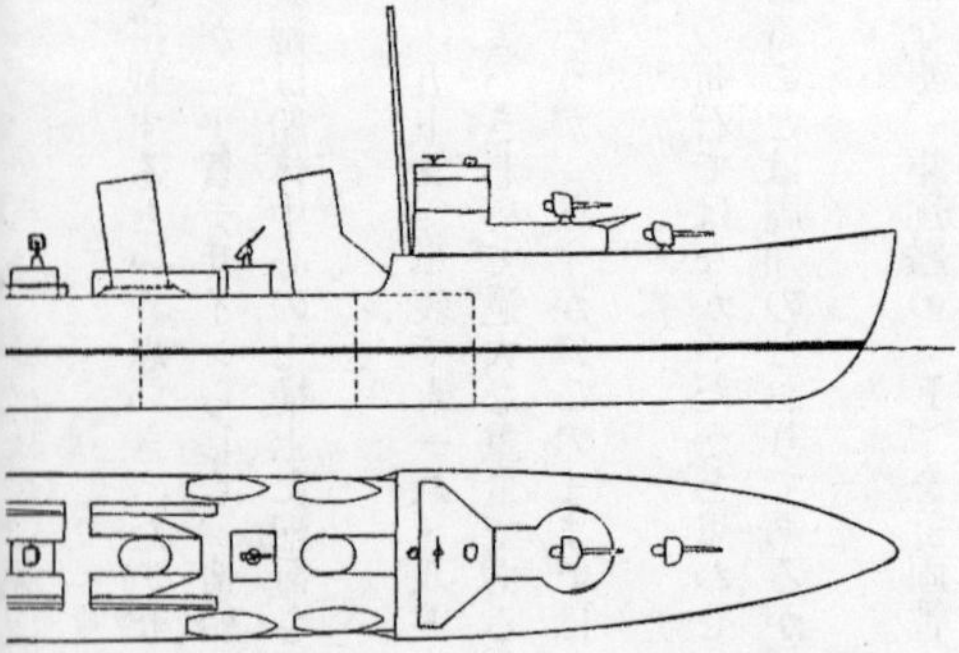

第 32 図　駆逐艦 F41D 案

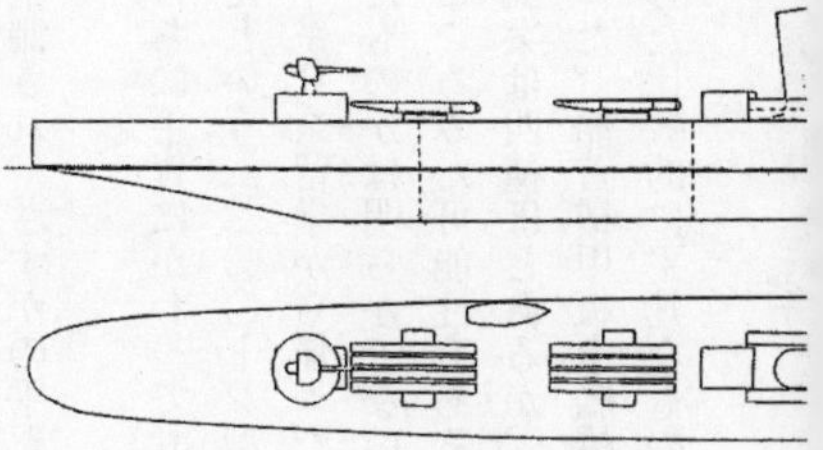

第 33 図　駆逐艦 F41E 案

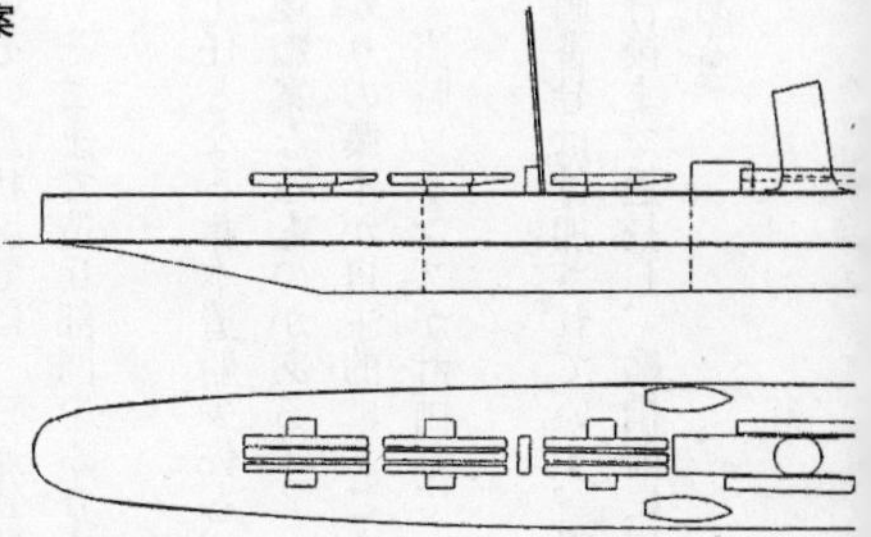

第 34 図　藤本案 2200 トン型駆逐艦
(1921 年 12 月)

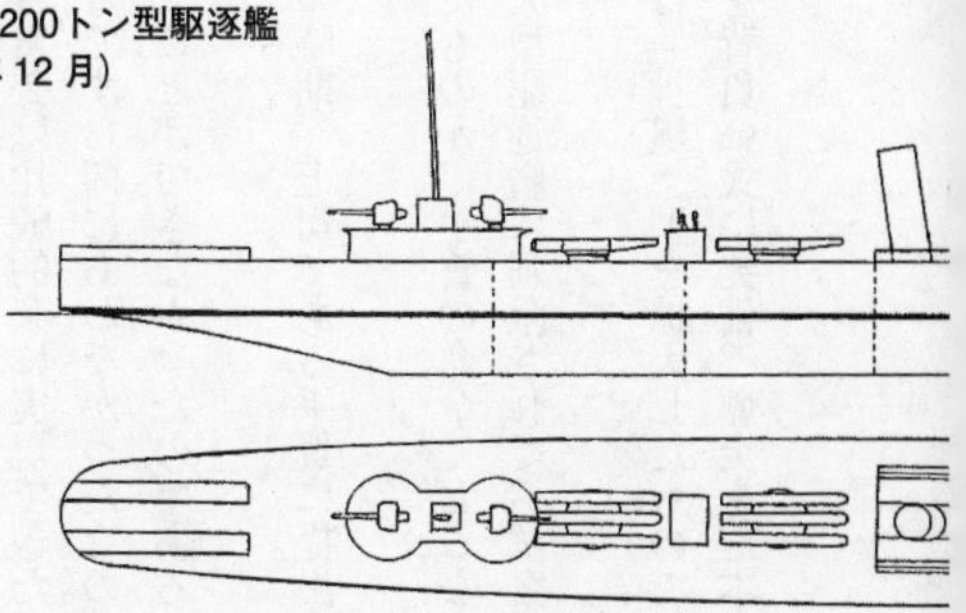

その意味では、〈F42〉という番号が正式に認知されたのか、私的レベルにとどまったものなのかの疑問はのこる。

しかし、実際の「夕張」の設計をみると、前述のようにとくにその雷装はきわめて貧弱で、巡洋艦のコンパクト化にとどまっている。ここに見られたような三連装、または四連装発射管の採用による進歩性はなかった。

なぜなら、「夕張」のような大型船体なら、これらの多射線雷装は比較的楽に実現できたはずである。もっとも建造をいそいだ状況では、三連装発射管ですら間にあわなかったものと推測され、さすがの平賀も、そこまで造兵部門をふりまわすことができなかったのであろう。

のちに平賀にかわって計画主任となる藤本造船少佐も、この時期、上司である平賀に提出したという二二〇〇トン型駆逐艦案なるものがある。イギリス留学から帰ったばかりの藤本が自主的におこなったものか、平賀の命令でおこなったものかは明らかでないが、当時フランスが計画していた大型駆逐艦に刺激されて、試案をこころみた可能性もある。

試案は四種ほどあるが、計画番号は付加されていず、艦型は「神風」型を拡大したものであった。船首楼甲板を艦橋部背後まで延長し、艦橋前に備砲を背負い式に装備、煙突を三本とした比較的に平凡なものである。

兵装も一二センチ砲四門、八センチ高角砲一門、六一センチ三連装発射管二基、予備魚雷六本、機雷三二コ搭載という、排水量にたいして、きわめておとなしいものである。留学したイギリスのW型駆逐艦にならったのではないかという習作で、藤本の傑作といわれたのちの特型駆逐艦の面影はまったく見られない。

特型という名の超駆逐艦

前述のように、イギリス海軍の駆逐艦を基本として発達してきた日本の駆逐艦は、八八艦隊計画時に計画された一等駆逐艦「峯風」型と二等駆逐艦「樅」型で、はじめて日本色ともいえる特有の設計がほどこされたものの、列強の駆逐艦と比較して、とくに優越したものを有するとはいえなかった。

ただ、これら六〇隻の駆逐艦建造で、重油専焼タービンによる高速発揮（最高三九ノット）と六一センチ大口径魚雷の実用化は、特型駆逐艦誕生の大きなベースとなったことはいうまでもない。

特型駆逐艦として軍令部の最初の商議は、大正十三（一九二四）年四月十八日付けでおこなわれている。

これによれば、フランス海軍による大型駆逐艦整備計画の開始にかんがみ、これが英米に波及するのは避けられず、また厖大なアメリカ駆逐艦勢力に対抗上、駆逐艦大型化による個艦優越は必須として、新補充計画により三六隻の大型駆逐艦の建造計画を策定した。また既定計画艦も、この新型艦に切りかえることを要求していた。

軍令部より要求された要目は次のとおり。

排水量一九〇〇トン付近、砲装は一三センチ砲四門以上（仰角四五度、弾薬一門当たり一二〇発）、八センチ高角砲一門（弾薬一五〇発）、発射管六一センチ三連装三基（魚雷数一門当たり二本）、速力三九ノット（三分の二燃料状態にて）、航続距離一四ノットにて四〇〇〇海里。

これに対して、同年七月には海軍大臣より、既定計画駆逐艦八隻を新駆逐艦に切りかえ可能との回答がなされている。

当時、艦政本部ではこの商議以前から、大型駆逐艦研究委員会（のちに特型駆逐艦研究委員会と改称）と称する次期駆逐艦計画の策定を目的として委員会がもたれて、試案立案が実行されていたことが知られている。

いわゆる特型駆逐艦としての艦型原案が完成したのは翌年二月で、基準排水量一六五〇トン、速力三八ノット、航続力一四ノットにて四〇〇〇海里、備砲一三センチ砲連装三基、発射管六一センチ三連装三基、搭載魚雷一八本としてまとめられた。

基本計画は、平賀が外遊に追いやられたあと、事実上の設計主任となった藤本が腕をふるって、彼の才能が発揮された最初の傑作となった。

「睦月」

特型駆逐艦は、これまでの日本駆逐艦にくらべて、その重兵装と艤装の近代化に最大の特色があるといってよい。

重量分配上、前級の「睦月」型にくらべて船体重量は二七・九パーセントから二六・五パーセントに減少したが、かわりに兵装重量が一〇パーセントから一三・六パーセントに増加している。

これは、船体その他の艤装、装備品の重量軽減を徹底して実施し、兵装重量の増加に対処したことを物語っている。それも、単なる重量削減ではなく、使用材質、板厚の変更、構造および配置の変更など、多岐にわたって実施されたといわれている。

船体は凌波性の向上をはかるため乾舷を高め、艦首部のフレーヤ、シーヤを大きくとり、さらに船体中央部の舷側にも、タンブルフォームに似たフレーヤをもうけるなどの、きわめて精緻な設計がほどこされていた。

艤装面でも、日本駆逐艦では最初の背の高い完全にエンクローズされた艦橋構造物と、鋼管構造の三脚檣がもうけられた。また、缶室の吸気筒も背の高いキセル型のものを考案した。

とくに備砲において、あらたに採用した五〇口径三年式一二・

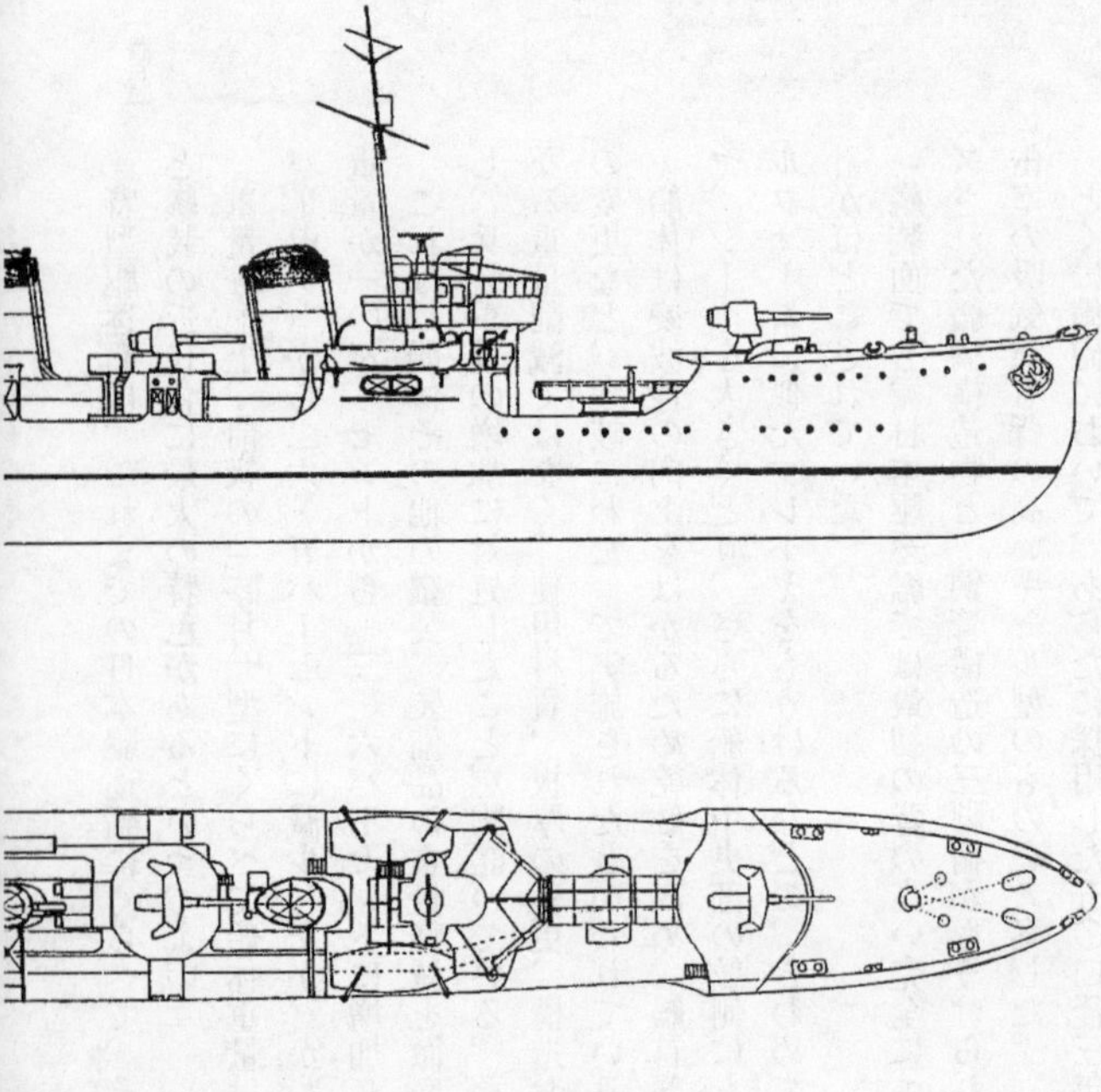

第 35 図　「睦月」型駆逐艦（新造時）

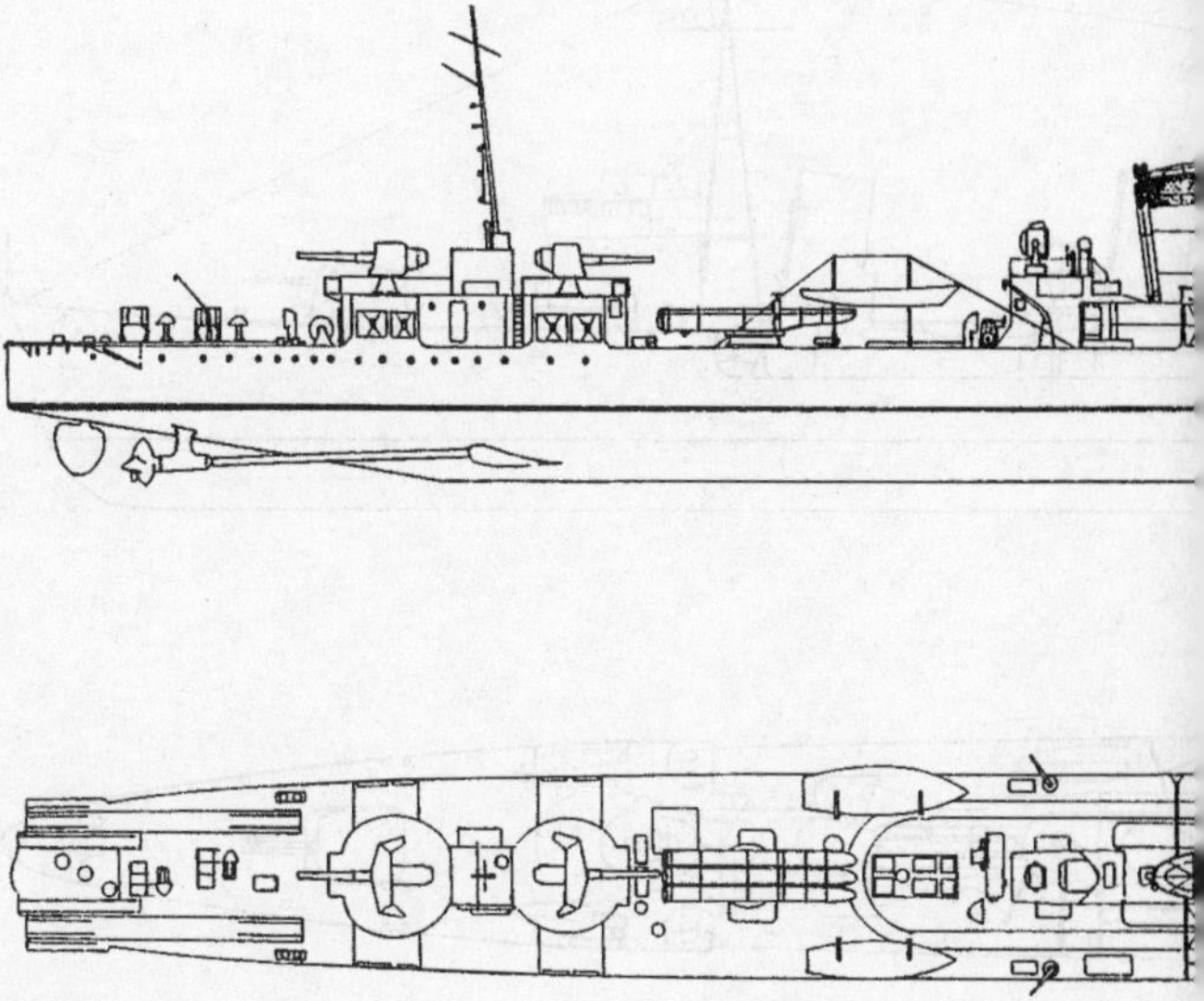

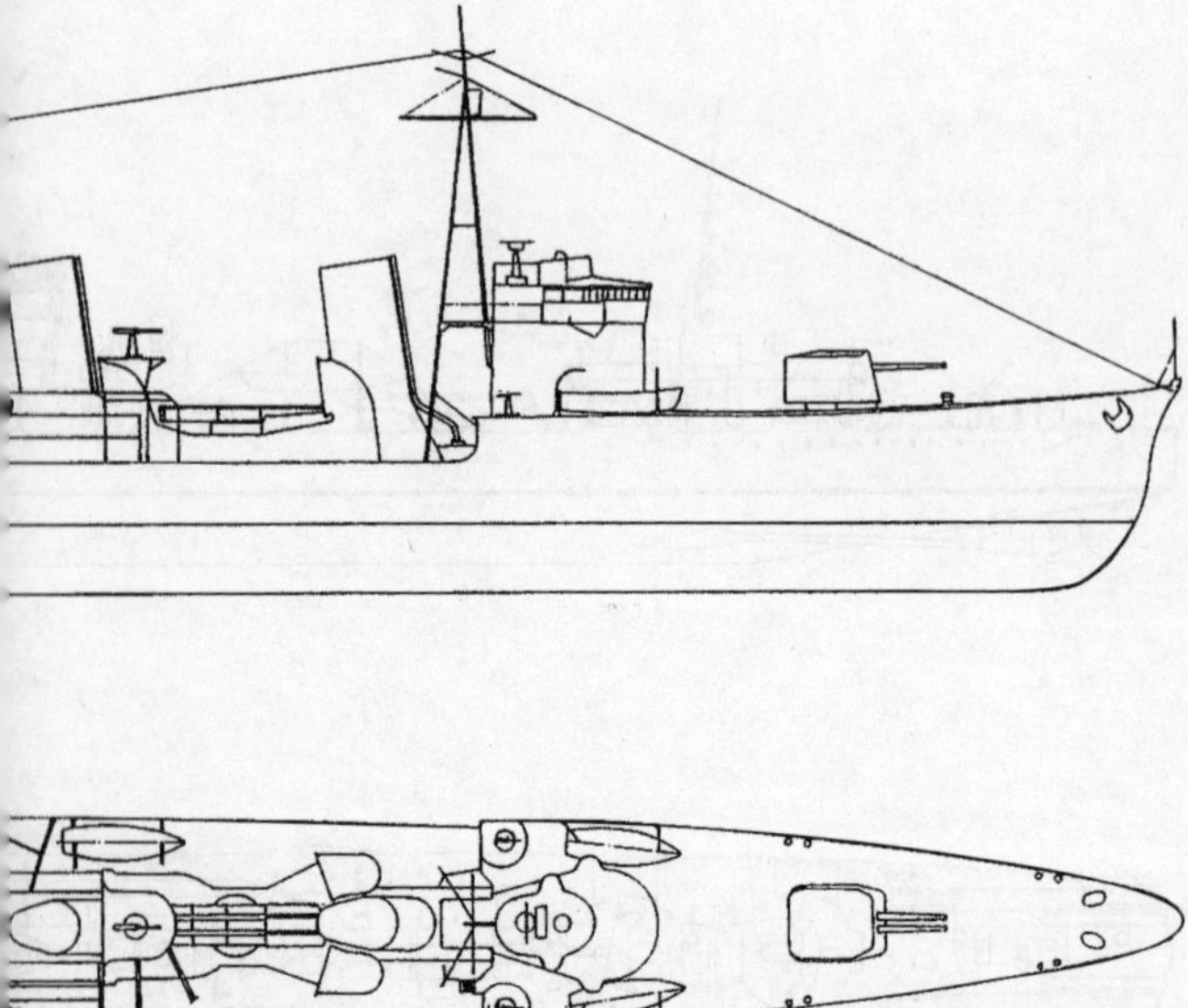

第 36 図　特型駆逐艦基本計画案 (1926 年)

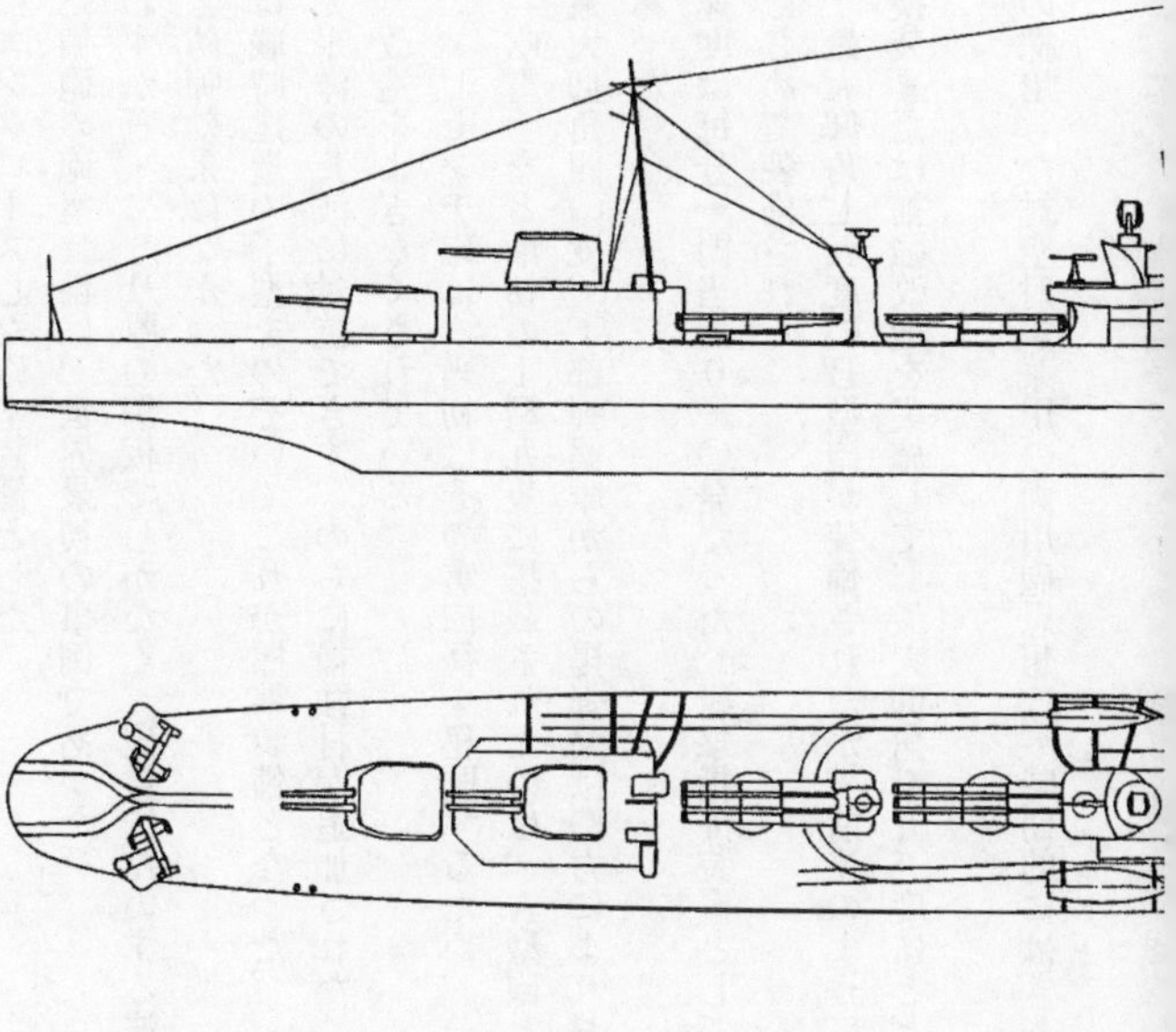

七センチ連装砲を、完全にエンクローズした砲室装備とした。

駆逐艦におけるこうした備砲の砲室装備は、世界最初の事例であった。

この場合、砲室構造はわずか三・二ミリ厚の鋼板でしかなく、砲員にたいする波浪および天候性を考慮したもので、防弾効果はなかった。

これ以後、日本駆逐艦は戦時建造の丁型をのぞいてこれが標準装備となった。

ただし、この板厚では太平洋の蒼波に対抗できず、のちに補強材が追加された。また、Ⅱ型以降では、砲楯の換装、改造をよぎなくされている。

この五〇口径三年式一二・七センチ砲は、当初はその実口径を秘匿するため、一三式一二センチ砲と称していた。「吹雪」など最初のⅠ型九隻に搭載されたのは、A型砲と称された二門固定俯仰角砲架で、最大仰角四〇度、下部弾薬庫からの揚弾薬は機力によりおこなわれ、砲室内の給弾は人力式であった。

装薬は薬嚢式で、発射速度は毎分一門当たり一〇発だった。射撃指揮装置として、方位盤照準装置が駆逐艦としてはじめて装備された。

Ⅱ型以降の一四隻には、最大仰角七五度のB型砲が装備されたが、前述のように波浪にたいする強度不足から、楯換装または補強改造を実施して、最大仰角を五五度にとどめて使用された。

結果的に、特型駆逐艦の採用した対空射撃兼用の両用砲思想は、時期的にはきわめて先進的であったものの、実効力が低く、以後に発展することなくしぼんでしまった。

太平洋戦争中の日本駆逐艦の対空戦における劣勢は、以後の日本駆逐艦がこの砲に固執した結果にほかならない。これは、アメリカ海軍がおなじ駆逐艦の備砲であった五インチ三八口径砲を完全な両用砲にしたてて、太平洋戦争できわめて有効に活用したのと好対照であった。

一方、雷装は中心線上に十二年式六一センチ三連装発射管三基をならべ、砲装とともに、当時の列強駆逐艦の水準を大きくうわまわる重装備であった。さらに、予備魚雷各一本を搭載、スキッド式の装填装置により、艦上での次発装填を可能にしていた。

藤本技師の自信作の出現

第一艦の第三五号駆逐艦（竣工時「吹雪」と改名）は大正十五（一九二六）年六月に舞鶴要港部工作部で起工された。昭和二（一九二七）年十一月に進水、昭和三（一九二八）年八月に竣工した。

計画公試排水量一九八〇トンは、実際には二二〇八トン（一説には二〇九八トン）と約二〇〇トンあまりオーバーして完成した。このうちの約一〇〇トンは、機関重量の見積もりオーバーによる重量超過といわれている。公試速力は三七・九ノットを発揮し、ほぼ計画をクリアーしていた。

特型は「睦月」型、または同改型として建造を予定していた八隻にかわって三隻が建造された。これは排水量の増加等による建造費用の増加から隻数を減じたもので、六隻目以後は新予算により建造がつづけられた。

藤本の苦心の設計になる船体は、きわめて凌波性にすぐれ、五五〇〇トン型軽巡が波をかぶって苦労するような海面でも、特型はすいすいと波をかきわけて航行することができたと、艦隊側からは大好評を博したという。

特型の出現した一九二八年当時、アメリカ海軍の駆逐艦は第一次大戦中に量産した水平甲板型があったのみで、戦後の新駆逐艦はまだ影も形もなかった。

イギリスでは、やっと戦後最初の新駆逐艦のプロトタイプが完成したばかりで、しかもその艦型は、きあめて平凡中庸な設計で、大戦末期の戦時計画艦の延長にすぎなかった。

こうした戦後の列強海軍にあって、特型駆逐艦の優越性は抜きんでた存在であった。唯一のライバルはフランス海軍の超駆逐艦群であったが、排水量ではより小型の特型の方が、兵装面では完全にうわまわっていた。

要するに、第一次大戦後最初の超駆逐艦として、特型駆逐艦は十分な資格を有していたといってよい。

しかしながら、特型は同型艦の建造がすすむにつれて、日本特有の改良（?）がくわえられることになる。

上から特型Ⅰ型「吹雪」、特型Ⅰ型「白雪」、特型Ⅱ型「敷波」

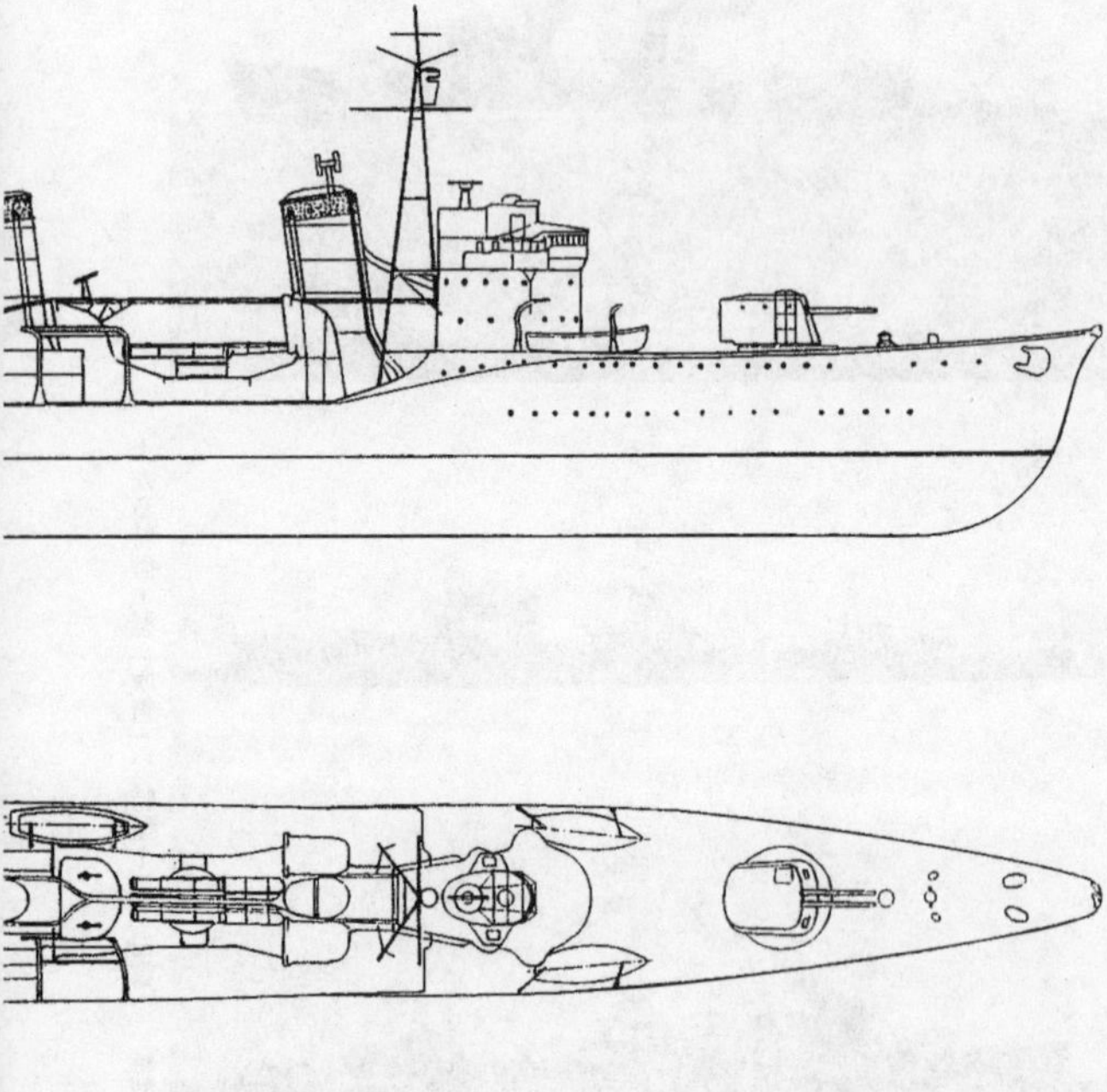

第37図　特型駆逐艦Ｉ型「白雪」

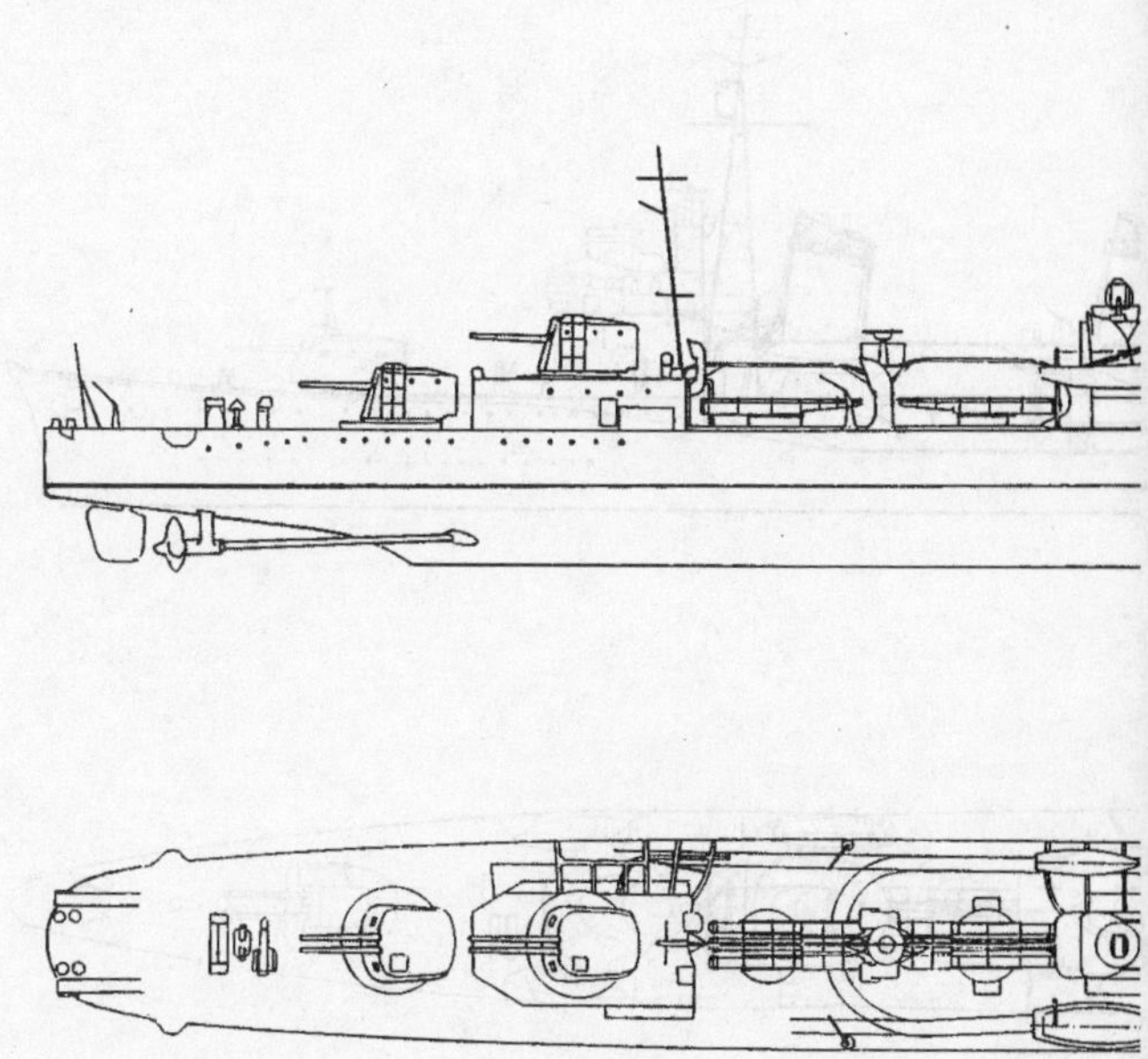

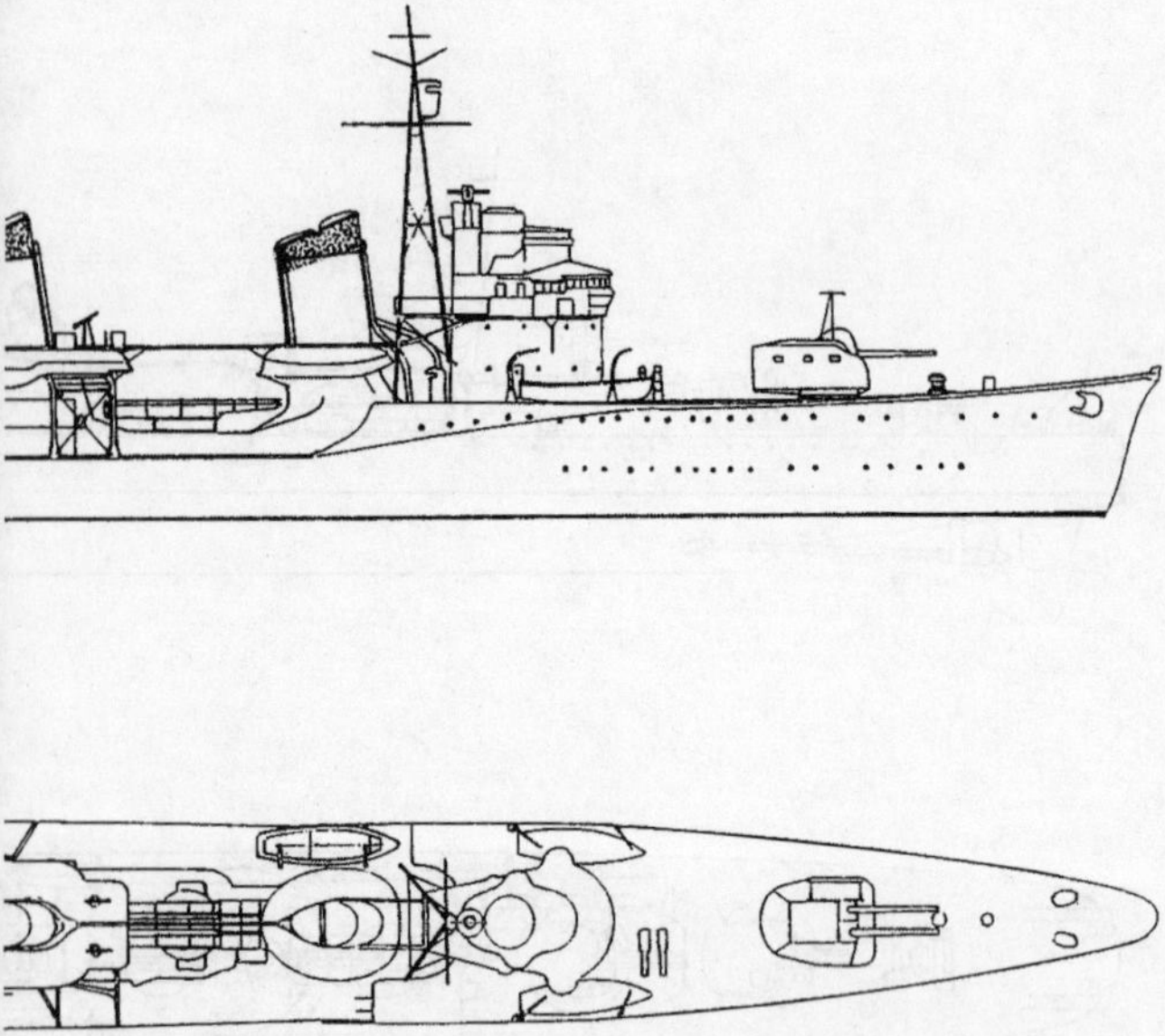

第38図　特型駆逐艦Ⅱ型「敷波」

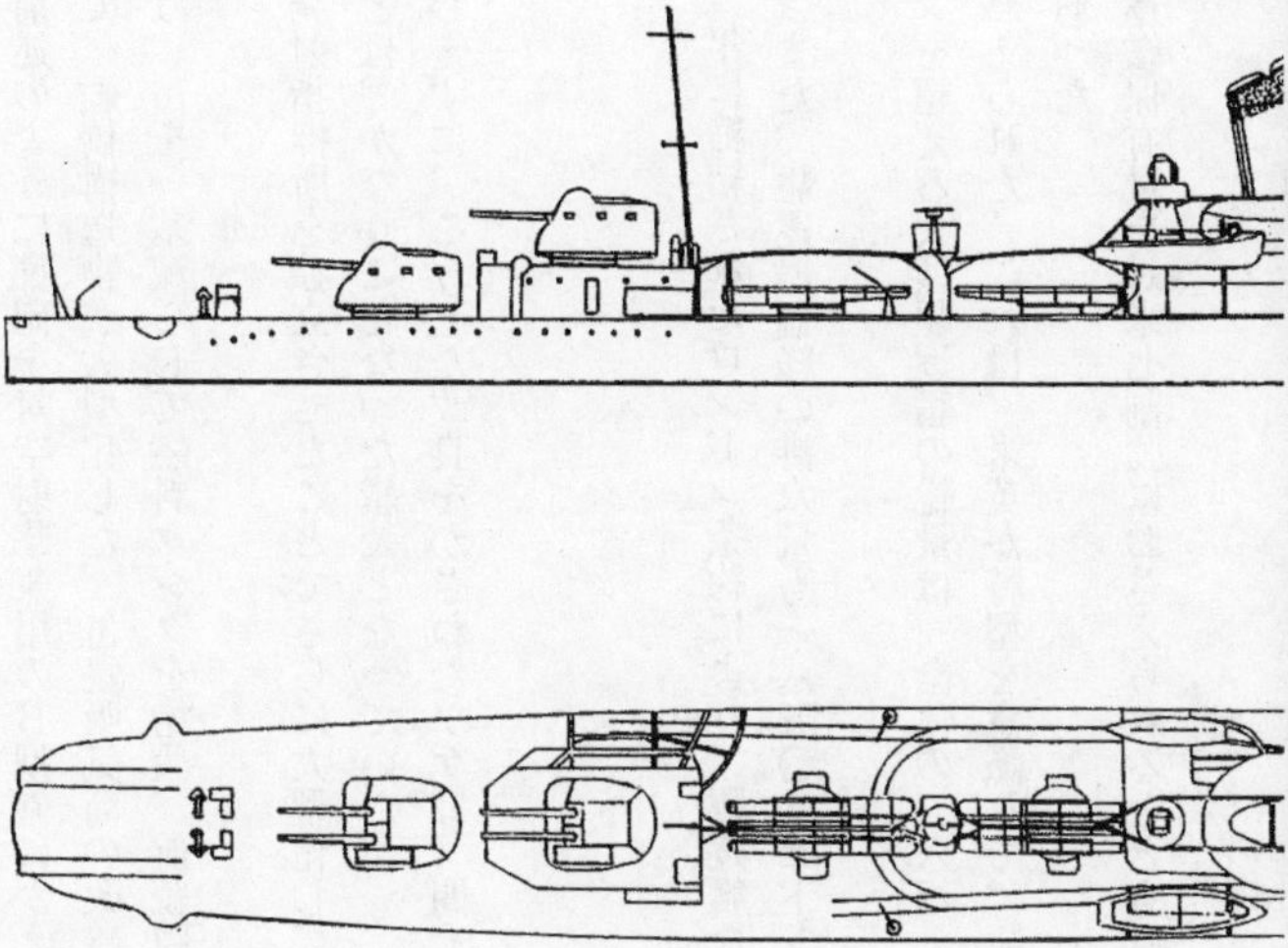

一〇隻目のⅡ型からは、前述のように備砲を対空射撃兼用のB型砲にかえ、射撃指揮所と方位盤装置を分離したことで、艦橋構造物が大型化した。缶室吸気筒の改善などを実施し、さらに最後の二一隻目からは、缶を一基減らして燃料タンクを増設、航続距離の伸長をはかった。

このほか、艦橋構造物は発射指揮所を独立させたことでさらに大型化し、発射管には防楯が追加されて、最初の原型とは、かなりことなった艤装となっていた。船体の基本設計に手をくわえずに、こうした改良をかさねたツケは、間もなくやってくることになる。

傑作艦の思わぬ落とし穴

一方、昭和五（一九三〇）年に締結されたロンドン条約により、駆逐艦などの補助艦にも保有量制限がくわえられた。また、駆逐艦個艦の排水量も一八五〇基準トンを超えてはならないと規定された。

さらに、一五〇〇基準トンを超える大型駆逐艦の総量は、全体の一六パーセントを超えてはならないという規制がくわえられた。これは、米英が特型を意識して、駆逐艦大型化に歯止めをかけた意図は明白であった。

この結果、日本海軍は駆逐艦保有量を対米七割強におさえられるとともに、現有勢力の削

（上）特型Ⅲ型「響」。（下）演習中に猛烈な低気圧に突入して多くの艦が損傷した「第4艦隊事件」で艦首部が切断された特型Ⅰ型「初雪」

減を迫られることになった。

とくに、基準排水量一七〇〇トンと公表されていた特型駆逐艦は、大型駆逐艦として全体の一六パーセントを超えてはならないという条項にひっかかり、これらの削減は一九三六年末までに実施することと規定されていた。

かくして特型駆逐艦の建造は、昭和八年三月完成の「響」をもって同型二四隻で打ち切られ、以後は一四〇〇トン型の「初春」型に移行することになる。

しかしながら、昭和九年の「友鶴事件」および翌年の「第四艦隊事件」により、特型駆逐

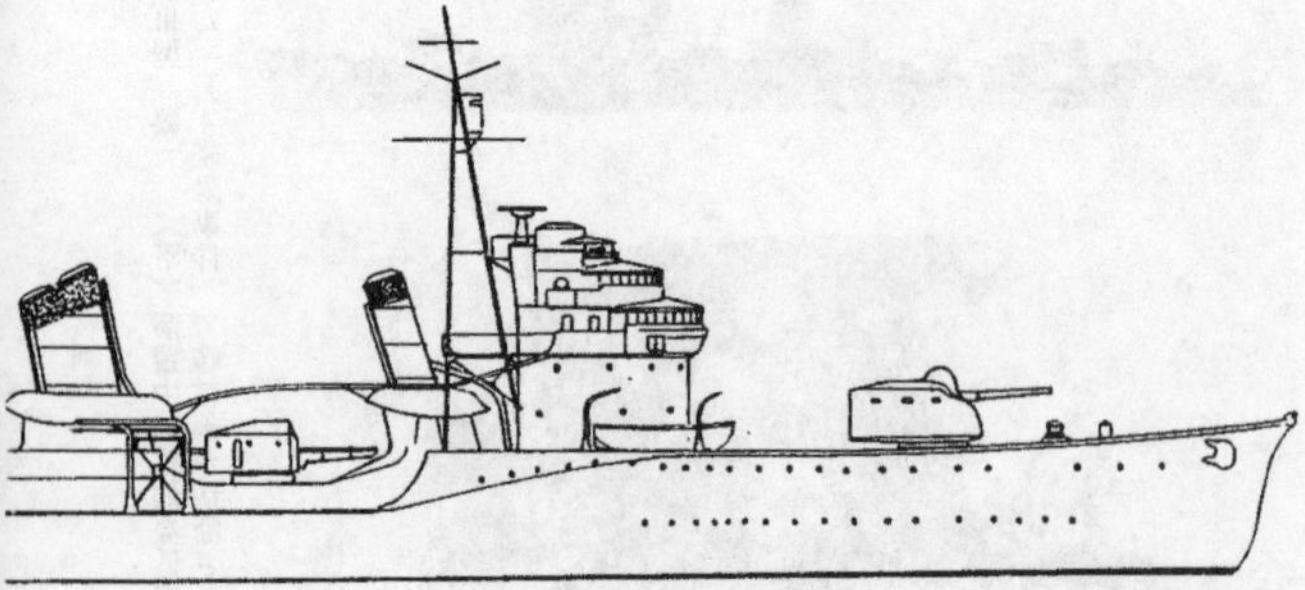

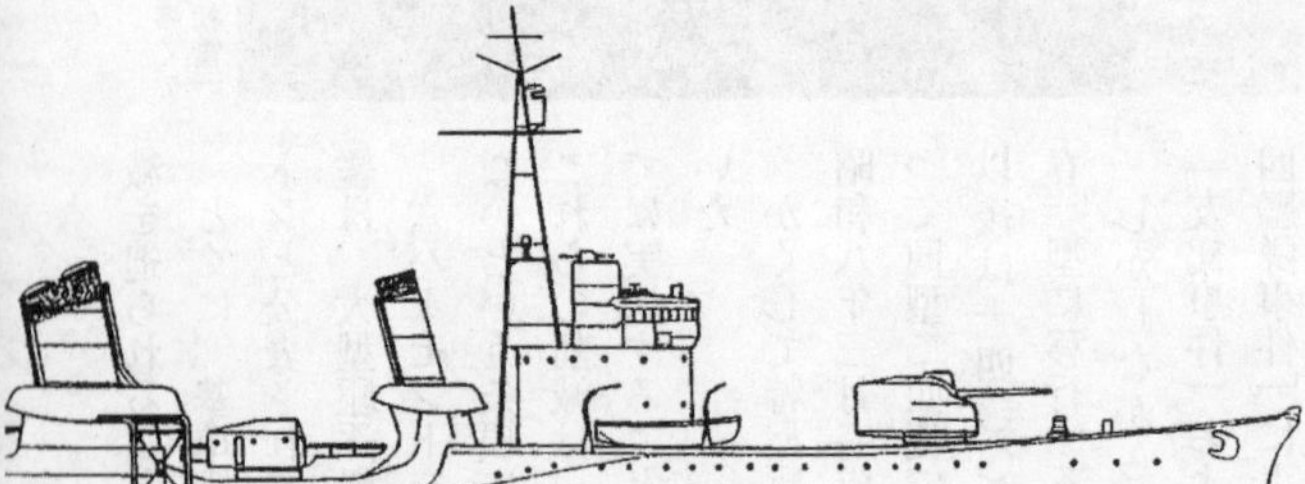

第39図　特型駆逐艦Ⅲ型「響」

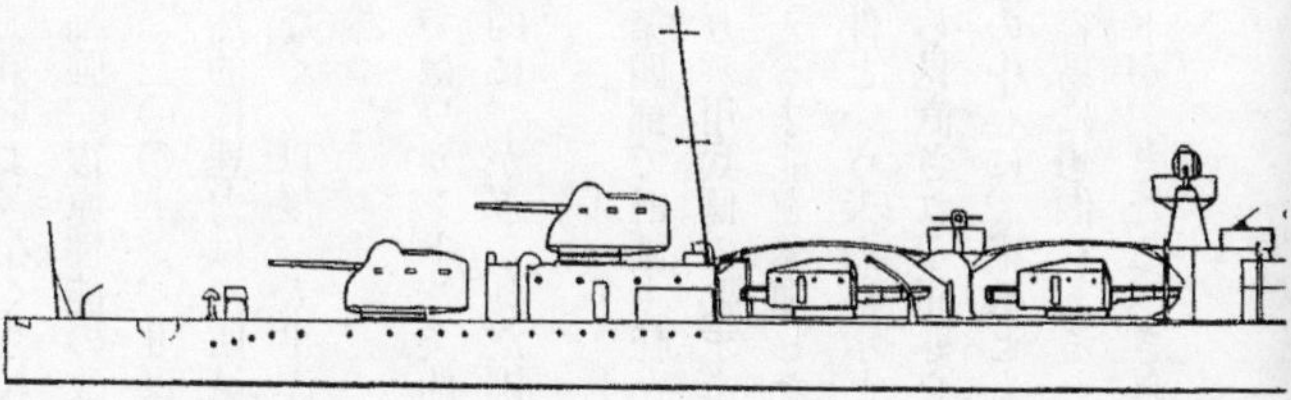

第40図　特型駆逐艦Ⅲ型「響」(性能改善後・1936年)

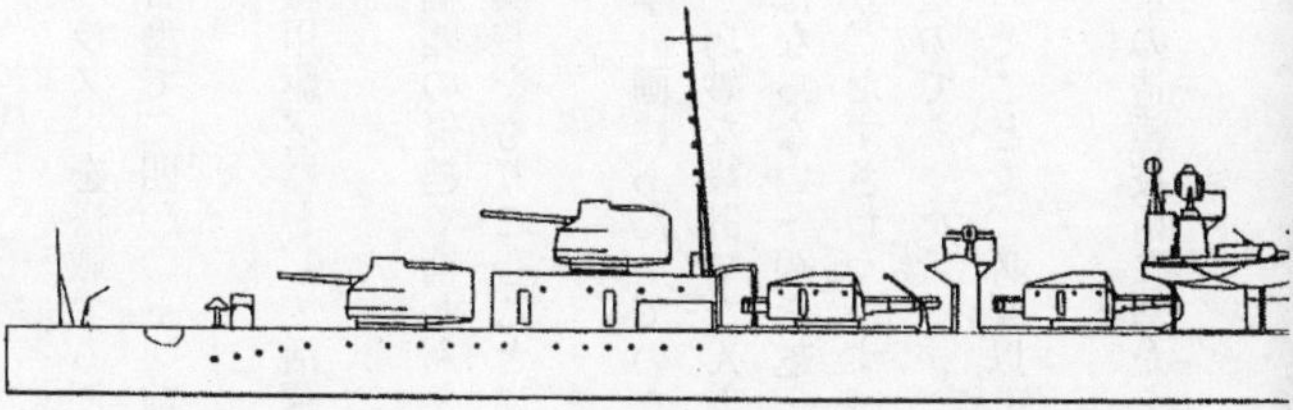

艦は大規模な性能改正工事をよぎなくされることになる。

この工事で、船体の補強、復原性能の改善のため、多量のバラストを搭載することとなった。その結果、Ⅰ型で二三〇〇トン、Ⅱ型で二五〇〇トン、Ⅲ型で二四〇〇トン前後まで公試排水量が増加し、必然的に速力は三四ノット前後に低下した。

とくに兵装の削減もなく、以後、太平洋戦争を通じて第一線用駆逐艦として活躍できたことは、不幸中の幸いであった。

結果的に、日本海軍ではワシントン条約以降、数的劣勢を個艦の優越で補わんとする風潮がより強まった。必然的に、かぎられた排水量でより強力な兵装をもりこむことに設計者は苦慮することになった。

この時期、艦政本部第四部で計画主任として新造艦艇の基本計画にあたっていた藤本は、前任者の平賀とことなり、用兵側の要求を拒絶することなく、巧妙な設計でなんとかまとめることに天才的ともいえる才能を発揮した。しかし、越えてはならない一線を越えたことで、友鶴事件と第四艦隊事件という天の啓示ともいえる警鐘により、たずさわったすべての艦艇の基本性能を、根本から見直される屈辱を味わうことになったのであった。

しかも、その見直しの中心に、宿敵ともいえる平賀がすわったことで、必要以上の是正処置がとられたことは、容易に想像しえるところであった。

この技術的リバウンドが、きたるべき無条約時代の日本海軍の造艦技術にあたえた影響は、けっして小さくはなかった。

このとき、ひとり悪者にされた感のある藤本であったが、この天才設計者なしに特型は存在し得なかったわけで、特型が以後の日本駆逐艦にあたえた影響は絶大であった。

結果的に、以後の日本駆逐艦は「初春」型、「白露」型、「朝潮」型、「陽炎」型とつづいて、太平洋戦争を迎えることになるが、これらに特型をうわまわる超駆逐艦といえるものはないといってよい。

それだけ特型駆逐艦は、その時代で卓越した存在の超駆逐艦であったのである。

ライバルは軽巡「夕張」

アメリカ海軍が第一次大戦への参戦後に、水平甲板（フラッシュ・デッキ）型と称した水平甲板、四本煙突型の一一〇〇～一二〇〇トン級駆逐艦の大量建造をおこなったことは有名である。完成した二七二隻という数からも、戦後しばらくは必然的に新型駆逐艦の建造はひかえられるにいたった。

もちろん、戦後の列強各国の新型駆逐艦の趨勢、とくにイギリス海軍が大戦末期に建造した一連の大型重兵装駆逐艦や、イタリアの大型駆逐艦などにたいしては注目はしていたようである。

嚮導駆逐艦として、一九一九年度に試案した二二〇〇トン型大型駆逐艦などがある。この

水平甲板型クレムソン級ブルックス

あたりがアメリカ海軍における超駆逐艦の原点であるようだ。

艦型的にはあまり新味はないが、イギリス海軍のW型などにならった備砲配置であった。当時のアメリカ戦艦の標準的副砲である五インチ五一口径砲五門を、前後に背負い式、中央煙突間に配置したものである。

船首楼甲板をもつ二本煙突型で、発射管は水平甲板型とおなじ五三センチ三連装四基を両舷側に配していた。計画出力五万軸馬力、速力三七ノットは、かなりの高水準であった。

一九二〇年代にはいって、アメリカ海軍はライバルの日本海軍が建造した軽巡とも超駆逐艦ともいえる「夕張」に影響されて、大型駆逐艦の計画試案にさいして、オマハ級軽巡が搭載した六インチ五三口径砲を四門、五インチ二五口径砲二～四門を搭載した三三〇〇トン級嚮導駆逐艦をデザインしている。

五三センチ発射管は三～四連装四基を舷側配置とし、

ポーター級ウィンスロー

軸馬力五万六〇〇〇～六万二五〇〇馬力、速力三五～三六ノットを予定していた。

五インチ二五口径砲は、一九二〇年代にはいって開発採用された新型半自動式速射両用砲で、アメリカ海軍はこの時期、次期新駆逐艦の備砲として期待していた。

しかし、二五口径砲では新型駆逐艦の備砲としては力不足の声もあった。一九三〇年代にはいって、戦艦の代艦建造も予定されていたことから、戦艦の副砲としての用途からも、あらたに五インチ三八口径両用砲の採用が実現した。

この半自動装塡の速射両用砲は、のちの太平洋戦争を通じて以来、アメリカ海軍の標準両用砲として、一貫して水上艦艇の備砲として採用された。とくに駆逐艦および大型戦闘艦の対空砲のすべてが、これで統一されることになるのであった。

アメリカ海軍は一九三二年に、戦後最初の新型駆逐艦ファラガット級（一五〇〇トン）の建造に着手した。さらに翌一九三三年には、一八五〇トン型の嚮導駆逐艦ポーター級の建造も開始された。

この時期、アメリカはロンドン条約の締結により、駆逐艦の保有

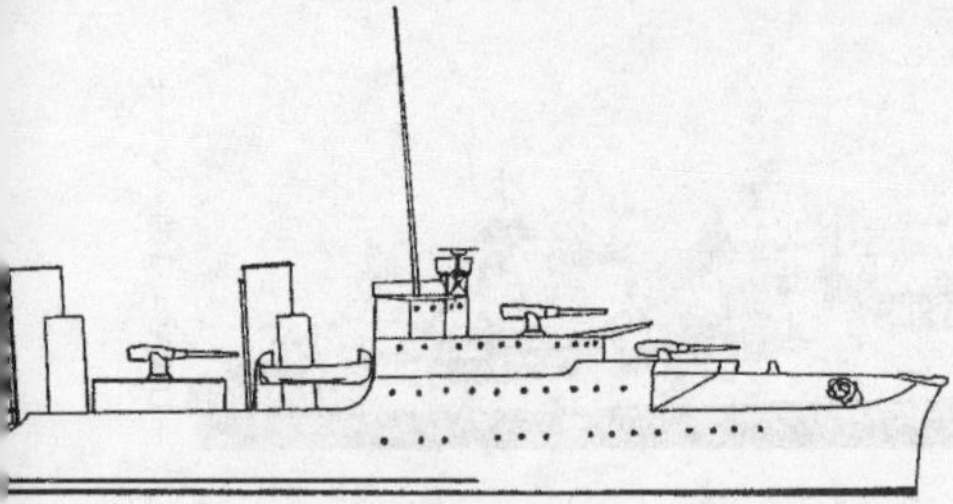

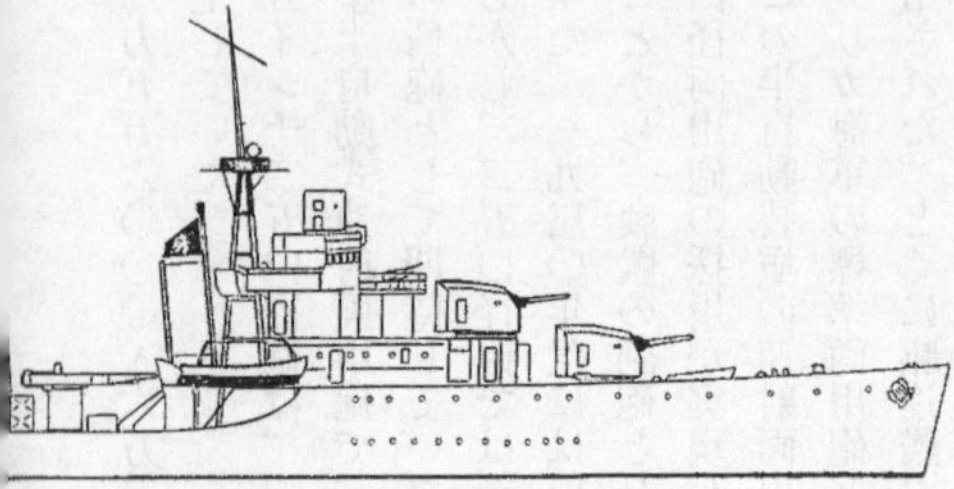

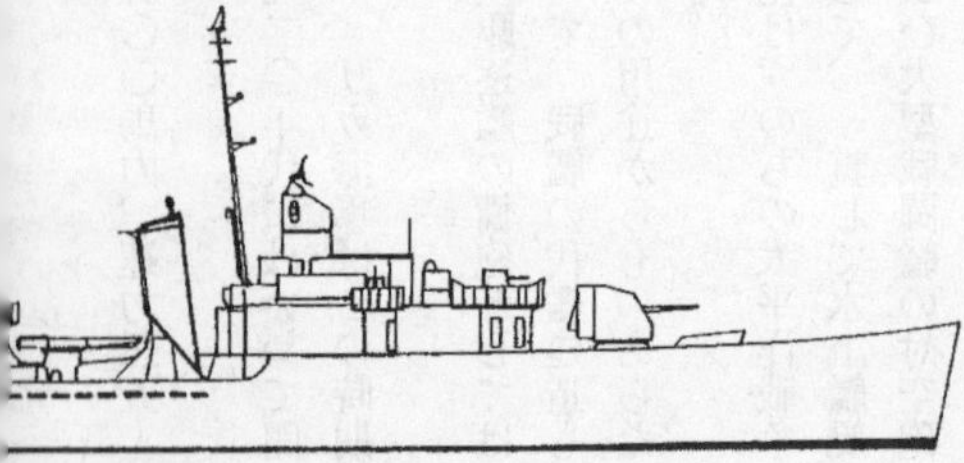

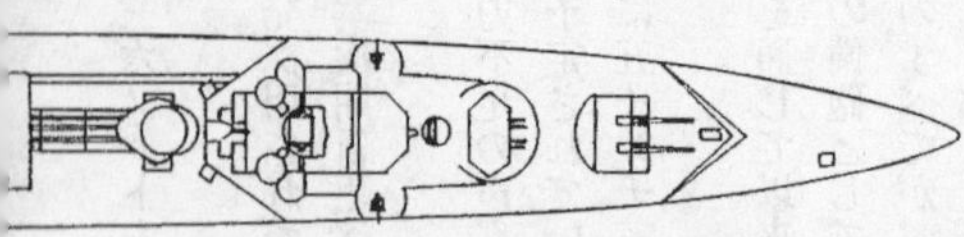

第41図　1919年試案2200トン型嚮導駆逐艦

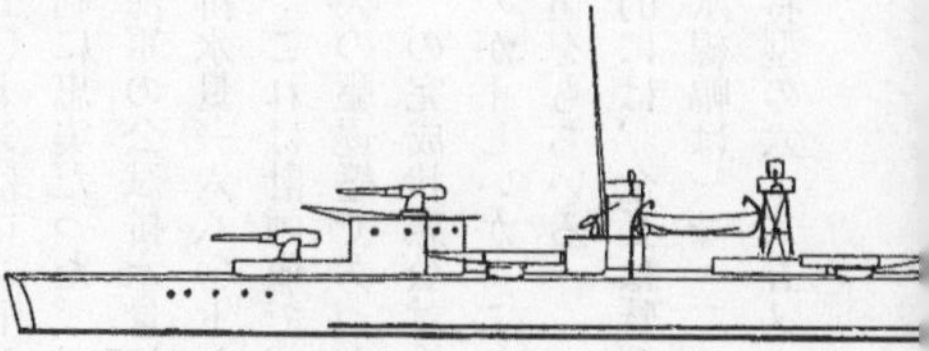

第42図　嚮導駆逐艦ポーター（1936年）

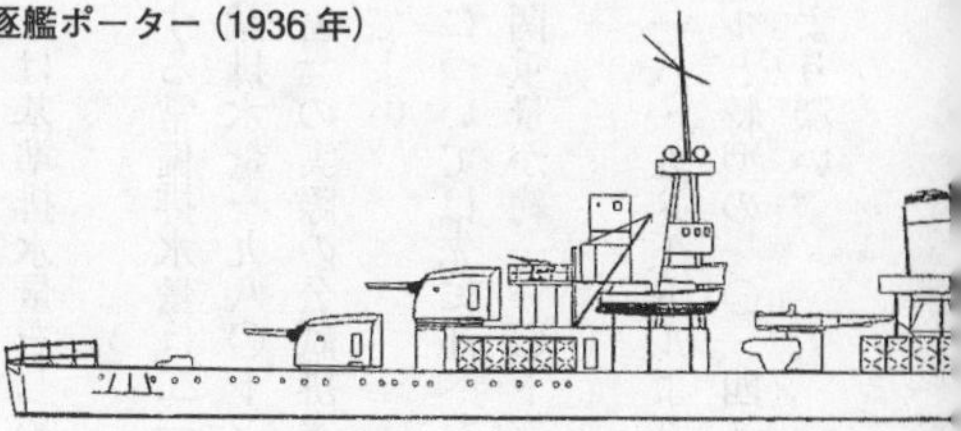

第43図　ポーター級嚮導駆逐艦セルフリッジ（1944年）

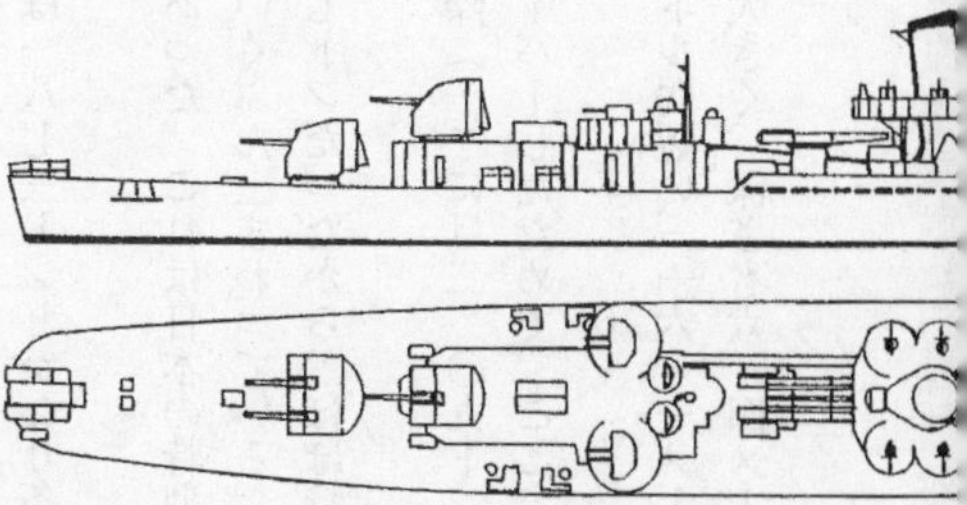

量の制約をうけていた。そのため、新駆逐艦の建造にさいしては、旧式な水平甲板型の一部を除籍削減して建造枠を確保するとともに、嚮導駆逐艦の排水量制限を遵守するかたちで、ポーター級の艦型が決定されたものである。

このとき出現したポーター級は、これまでのアメリカ駆逐艦とは大きくことなる最初の超駆逐艦であった。

一八五〇トンはロンドン条約では基準排水量をしめすが、実際は一八七三トンとかなり条約の規制に忠実だった。

日本海軍の公試排水量に匹敵する常備排水量は二一三一トンであった。これは日本の特型の基準排水量一六八〇トン、公試排水量一九八〇トンにくらべていくぶん上まわっている。ただし、これは計画値で、「吹雪」の実際の公試排水量は二〇九七トンだったから、ほぼ特型と同大の駆逐艦であったとみてよい。

「吹雪」の完成状態公試排水量については先に述べたように、実際(?)には二二〇九トンとするのが正しいが、これは機関重量が約一一〇トンも予定をオーバーしたためで、ここでは上記値をもちいる。

寸法的には、全長は特型の一一八・五メートルより二・五メートル弱短い一一六・一メートル、水線幅は一一・二メートルと特型の一〇・四メートルより大きく、深さも六・四メートルと特型の六・二五メートルより深い。

すなわち簡単にいえば、船体はポーターの方がわずかに太っている感じである。ただし、ポーターの外観は駆逐艦というよりは、軽巡にふさわしい重厚なものであった。

前後に背負い式に搭載した砲室装備の五インチ二連装砲四基、前後の重構造の三脚檣など、当時の駆逐艦の常識をやぶるものであった。

ポーターの備砲の五インチ連装砲四基は、当時としてはもっとも強力なものであった。しかも密閉した砲室装備は、日本の特型につぐものであった。

ただし、ポーターではこの場合、対空射撃は考慮していなく、最大仰角もかぎられたものであった。射撃装置も平射射撃用のもので、対空用火器としては、前後に二八ミリ四連装機銃をそなえていた。

発射管は五三センチ四連装二基を、前後の煙突背後に配していた。これは標準型のファラガット級とおなじであった。

機関は四缶で計画出力五万軸馬力、速力三七ノット、公試では三八・二ノットを発揮している。

満載では燃料油六五一トンを搭載した。航続力は一二ノットで七八〇〇海里、満載排水量は二六六三トンに達するから、特型よりはいくぶん大型であるともいえる。

アメリカ海軍のポーター級にたいする意図は、嚮導駆逐艦という名のとおり、駆逐隊群の旗艦任務を建前としたもの。しかし、その一面で本級による部隊編成も考えていたふしがあり、これは当然、日本の特型を意識したものであるのは明白であった。

ポーター級八隻の完成した一九三六～三七年は、日本の特型最終艦が完成してからすでに四年以上を経過しており、日本はワシントン・ロンドン条約からの脱退を表明していたから、特型以上の超駆逐艦の出現は予想しえた。

一本煙突の新型艦

アメリカ海軍は一九三五～三六年度予算で、嚮導駆逐艦の第二陣としてソマーズ級五隻をひきつづき建造して、一九三七～三九年に完成させている。ソマーズ級はポーター級とおなじく基準排水量一八五〇トン、同寸法のほぼ同型艦として計画された。

艦型的には、煙突を一本にあらため、発射管を一基増加して四連装三基としたものである。同時に上部構造も簡素化されて、前後の三脚檣を廃してかんたんな棒檣にあらためられた。

本級の兵装は、第二次大戦前型駆逐艦としてはもっとも重兵装といってよく、機関出力も五万二〇〇〇軸馬力に向上し、計画速力も三七・五ノットに高められていた。

ただし、実際の基準排水量はソマーズで二〇一三トンと、かなり制限をオーバーしている。常備状態では二二九三トンと一五〇トンほどポーターをうわまわっていた。

ポーターとソマーズ級嚮導駆逐艦は、両大戦間のアメリカ駆逐艦としては卓越した装備を

ソマーズ級ジュエット

有したことで著名である。しかし、その実態は多少割り引きしてみる必要があった。

　というのも、あきらかにトップヘビーの艦型は、就役後に事実、問題を生じたようである。大戦中には、ポーター級では前後の三脚檣を撤去してかんたんな棒檣にあらため、一部の艦をのぞいて備砲をすべて撤去して、対空両用の新型五インチ連装砲二基と同単装一基にあらためている。

　同様に、ソマーズ級でもおなじ換装を実施しており、ほかに二番発射管も撤去されている。

　いずれにしろ、これらの艦の装備した平射砲では、大戦中の熾烈な防空戦闘には役だたなかった。

　すでに、新造時の優越性はうしなわれており、大戦中に就役した新鋭サムナー、ギアリング級の五インチ連装三砲塔艦の後塵を拝するほかなかった。

　ソマーズ級の一艦ワーリントン（DD383）は一九四四年九月十三日、フロリダ沖でハリケーンに遭遇して、

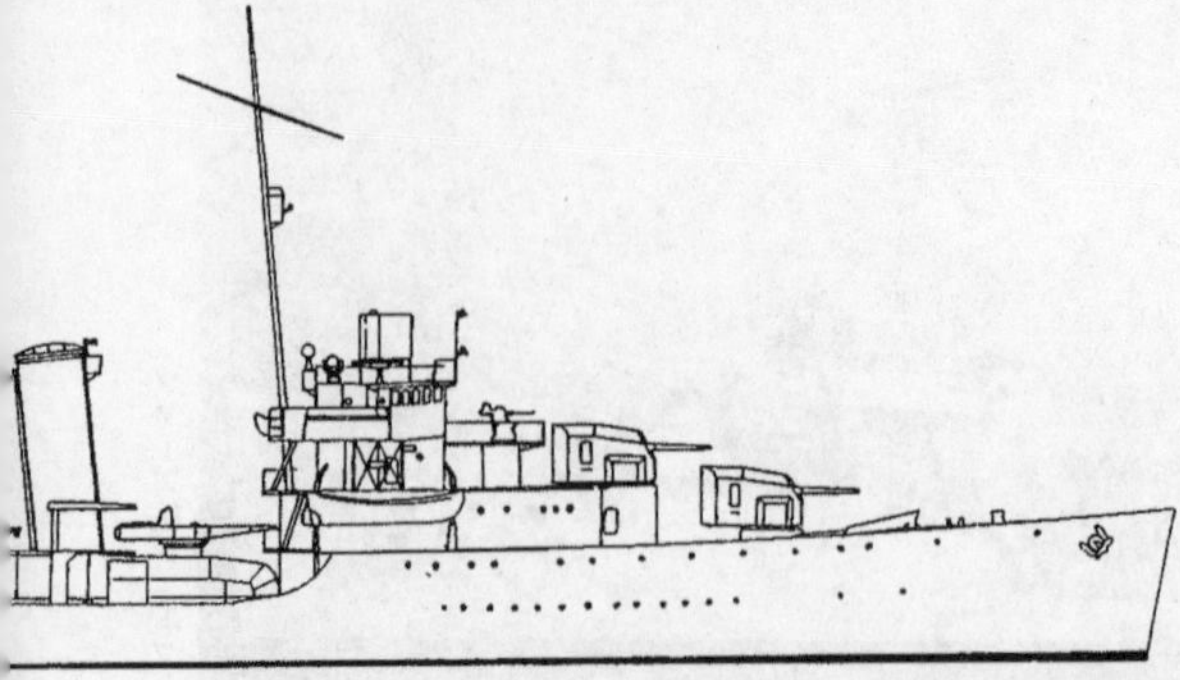

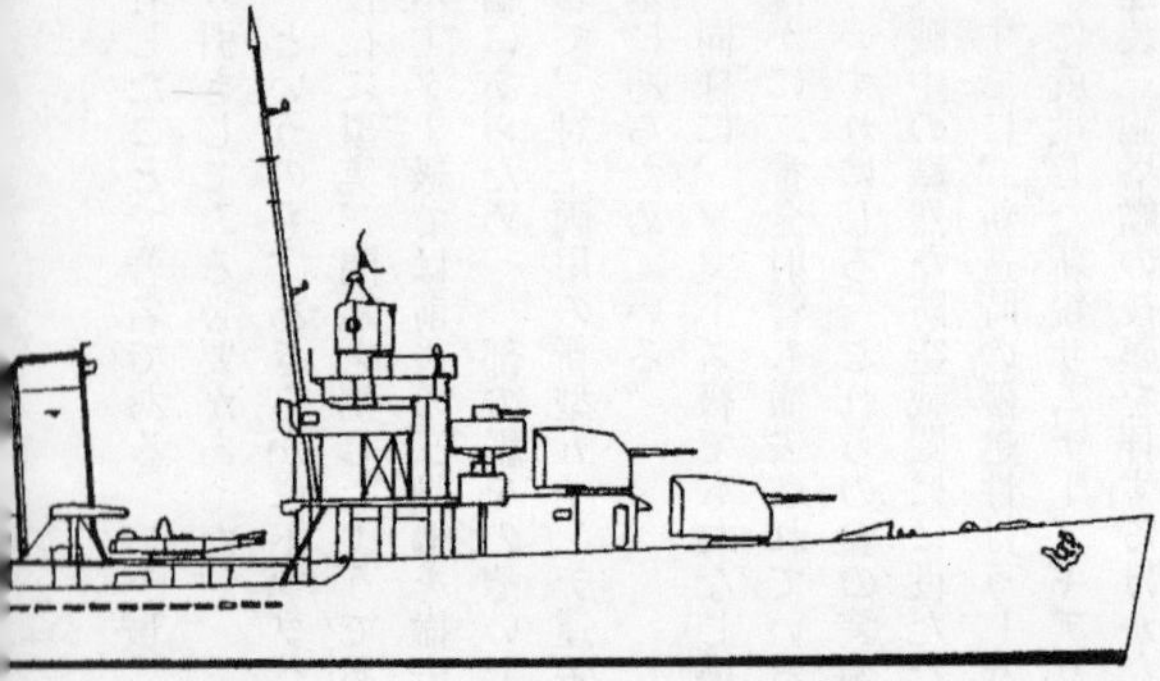

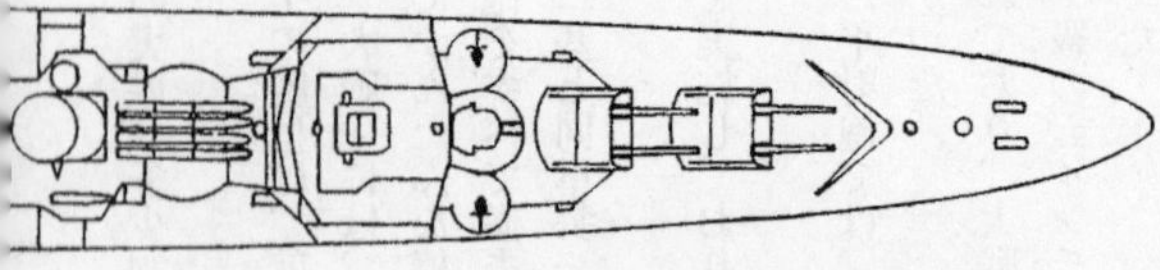

第 44 図　嚮導駆逐艦ソマーズ（1940 年）

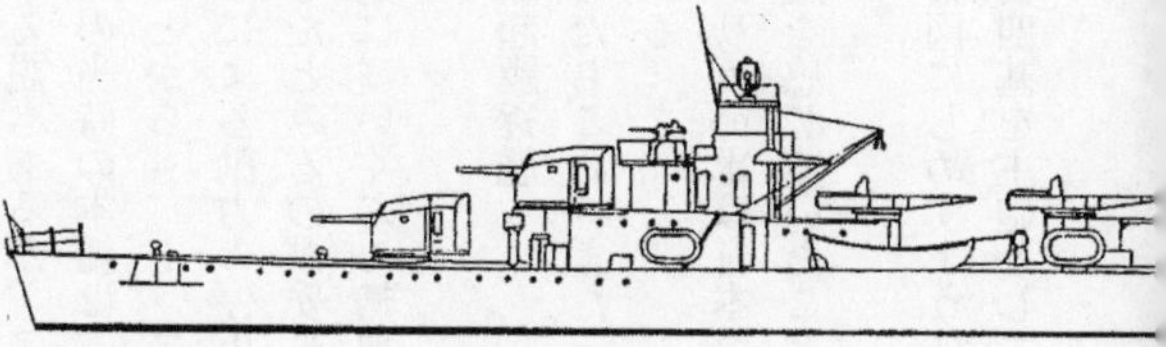

第 45 図　嚮導駆逐艦ソマーズ（1944 年）

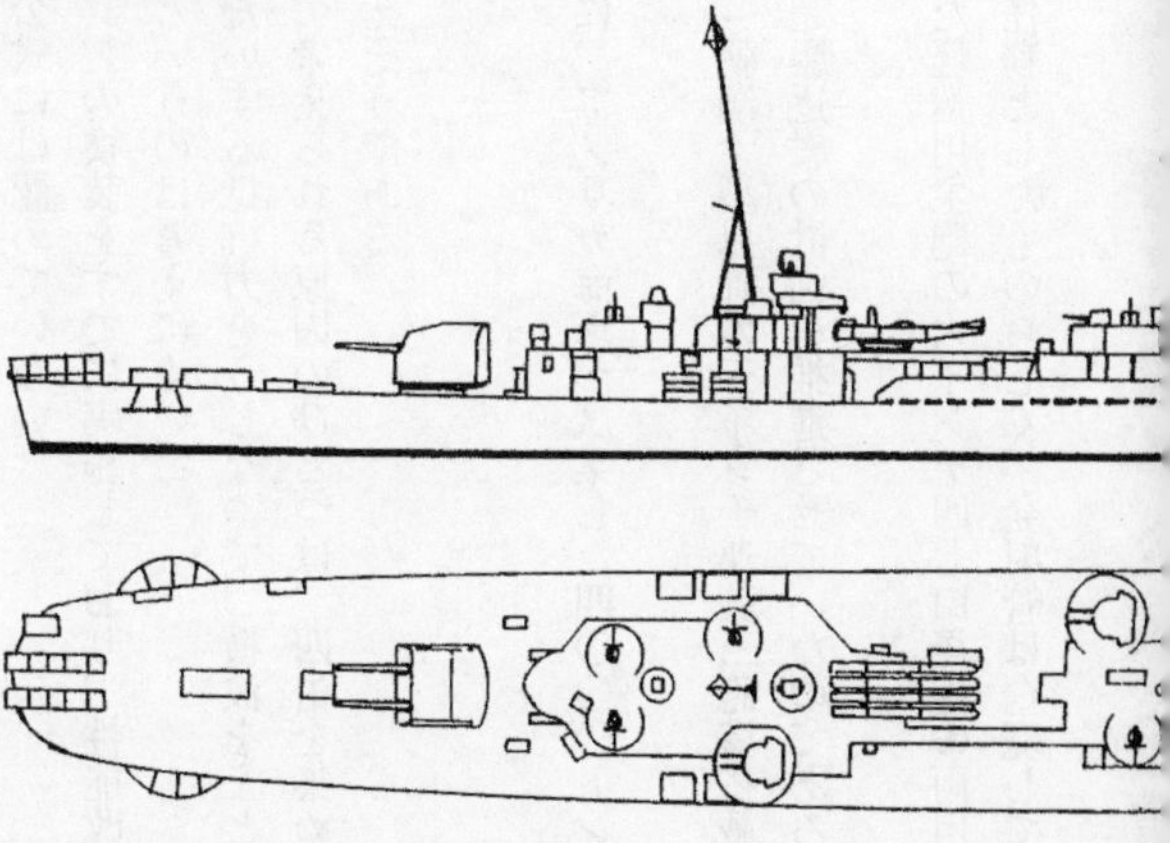

給気筒などからの浸水により機関が停止し、のちに転覆沈没する事故があった。

この事故で士官一五名、下士官兵二三三名が死亡したが、この沈没事故を、本級のトップヘビーが原因とする説もあるが、アメリカ海軍は公式には認めていない。

というのも、この当時の本艦は、上記のように兵装の換装をすでに実施しており、性能改善ずみであったことからも、トップヘビーが原因というのは考えにくい。

機関部への浸水による動力の停止から、波浪にたいする抵抗力をうしなって、横波をまともにうけて転覆したとみるのが妥当なようである。考えられる原因のひとつは、四缶を集めた一本煙突の構造に、いくぶん無理があったといえそうである。

六インチ砲搭載超駆逐艦

太平洋の暗雲のたちこめてきた一九三九年九月に、アメリカ海軍が試案した四〇〇〇トン級嚮導駆逐艦がある。

この時期、アメリカ海軍は日本海軍の建造する「朝潮」型以降の五インチ連装三砲塔搭載大型駆逐艦に脅威を感じていたことが、こうした超駆逐艦の計画を推進させていたのであろう。

この艦の概略は図にしめすように当時採用された軽巡用主砲の六インチ四七口径砲の両用化をはかり、連装四基を主砲として駆逐艦撃攘を任務としたものらしく、発射管は全廃して

第46図　1939年試案4000トン嚮導駆逐艦

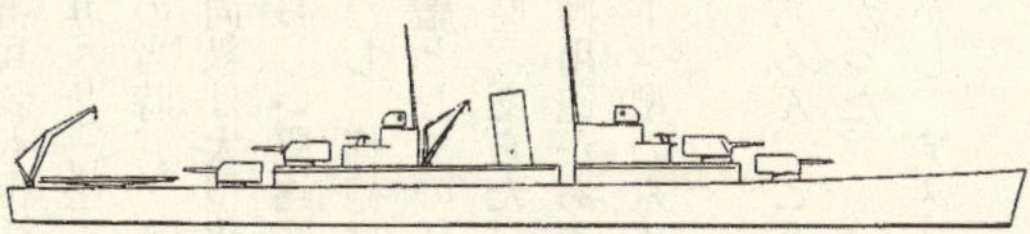

第47図　1940年試案4730トン嚮導駆逐艦

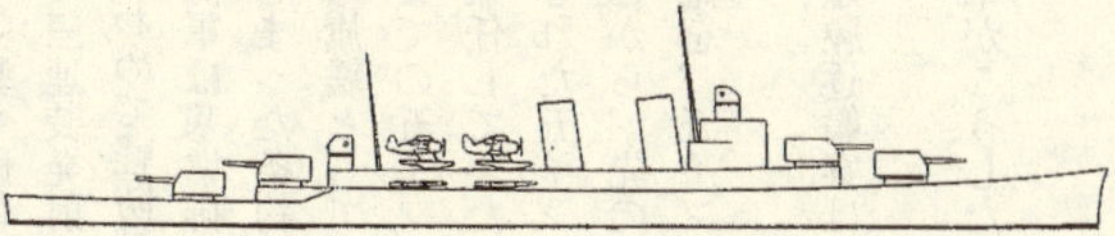

いる。

連装六インチ四七口径両用砲は、のちに軽巡ウースター級で実現したが、ここではたぶん防空任務よりも対水上戦闘を重視したものらしい。防空用としては、他に二八ミリ四連装機銃二基を装備しており、艦尾にはカタパルトの装備もみられる。

水線長は一二九・五メートル、機関出力は駆逐艦なみの五万軸馬力、速力三一ノットにおさえられている。二五ミリほどの鋼板が、舷側部や甲板の一部および砲塔部にほどこされているのも、対水上戦闘重視の証拠であろう。

こうした嚮導駆逐艦試案は、翌年三月にもデザインされている。主砲はおなじく六インチ四七口径連装砲であった。

艦型をいくぶん大型化して、常備四七三〇トンとして機関出力を七万五〇〇〇軸馬力に強化し、速力三五ノットとした。船体も、水平甲板型から長船首楼甲板型にかえて、航空兵装も船体中央部にうつされている。

魚雷兵装も復活して、三連装発射管四基を両舷に配している。直接防御の鋼板は一インチ（二五ミリ）以下と、きわめて軽防御に限定している。

この当時、アメリカ海軍は基準排水量六〇〇〇トン級のアトランタ級軽巡を建造中であった。同級は大型化してしまった条約型軽巡の下位に位置して、旧式化したオマハ級にかわるあたらしい駆逐艦戦隊の旗艦としての任務をになっていた。

ただし、備砲はこれまでの五インチ三八口径砲で統一した。連装八基一六門を装備して、防空艦としての任務を兼任していた。

当時、あらたに開発された五インチ五四口径砲と六インチ四七口径砲という、より威力のある両用砲があったことから、先のような超駆逐艦構想が生じたものであろう。前記の四七三〇トン型の六インチ砲を、五インチ五四口径砲におきかえた設計案も存在したといわれている。

もちろん、こうした超駆逐艦案は、実際にはプライオリティは低く、大戦を前にして実現しなかった。

しかし、アメリカ海軍がこうした構想を有していた事実は、ひじょうに興味深いものがある。

低調だった戦後型駆逐艦

イギリス海軍は第一次大戦で、質量ともに世界第一位の駆逐艦勢力を擁していたが、その反動で、必然的に戦後の新駆逐艦計画は大きく遅れることになる。

イギリス海軍の新駆逐艦計画は、一九二四～二五年計画で駆逐艦建造の名門、ソーニクロフト社とヤーロー社両社にたいする試作駆逐艦の発注でスタートした。

ソーニクロフト社の建造したアマゾン（基準排水量一三五二トン）とヤーロー社の建造したアンバスケード（基準排水量一一七三トン）は、一二センチ砲四門、五三センチ発射管三連装二基と、大戦末期のW級の兵装とおなじ仕様であった。機関計画はアマゾンが三万九〇〇〇軸馬力、アンバスケードが三万三〇〇〇軸馬力とかなり差があったが、公試ではともに三七ノット超の成績をのこしている。

結果的に、この二隻は多少の技術的進歩はあるものの、全体の計画は第一次大戦型のリピートにすぎない。

一九二七年計画で、最初のA級九隻の建造がスタートした。九隻のうち嚮導型の一隻は一五四〇基準トン、他は一三五〇基準トンだった。

兵装は一二センチ砲四門、嚮導型のみ五門、雷装は五三センチ発射管四連装二基で、イギリス駆逐艦では四連装は最初の装備であった。計画出力は三万四〇〇〇軸馬力、速力三四・二五ノット、嚮導型のみ三万九〇〇〇軸馬力、速力三五ノットという仕様であった。

すなわち、両大戦間におけるイギリス駆逐艦は、駆逐艦八隻、嚮導駆逐艦一隻をもって一コ水雷戦隊を編成するのを標準とし、以後毎年、アルファベット順に一コ水雷戦隊分の駆逐艦が建造されることになる。

一九三五年度計画によるI級まで、九級八一隻の駆逐艦が建造されている。排水量の増加は微々たるもので、機関計画も変化なく、わずかにI級より発射管が五連装に強化されたのが最大の変化で、艦型の変化も最小にとどまっていた。

この間、一隻ずつ建造されてきた嚮導駆逐艦は、基準排水量で一〇〇～一五〇トンほど大型であったが、兵装でわずかに一二センチ砲一門の増加ていどだった。速力でいくぶん優速だったが、当時の列強の駆逐艦にくらべ、とても超駆逐艦といえるほどの優越性はなかった。当時、極東の日本海軍では卓越した超駆逐艦の特型が出現しつつあり、その強力な兵装にくらべてイギリス駆逐艦の劣勢は、いかんともしがたかった。

駆逐艦キラーの大型艦

こうしたことから、すでに一九三四年の後半には、現状の駆逐艦計画から逸脱した新型駆逐艦の計画がスタートしていた。この計画では、艦型の大型化とともに、砲装を思いきって強化し、現状の嚮導駆逐艦の一二センチ砲五門を、いっきょに一〇門にするというものであった。

これは対駆逐艦戦闘で優位に立つことを目標にした、いわゆる駆逐艦キラーを狙ったものであった。当時、先の特型とともに、フランスでは大型重兵装の超駆逐艦が大きな勢力となっており、イタリアでもナヴィガトリ級大型駆逐艦の出現が注目されていた。

このため、あらたにヴィッカーズ社でMk14四五口径一二センチ連装砲架が開発され、一足はやく一九三六年に完成したH級のハワードに試験搭載されて、実用性が確認されている。

この砲は、最初の駆逐艦用の連装砲で、あるていど対空戦も考慮して最大仰角四〇度とされた。発射速度も毎分一二発を可能にしていたが、砲室構造ではなく、オープンシールド型砲楯がもうけられていた。

当初の試案は、この砲を艦橋前に三基、後部に二基搭載するものであった。のちに一基を中央の煙突間にうつし、さらにこれは四〇ミリ四連装ポンポン砲に置きかえられ、後部にうつされた。

発射管は砲装備を優先したため、夜間や奇襲攻撃用に限定したものとして、当初は三連装の両舷装備や固定発射管などが検討された。最終的には、四連装一基の中心線配備におちついた。

これらの過程には、一九三〇年のロンドン条約により、駆逐艦個艦の排水量上限が一八五〇基準トンと定められたことで、艦型の増大に制限が課せられ、兵装重量にも制約があったからである。

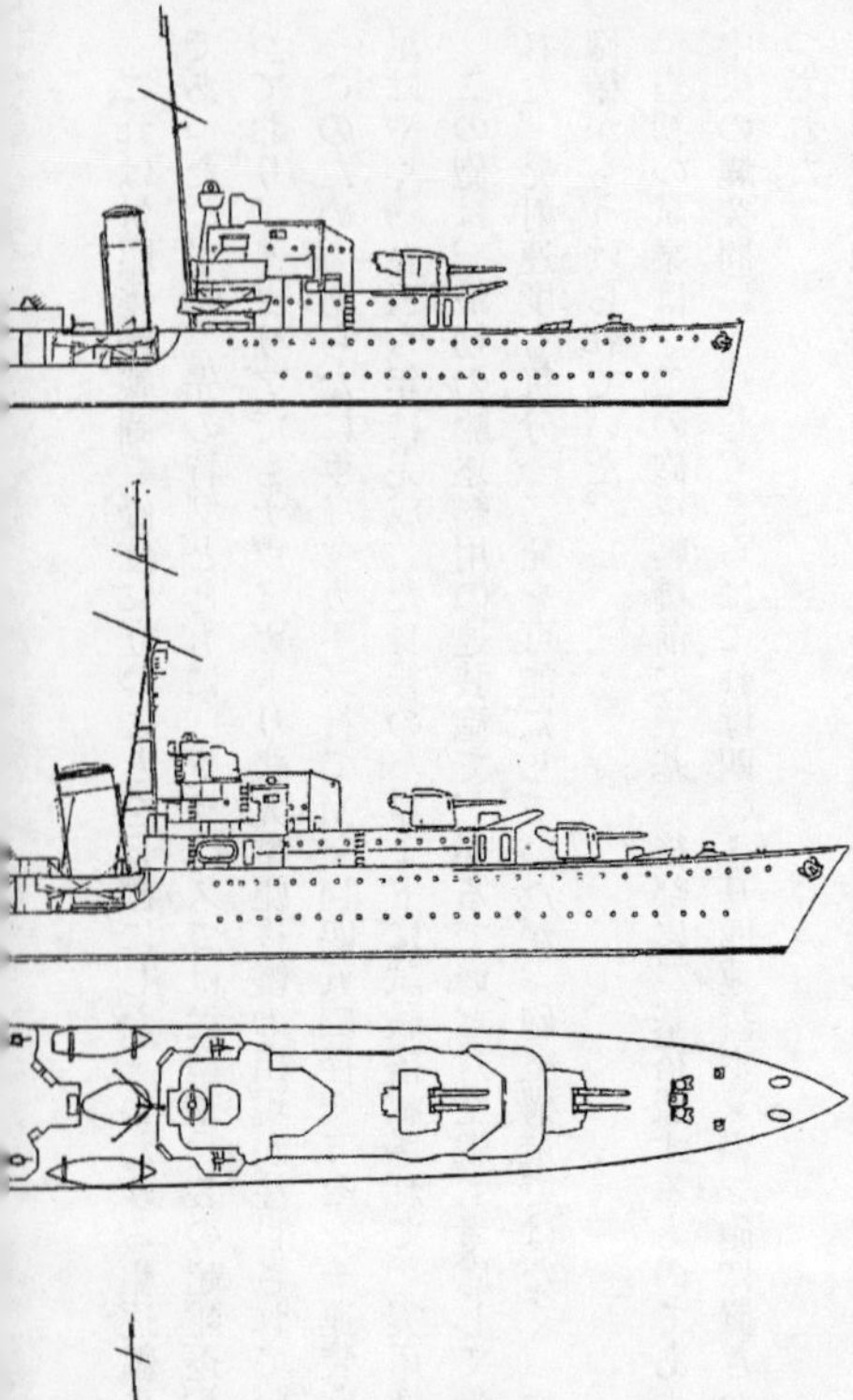

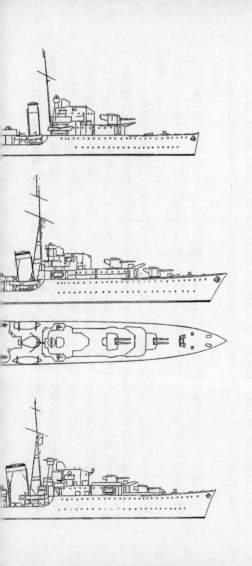

第48図　12㎝連装砲を試験搭載したH級駆逐艦ハワード（1936年）

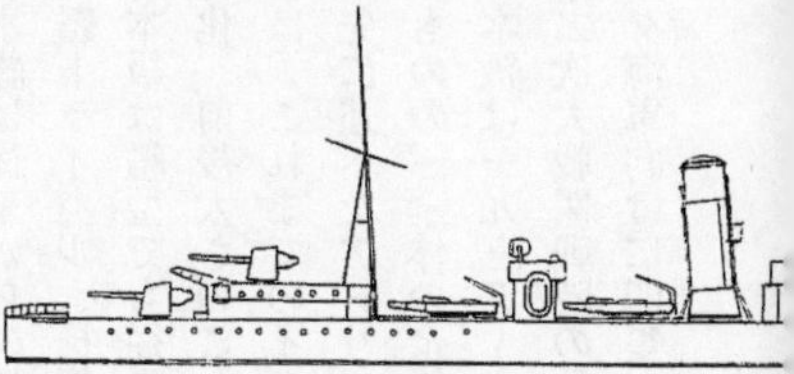

第49図　トライバル級駆逐艦エスキモー

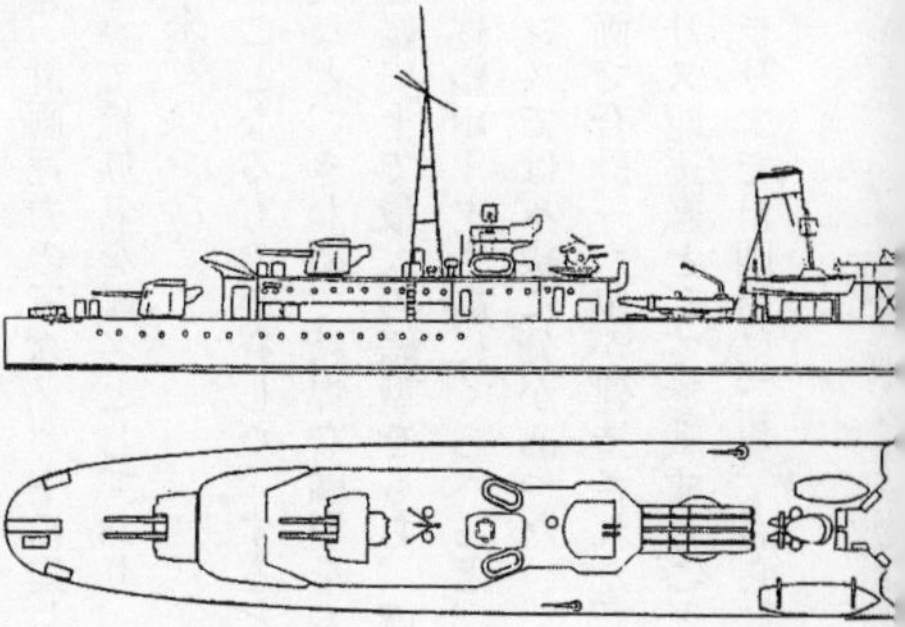

第50図　J級駆逐艦ジャベリン（1941年）

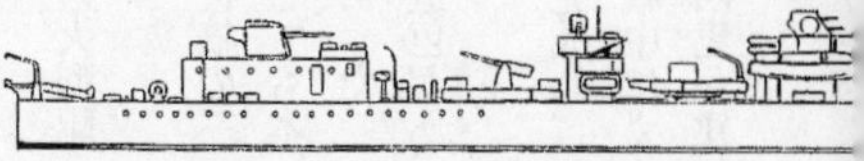

結果的に新型駆逐艦は、計画値で基準排水量一八五四トン、満載排水量二五一九トン、全長一一五メートル、全幅一一・一メートルは、H級の基準排水量一三四〇トン、満載排水量一八五九トン、全長九九メートル、全幅一〇メートルにくらべても大型化はいちじるしい。兵装重量では、H級とほぼ同型のG級の一二八トンにたいして、倍以上の二七九トンに達している。

機関出力も、従来艦から一万軸馬力アップされて、四万四〇〇〇軸馬力となり、公試では大半が三六ノット前後を発揮し、計画速力の三六ノットに達していた。

本級は従来からの慣習をやぶって種族名を艦名としており、これは第一次大戦前の大型駆逐艦トライバル（種族）級の再来となった。

本級は艦型でも従来の艦型とことなるものを有した。するどく傾斜した艦首、前後檣の三脚化、前後太さのことなる煙突など、きわめて精悍な艦姿をもっている。いずれにしても本級は、これまでのイギリス駆逐艦史上で最大の艦型をもち、就役後の実績も好評であった。先に述べたアメリカの嚮導駆逐艦ポーター級にくらべると、兵装面ではいささか遜色があるものの、全体の余裕度とバランスでは本級に分があった。

本級は一九三五〜三六年度計画で合計一六隻が建造された。一九三八〜三九年に完成し、第二次大戦開戦時の最新のイギリス駆逐艦として参戦することができた。また、大戦中にカナダ海軍向けに四隻、オーストラリアで自国用に三隻、さらに大戦末期にカナダで四隻が建

（上）トライバル級エスキモー。（下）Ｊ級ジャベリン

造され、合計二七隻の同型艦が建造されたことになる。

大戦中にイギリス本国用の一六隻のうち一二隻が戦没しており、大戦前半の苦しい戦いで、いかに本級が酷使されたかがわかろう。

大戦中に、後部の三番砲が一〇センチ連装高角砲に換装されたほか、四〇ミリ、二〇ミリ機銃により対空火力を強化している。

トライバル級以降のイギリス駆逐艦は、ふ

たたびアルファベット順にもどった。一九三六年度のJ級は基準排水量一六九〇トン（実際一七六〇トン）の艦型が選択された。トライバル級よりは小型化されたものの、実際の常備排水量では二〇〇〇トン級の駆逐艦にレベルアップをはかっている。

兵装では、一二センチ連装砲三基、五三センチ発射管五連装二基と基準装備にもどり、速力は三六ノットを維持していた。また艦型も単煙突となり、これが以後のイギリス駆逐艦の標準となった。

トライバル級とLとM級

先のトライバル級以降、艦型のことなる嚮導型は建造されず、同型八隻のなかから嚮導型施設をもつ艦が一隻えらばれている。同型のK級（一九三七年度）、N級（一九三九年度）合計二四隻の同型艦があった。

この間に建造されたL級（一九三七年度）では、再度艦型の増大をはかり、基準排水量一九二〇トンとトライバル級をうわまわる大型駆逐艦となった。

本級の砲装は、あらたに開発された最大仰角五〇度の一二センチ準両用砲架Mk20を採用した。これを完全密閉の砲室に装備し、六ミリ厚の鋼板で覆っている。

これは日本の特型の砲室の板厚の約二倍で、揚弾装置などの機構部をおおはばに機力化した機動砲となったために、旋回部の重量は三八トンに達している。これは特型のB型砲塔の

（上）L級リベリー。（下）M級マルネ

同重量二九トンにくらべても、さらにトライバル級のMk14砲架の二五・五トンにくらべてもひじょうに重いものであることがわかる。

L級はこれを前部に二基、後部に一基を配置した。他に一〇センチ単装高角砲一門、四〇ミリ四連装ポンポン砲一基など、対空火力の強化につとめている。発射管は四連装二基と、いくぶん重量軽減をはかっている。

機関出力は四万八〇〇〇軸馬力、三六ノットと同一水準をたもっていたが、公試では三三ノット前後にとどまっており、公試排水量も二五〇〇トンに達していた。

本級はトライバル級をうわまわる

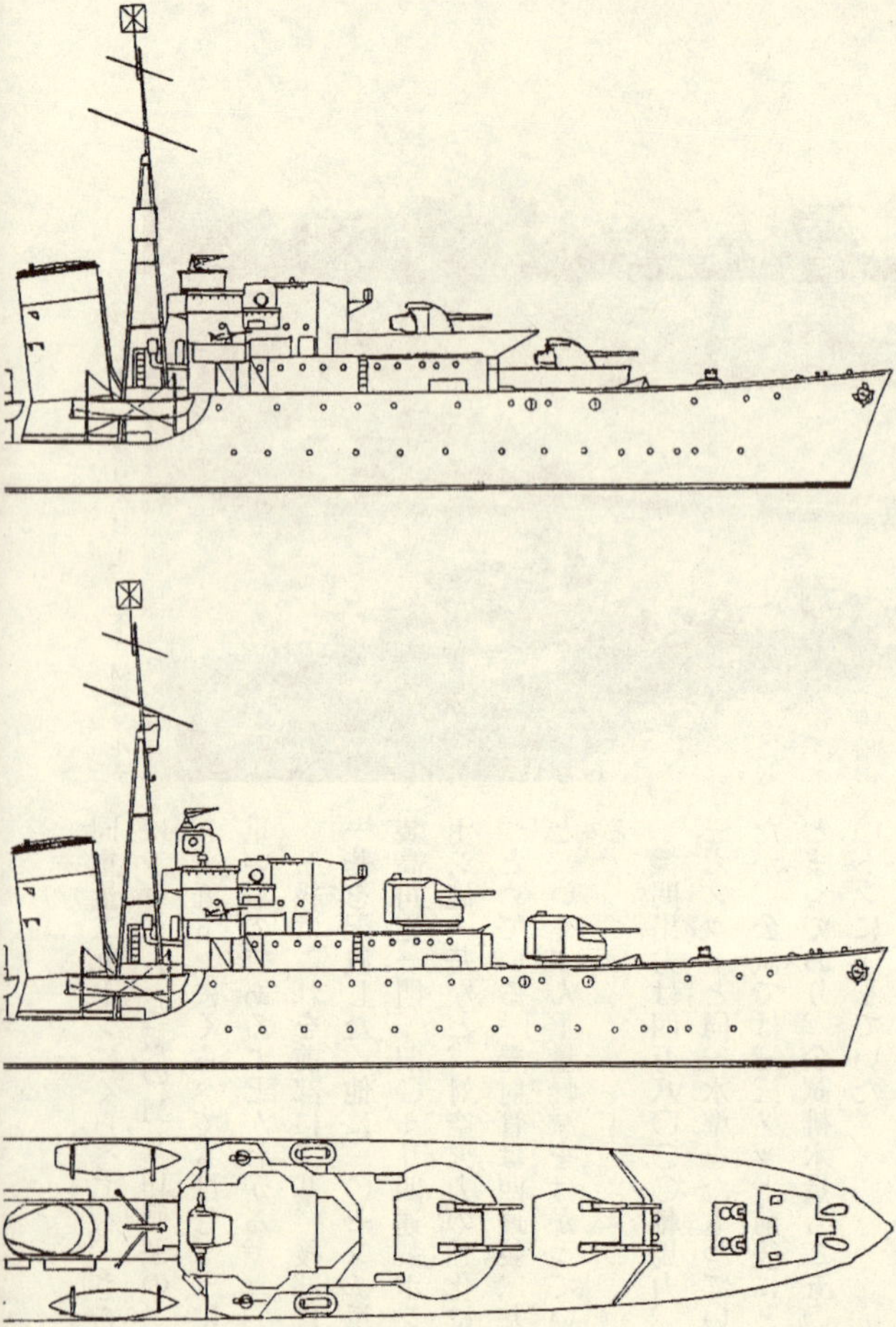

第 51 図　L 級駆逐艦レジョン（防空駆逐艦型・1941 年）

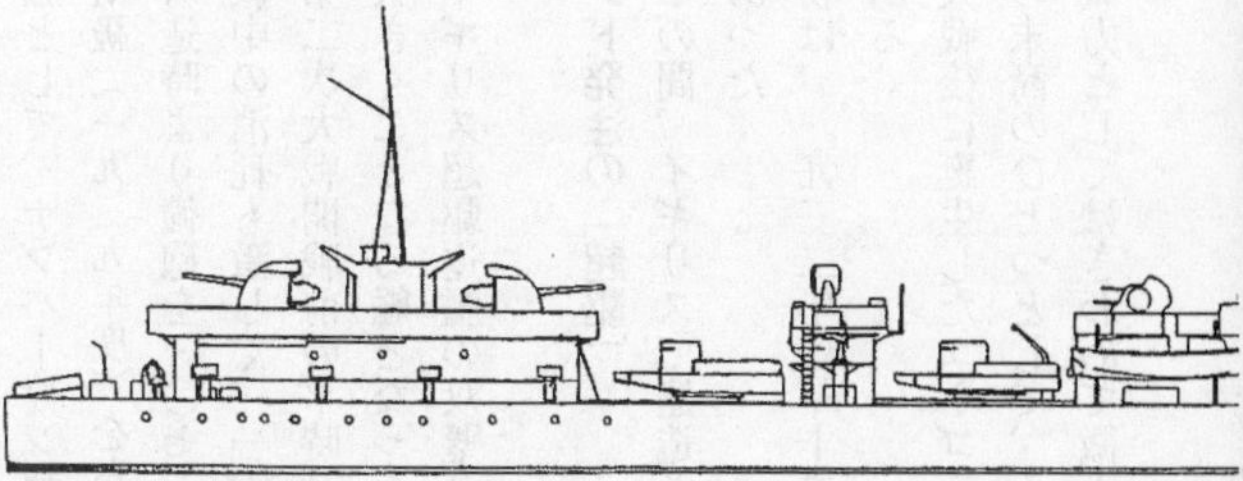

第 52 図　M 級駆逐艦ミルン（1942 年）

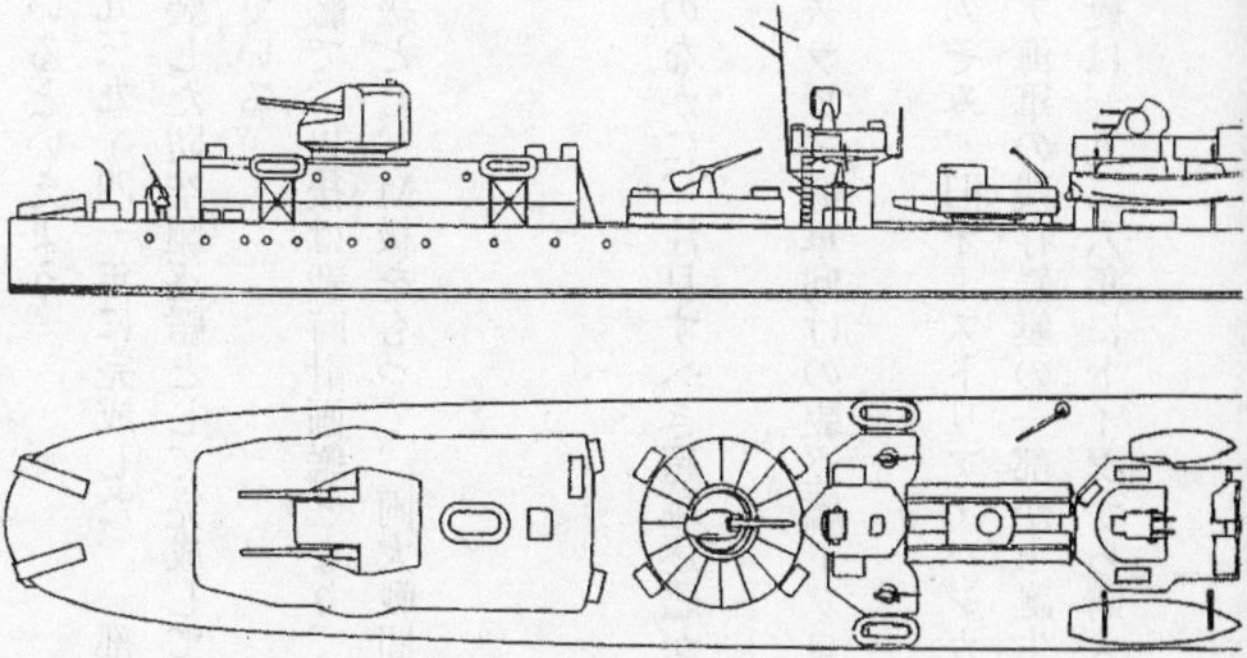

大型駆逐艦である。全長ではトライバル級に達しないものの、両大戦間における最大のイギリス駆逐艦として、ナンバーワン超駆逐艦の資格を有しているといえよう。

同型のM級（一九三九年度）をあわせて同型一六隻が一九三九～四一年に完成した。一部の艦は、新造時より備砲を一〇センチ連装高角砲四基に換装した防空駆逐艦として完成している。大戦中の消耗も激しく、一六隻中八隻がうしなわれている。

以上が第二次大戦開戦前の平時計画になるイギリス駆逐艦で、以後は戦時計画艦となり、設計的に大きくことなる艦となった。かくしてトライバル級とL、M級をもって、両大戦間におけるイギリス超駆逐艦の双璧としたい。

ポーランド発注の「超駆」

さて、この間、イギリスで建造された外国注文の駆逐艦のなかに、注目すべき超駆逐艦がいくつかあった。

まず最初は、一九三二年にヤーロー社で完成したユーゴスラビア海軍向けの駆逐艦ドブロフニクである。

第一次大戦後に誕生したユーゴスラビアはアドリア海にのぞみ、旧オーストリア・ハンガリー帝国の末裔のひとつとして、その海軍も旧オーストリア海軍の残存艦艇の一部から誕生した。実戦力としてはきわめて微々たる存在で、最大の艦艇は一九二六年にドイツから購入した旧式巡洋艦ニオブで、一八九九年進水というから、おして知るべしであった。

このため、少数ではあるが駆逐艦、潜水艦をイギリス、フランスに発注して、海軍勢力の整備にのりだしたものであった。

ドブロフニクは、こうしたなかで最初の新造駆逐艦で、イギリスの老舗ヤーロー社に発注され、一九三〇年に起工された。

本艦は基準排水量一八八〇トン、満載二四〇〇トンという第一次大戦後のイギリスで建造された最大の駆逐艦であった。しかも、備砲として一四センチ砲という駆逐艦に不釣り合いな砲を四門搭載していた。

さらに、その他にも八六ミリ高角砲二門、四〇ミリ機銃六門という重装備であった。これらはすべてチェコのスコダ社の製品で、一四センチ砲は五六口径という長砲身の強力砲であった。

また、発射管は五三センチ三連装二基、機関は四万二〇〇〇軸馬力、速力三七ノットという一流の仕様であった。小国ユーゴ海軍としては駆逐艦にあるていど軽巡洋艦的な要素をもりこみたかったという要求が、こうした超駆逐艦を生みだしたのであった。

本艦はのちの第二次大戦でイタリア海軍に接収され、同国海軍の駆逐艦プレミュダと改名して再就役した。さらにイタリア休戦時、こんどはドイツ海軍に接収され、TA32として同国海軍に編入された。終戦時は、ジェノアで自沈するという数奇な運命をたどることになる。

さて、もうひとつの超駆逐艦は、ポーランドのグロムとブリスカウイカの二隻である。ポーランドもユーゴと同様に第一次大戦後に出現したもので、その海軍の歴史はあたらしいものであった。一九二〇年代後半から、少数の駆逐艦、潜水艦をフランスなどに発注していた。

一九三五年に二隻の大型駆逐艦をイギリスのホワイト社に発注し、一九三七年に完成した。この二隻は当時、イギリス海軍で建造中のトライバル級をうわまわる大型駆逐艦で、第二次大戦前にイギリスで建造された最大の超駆逐艦であった。

基準排水量二〇一一トン、満載三三八三トン、全長一一四メートルという大型の船体に、背の高い探照灯台をもつ大型の艦橋構造物をもち、巨大な単煙突とともに、イギリス製駆逐艦とは思えない威圧的な艦型を有していた。

兵装は一二センチ砲七門という変則的なもので、艦橋前の一番砲のみ単装、他は連装砲で前後に背負式に装備されている。発射管は五五センチ三連装二基で、これは先にフランスで新造した駆逐艦との共用性を考慮して、フランス式発射管、魚雷を採用したものである。

備砲もイギリス製ではなく、スウェーデンのボフォース社製だった。他にのちに有名になる同社の四〇ミリ連装機銃二基と、フランスのホチキス社の一三・二ミリ四連装機銃二基という有力な対空機銃を装備していた。

そのうえ、機関出力は五万四五〇〇軸馬力、速力三九ノットという、イギリス建造の駆逐

上からドブロフニク、グロム、ブリスカウイカ

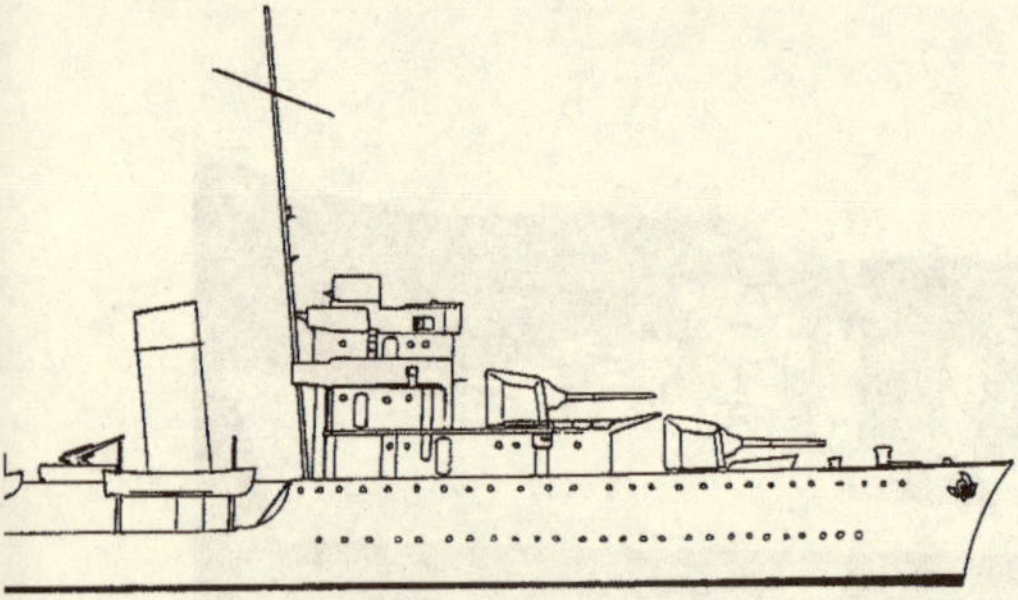

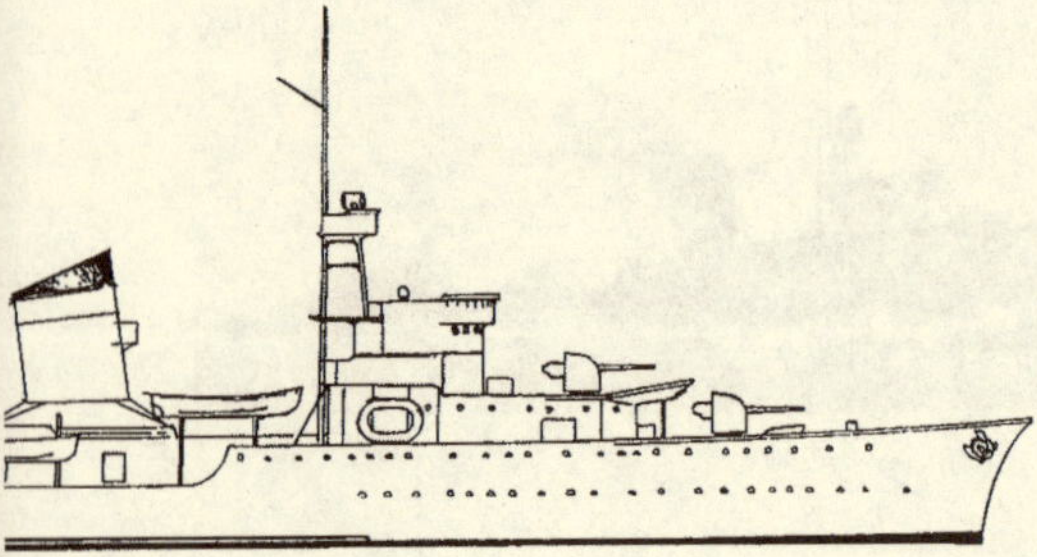

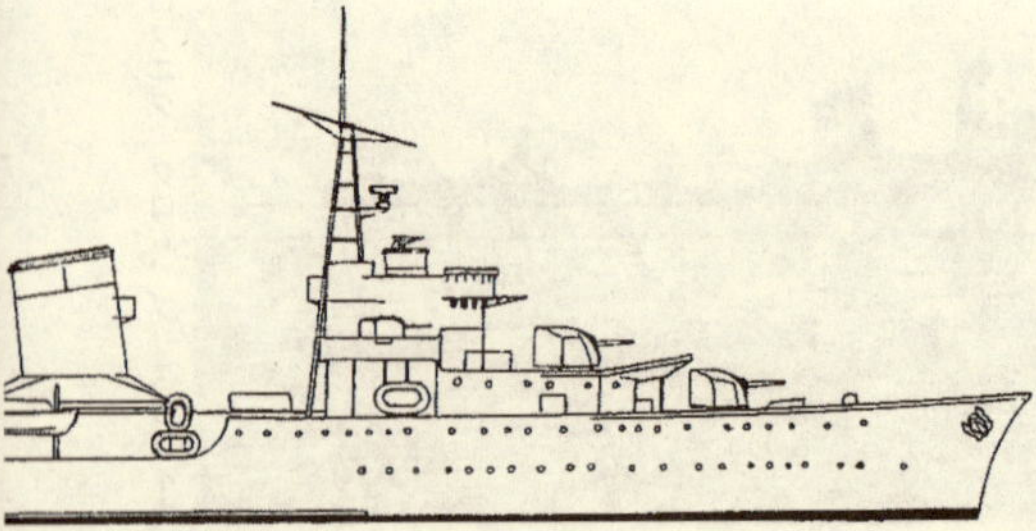

第53図　駆逐艦ドブロフニク（ユーゴスラビア・1932年）

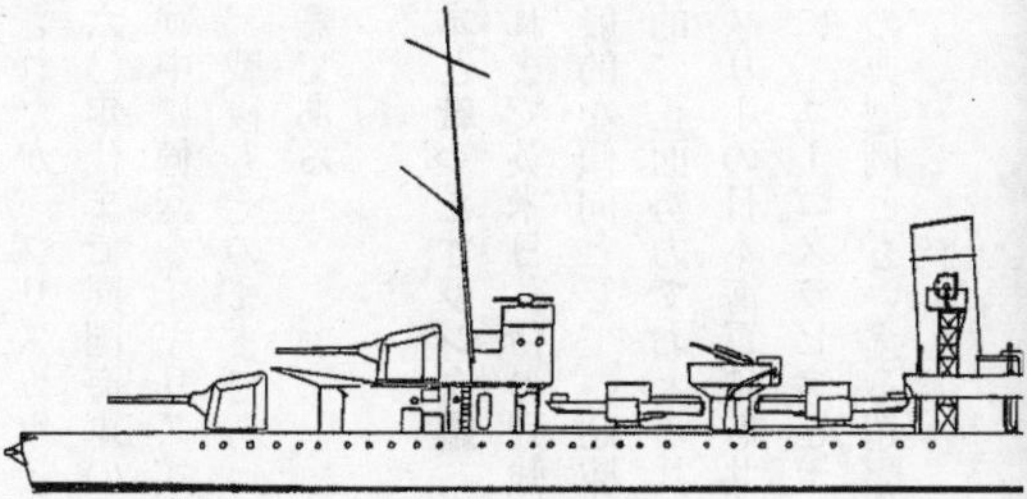

第54図　駆逐艦ブリスカウイカ（ポーランド・1937年）

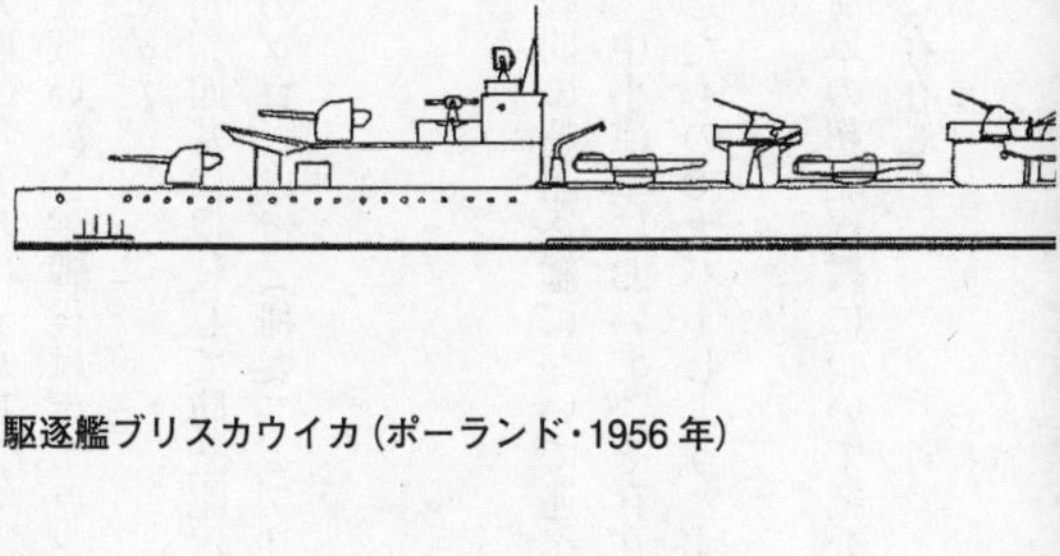

第55図　駆逐艦ブリスカウイカ（ポーランド・1956年）

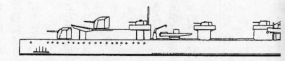

艦では最高速力を計画値としていた。この場合も、ポーランドは駆逐艦に最高のスペックをもりこんで、超駆逐艦的要素に期待したことがうかがえた。

この二隻は第二次大戦にさいして、かねての予定どおりイギリスに脱出して、連合国の一員として大戦に参戦した。グロムははやばやと一九四〇年五月にナルビクでドイツ機により撃沈されたが、ブリスカウイカの方は無事に大戦を戦いぬき、戦後はポーランドにもどり、一九六〇年代まで同国海軍の主力として現役をつとめた。大戦中に備砲をイギリス式の一〇センチ連装高角砲四基に換装して防空駆逐艦として使用され、戦後もそのままであった。ちなみに、艦名のグロムは電（稲妻）、ブリスカウイカは雷の意である。

日本と戦ったオランダ艦

これまで英米日仏伊の列強海軍における、両大戦間の超駆逐艦について述べてきた。一般的な傾向として「超駆逐艦」という存在は、中小海軍においてこそ存在価値が高く、必然的に正面勢力でおとる兵力差を、質的に超越したものでカバーしようとするもので、ビッグスリーの日本海軍にも共通する傾向であった。

先に、ユーゴスラビアとポーランドという弱小海軍の超駆逐艦について紹介したが、じつはこの典型例ともいえる超駆逐艦がオランダ海軍に存在した。

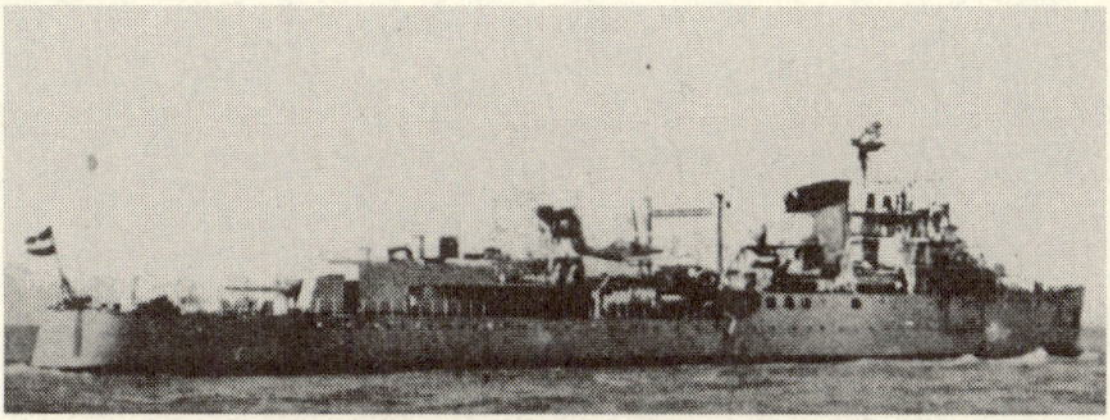

トロンプ

オランダ海軍は欧州では歴史のある中位の海軍として、この時期、数隻の巡洋艦を基幹にした駆逐艦、潜水艦を主体にした兵力を有していた。とくに、極東の植民地、オランダ領東インド（現インドネシア）の防衛を主任務のひとつにしていた。

オランダ海軍は一九三一年度計画で二隻の二五〇〇トン型嚮導駆逐艦の建造をはかったが、一説では、日本海軍の特型駆逐艦に対抗するため、途中から排水量を増加して、基準排水量三三五〇トンの小型軽巡として完成した。

第一艦トロンプは一九三八年に完成した。二番艦のヤコブ・バン・ヘームスケルクは一九四〇年に艤装中であったが、ドイツ軍の侵攻前にイギリスに曳航されて脱出、のちに一〇センチ連装高角砲を五基装備の本格的防空巡洋艦に改造された。

トロンプは全長一三二メートル、艦幅一二・四メートル、船体はまさに駆逐艦なみである。直接防御としては、舷側一五ミリ、隔壁三〇～二〇ミリ、甲板二五～一五ミリときわめて薄弱ではあるが、駆逐艦にはない鋼板が配置されている。

機関は五万六〇〇〇軸馬力、速力三二・五ノット、兵装は一五セン

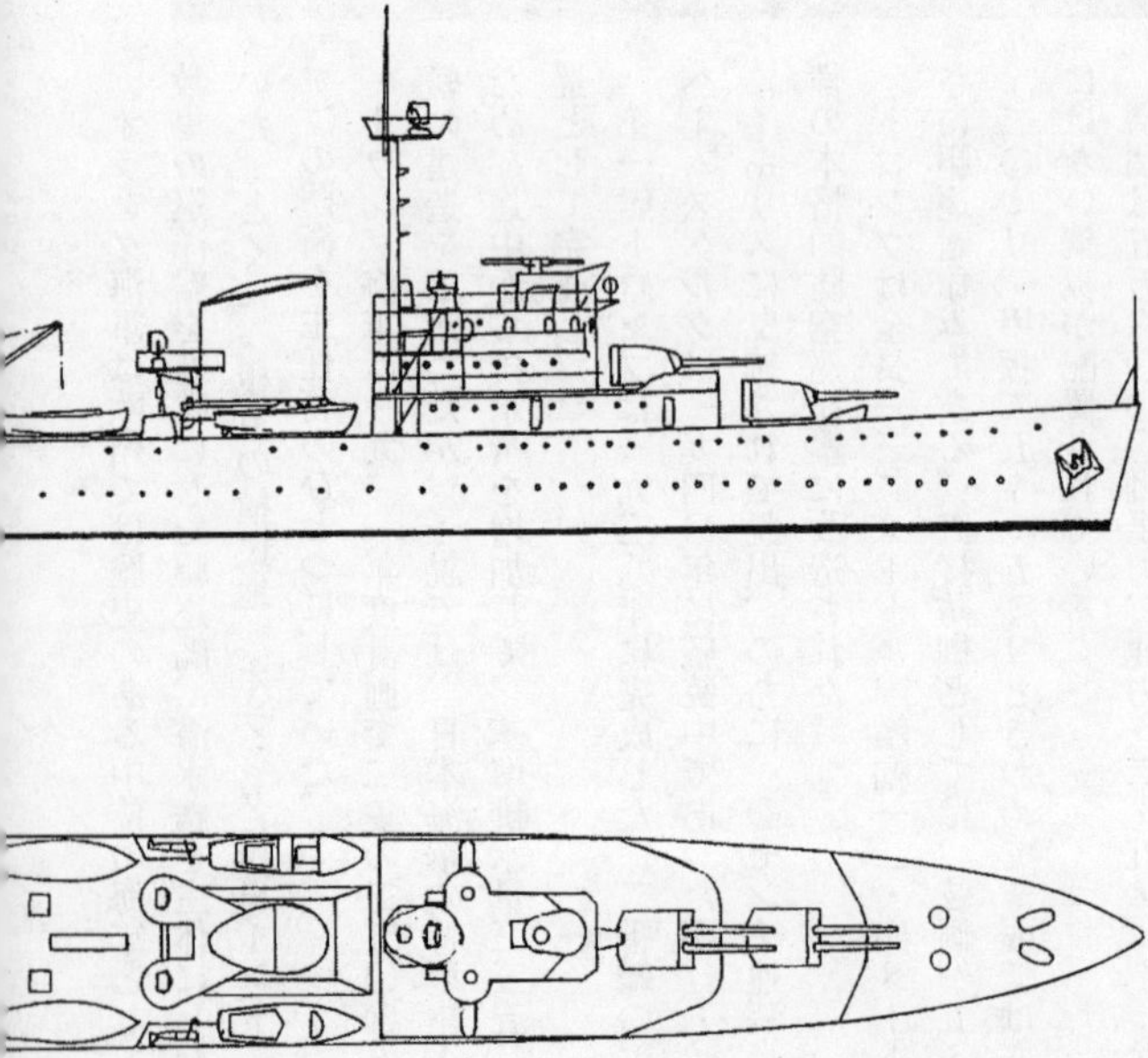

第56図　軽巡洋艦トロンプ（1938年）

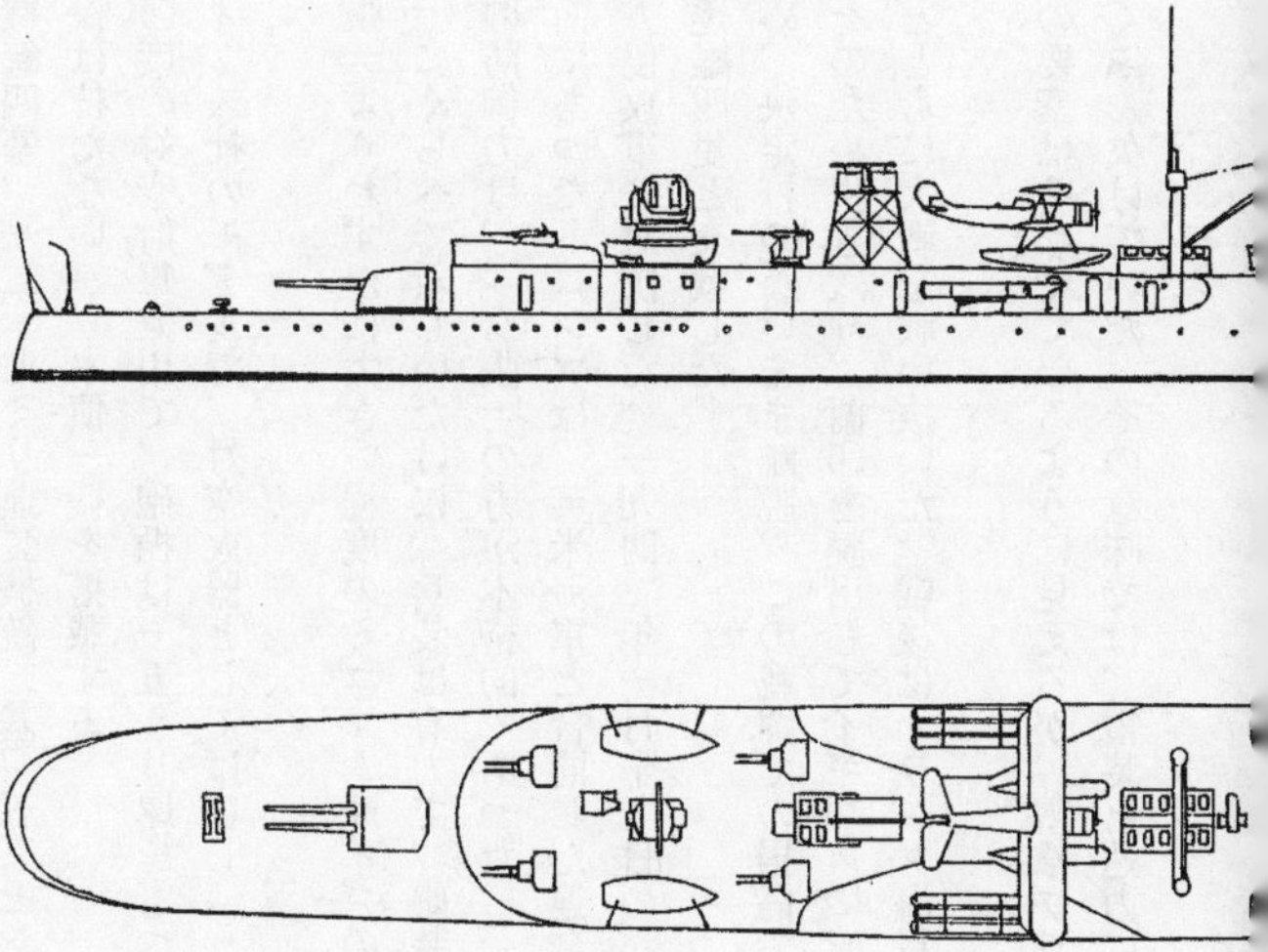

チ連装砲三基、四〇ミリ連装機銃四基、一二・七ミリ連装機銃二基、五三センチ発射管三連装二基と重装備である。射出機は持たないが、水偵一機を搭載する。

一五センチ砲は最大仰角六〇度の対空射撃兼用で、砲楯は一五ミリ厚をもつ。四〇ミリ機銃は、のちに有名になるボフォース社のモデルで、対空火器としてはひじょうに有力なものであった。

全般に、本型は日本の「夕張」よりわずかに大きい程度のミニマムサイズの軽巡、すなわち超駆逐艦であった。「夕張」にくらべて新しいだけに、兵装は有力で、艤装も近代的であった。しかし、巡洋艦としての防御力は、「夕張」の方が本格的であった。

太平洋戦争開戦時、蘭印方面にあったトロンプは、英米海軍と合同した連合国海軍部隊にくわわって、強力な日本の南方侵攻軍に対抗した。一九四二年一月十九日のバリ島沖海戦では、日本海軍の「朝潮」型駆逐艦四隻と交戦した。

海峡での暗夜の遭遇戦のため、決定打のないまま離脱、この戦闘での損傷で、本艦は以後の各海戦に参加していない。そのため生き残り、蘭印を脱出してイギリスに渡り、同型のヤコブ・バン・ヘームスケルクとともに大戦を戦い抜いた。戦後はオランダ海軍に復帰して一九五八年まで就役した。

本艦は、たしかに超駆逐艦の要素はそなえているように見えるが、雷撃プラットフォームとしての駆逐艦的要素にはいくぶん欠けていた。その意味では、雷装と速力にはいささか不足がある。

いずれにしろ、一九三〇年代に新造された軽巡としては、もっとも小型艦であった。

超高速を記録したソ連艦

この時代、再建中のソ連海軍にも注目すべき超駆逐艦があった。

ソ連海軍は日露戦争と革命の動乱により、艦船の多くをうしなっていた。スターリン時代の一九三〇年代にはいって、海軍の再建に着手しはじめた。この時期の新造艦艇のデザインは、イタリアの影響を色濃く反映しており、とくに大型水上艦艇にその傾向が顕著であった。

第一期五ヵ年計画で計画された最初の駆逐艦は、レニングラード級嚮導駆逐艦であった。本型は当初、同型三隻が建造され、つぎの第二次五ヵ年計画でさらに同型三隻の合計六隻が建造されて、一九三九年までに完成した。

これらの設計は、イタリアのナヴィガトリ級偵察艦およびフランスの大型駆逐艦に範をとったものといわれており、ソ連海軍の建造した最初の超二〇〇〇トン型駆逐艦であった。

これまでに紹介したように、帝政ロシア海軍時代にも特長ある超駆逐艦を建造した実績をもつソ連海軍だが、本型については成功したデザインとはいえず、トップヘビーから航洋性に欠けるとの欠陥が指摘されている。

本型は二二二五基準トン、満載排水量二五八二トン、全長一二七・五メートルと、フランス最初の超駆逐艦シャガル級よりやや大型の艦型であった。一三センチ砲五門、七・六センチ高角砲二門、四五ミリ単装機銃四基、五三センチ四連装発射管二基と重装備にくわえ、予備魚雷八本と機雷八〇コの搭載が可能であった。

全般に各砲熕兵器がすべて単装のため、配置によゆうがなく、艦型的には前後の甲板長が短く、バランスの悪いプロフィールをしめしている。

機関は、この時代の駆逐艦としてはめずらしい三軸艦で、三缶により六万六〇〇〇軸馬力を発生した。速力は三六ノットとかなりハイスペックであるが、実績については明らかでない。

最初の三隻は黒海で建造されたため、独ソ戦ではドイツ軍のクリミヤ侵攻にさいして果敢に抵抗したが、二隻がうしなわれている。

艦名は、駆逐艦には似つかわしくないソ連の大都市名が命名されたが、うちキエフと命名された艦は、のちに新巡洋艦にその艦名をゆずって、バクーと改名している。戦後に残存した四隻は、一九六〇年代ごろまで現役にあった。

このレニングラード級嚮導駆逐艦の後期艦と同時期に、ソ連はイタリアに一隻の超駆逐艦を発注している。タシュケントと命名された本艦は、一九三七年一月にイタリアのOTO社で起工され、一九三九年二月に引き渡された。

本艦は基準排水量二八九三トン、全長一四〇メートルという堂々たる超駆逐艦であった。

レニングラード

とくに本艦を有名にしたのは、公試運転で四四・二ノットという超高速記録を樹立したことであった。

ただし、この記録は兵装なしの状態での実施で、公試排水量については不明であるが、この時点での駆逐艦の公試速力の最高記録となっている。この高速は、わずか二コのヤーロー式ボイラーにより一二万軸馬力を発生し、計画速力は三九ノットであった。

本艦の兵装は、すべて引き渡し後にソ連側でおこなう予定で、一三センチ連装砲三基、四五ミリ機銃六門、五三センチ三連装発射管三基、機雷八〇コを装備することになっていた。ただし、一三センチ連装砲の整備がおくれて、当面レニングラード級の一三センチ単装砲三基を装備したといわれている。

独ソ戦のはじまった一九四一年までに、予定した正規の兵装装備を完了したものらしい。独ソ戦では黒海方面で活動したが、一九四二年六月、クリミヤ沖でドイツ機の爆撃により大破、多量の浸水をきたした。僚艦に曳航されたノボロシスクにおいて放棄され、兵装などは取りはずして、他の駆逐艦の兵装に再搭載されたという。

のちに同地はドイツ軍に占領され、本艦は再度破壊されたといわれる。一九四三年にソ連軍に奪回されたものの修復は不可能で、のちにスクラップさ

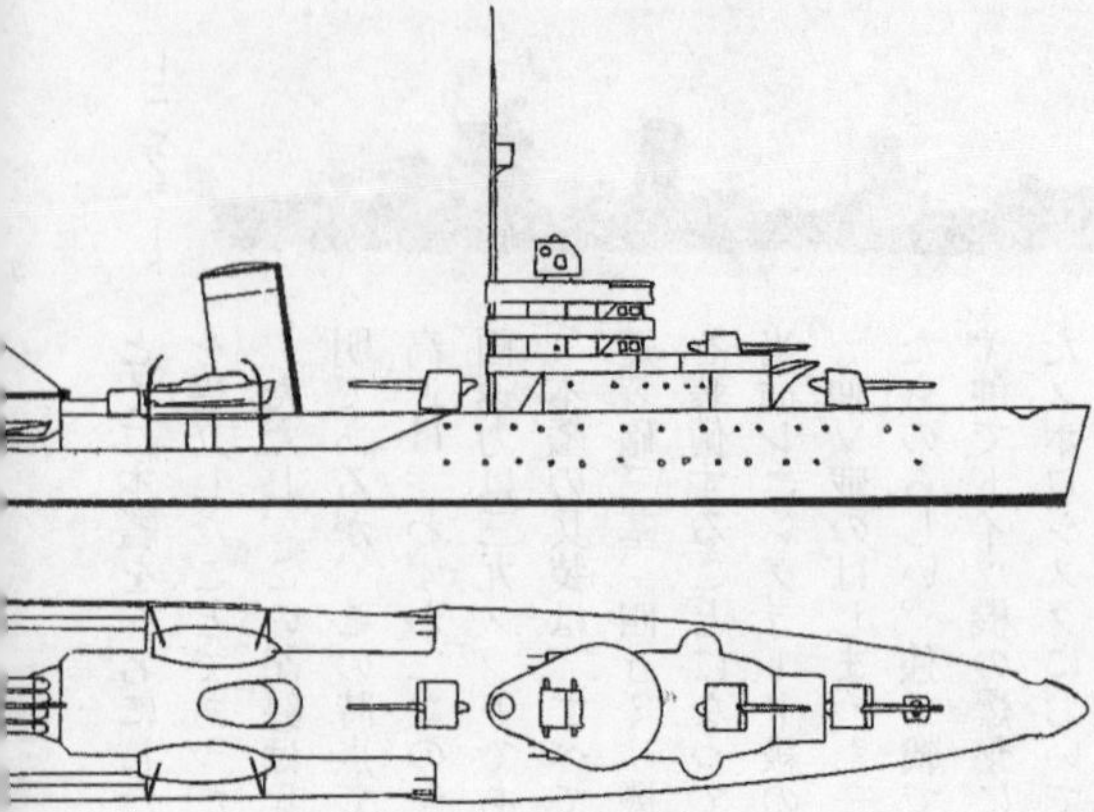

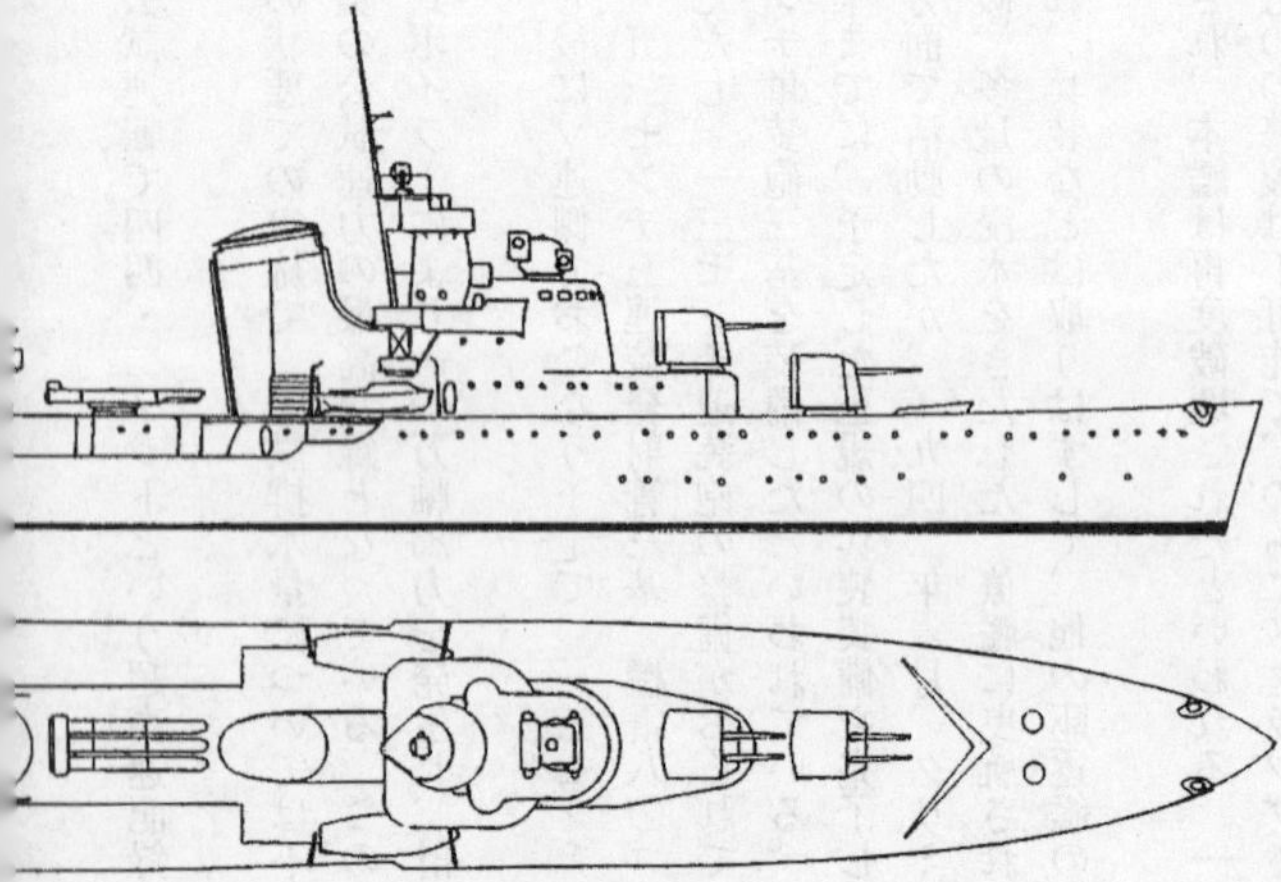

第57図　レニングラード級嚮導駆逐艦（1938年）

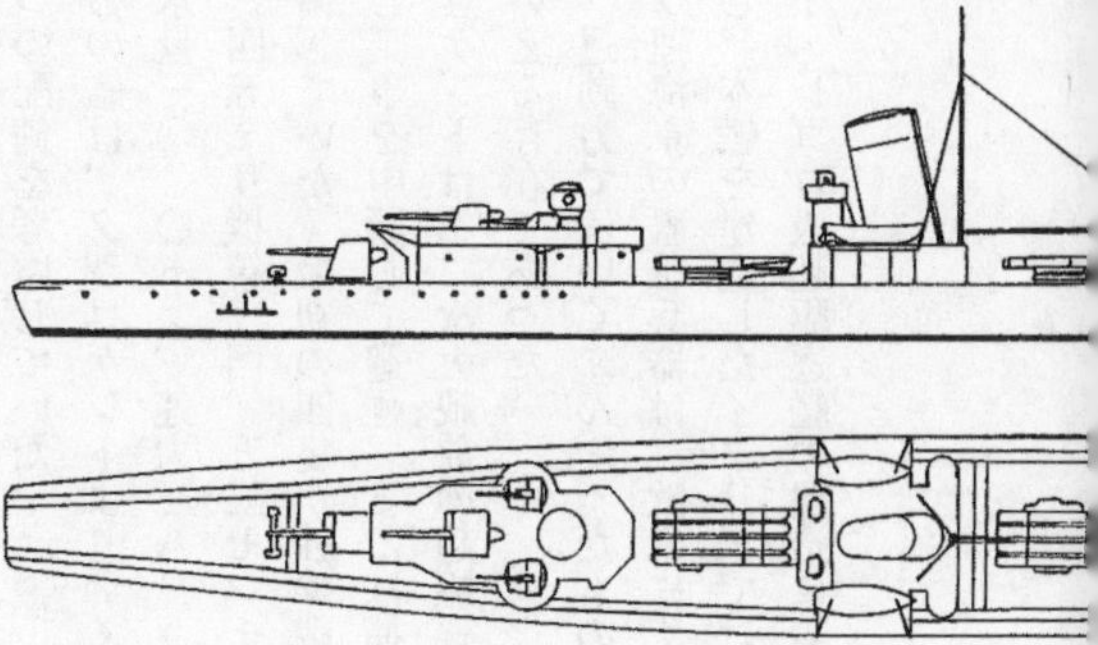

第58図　駆逐艦タシュケント（1941年）

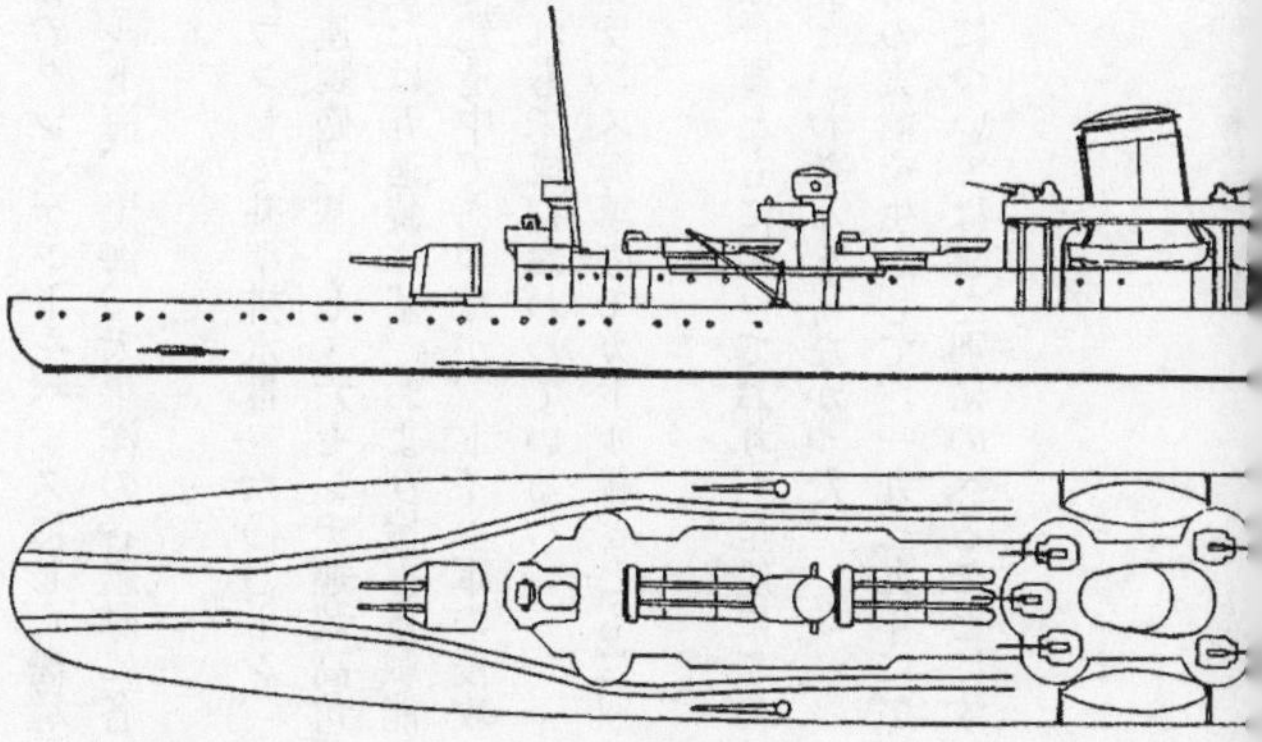

れたという。

ソ連海軍はレニングラード級嚮導駆逐艦についで、このタシュケントをベースにした嚮導駆逐艦の第二陣を整備する計画をもっており、北洋、バルト海、黒海、太平洋の各艦隊に各四隻ずつの配備を考慮していた。

これらの艦は、タシュケントよりいくぶんスペックダウンして基準排水量二六〇〇トン、満載排水量三〇〇〇トン、速力三八ノット、一三センチ連装砲三基、七・六センチ連装高角砲一基、四五ミリ機銃三門、五三センチ発射管四連装または五連装二基、および機雷搭載能力を具備していた。最初の四隻が独ソ戦開戦時、黒海で建造中であったが、ドイツ軍の侵攻にさいし工事を中断して避難、または捕獲されて、いずれも未成におわっている。

タシュケントは第二次大戦前の超駆逐艦としては、フランス海軍のモガドル級とともに双璧ともいえる存在であった。

機関、運動力ではいくぶん優ったものの、兵装面では量質ともに劣っており、全般にこの時代のソ連海軍の艦載兵器は、欧米にくらべると二流品といわざるを得なかった。

ただし、本艦を建造したイタリアでは、この機関技術の実績を生かして、一九三九年にアッテリオ・レゴロ級超駆逐艦の建造に着工したが、これについてはまた別にのべることにする。

Z1級レーベレヒト・マース

計画倒れだったドイツ艦

さて、この両大戦間の超駆逐艦として、最後に触れておかなければならないものに、ドイツ海軍の例がある。

ドイツ海軍は第一次大戦の敗戦で、世界第二位の海軍を解体され、ベルサイユ条約により弱小海軍に甘んじていたが、ヒトラーのナチス党の台頭とともに再軍備を宣言して、海軍力の強化整備にのりだした。

ナチスドイツ海軍最初の駆逐艦Z1～Z5は、一九三四～三五年に起工され、一九三七年に完成した。本型は基準排水量二二二三トン、満載排水量三一五六トンと、当時の標準型駆逐艦よりかなり大型である。

ロンドン条約の駆逐艦の上限一八五〇基準トンを大きくうわまわっており、超駆逐艦なみのサイズであった。

機関は六缶、七万軸馬力、速力三六ノットとハイスペックであったが、兵装は一二・七センチ砲五門、五三センチ四連装発射管二基と平凡で、超駆逐艦というにはいささか不足気味だった。

ドイツ海軍では当時、駆逐艦と並行して小型駆逐艦といえる水

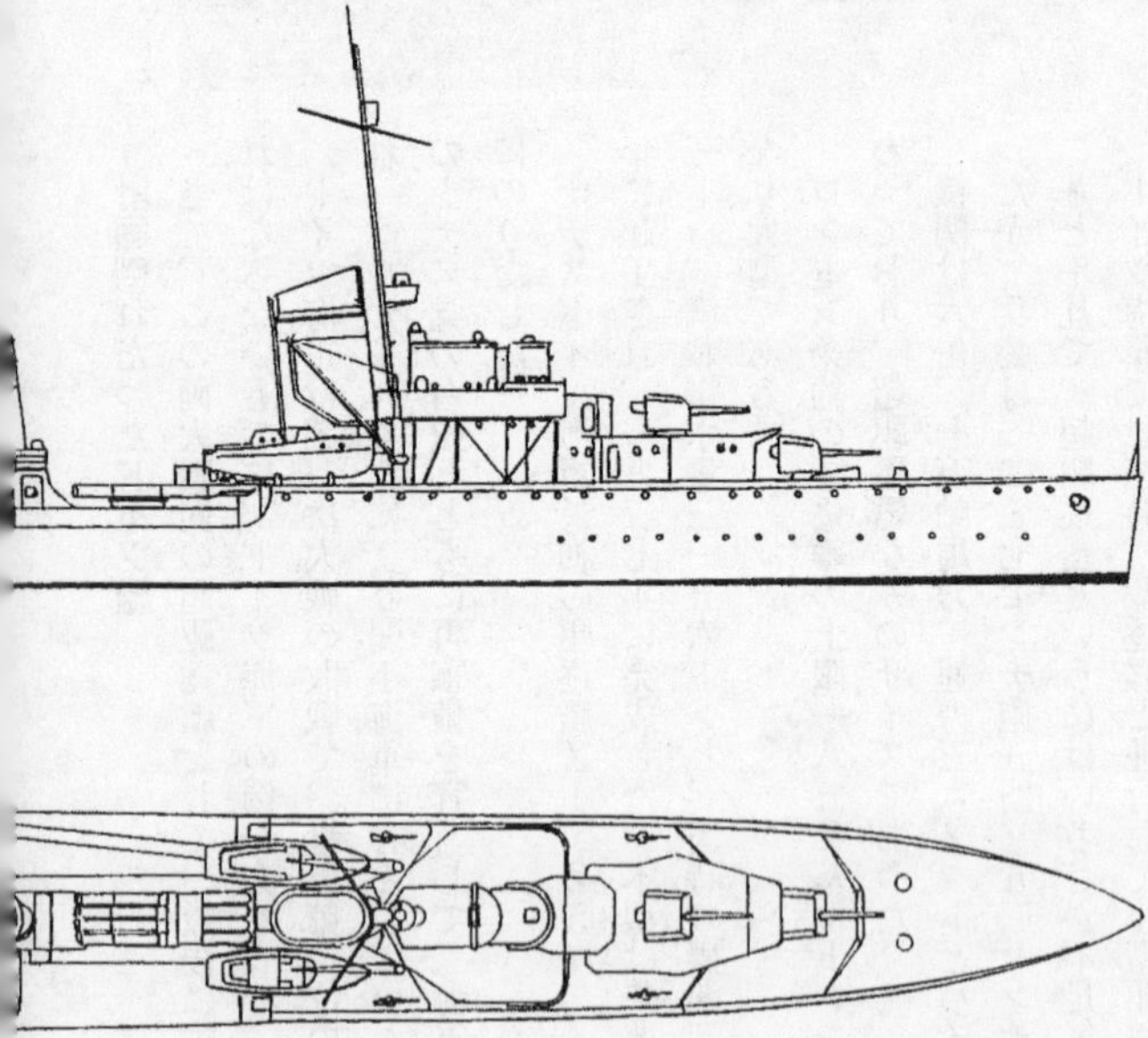

第 59 図　駆逐艦 Z1 (1937 年)

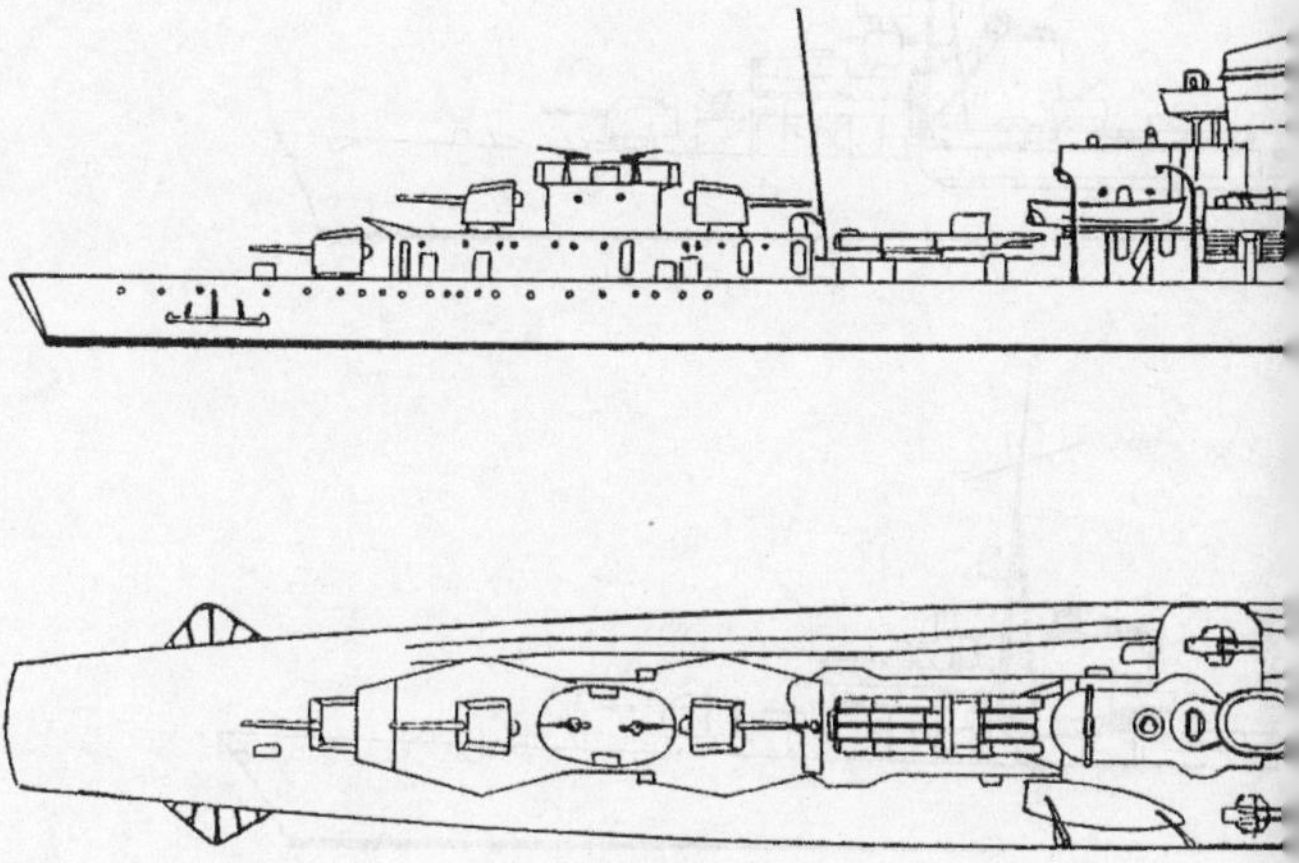

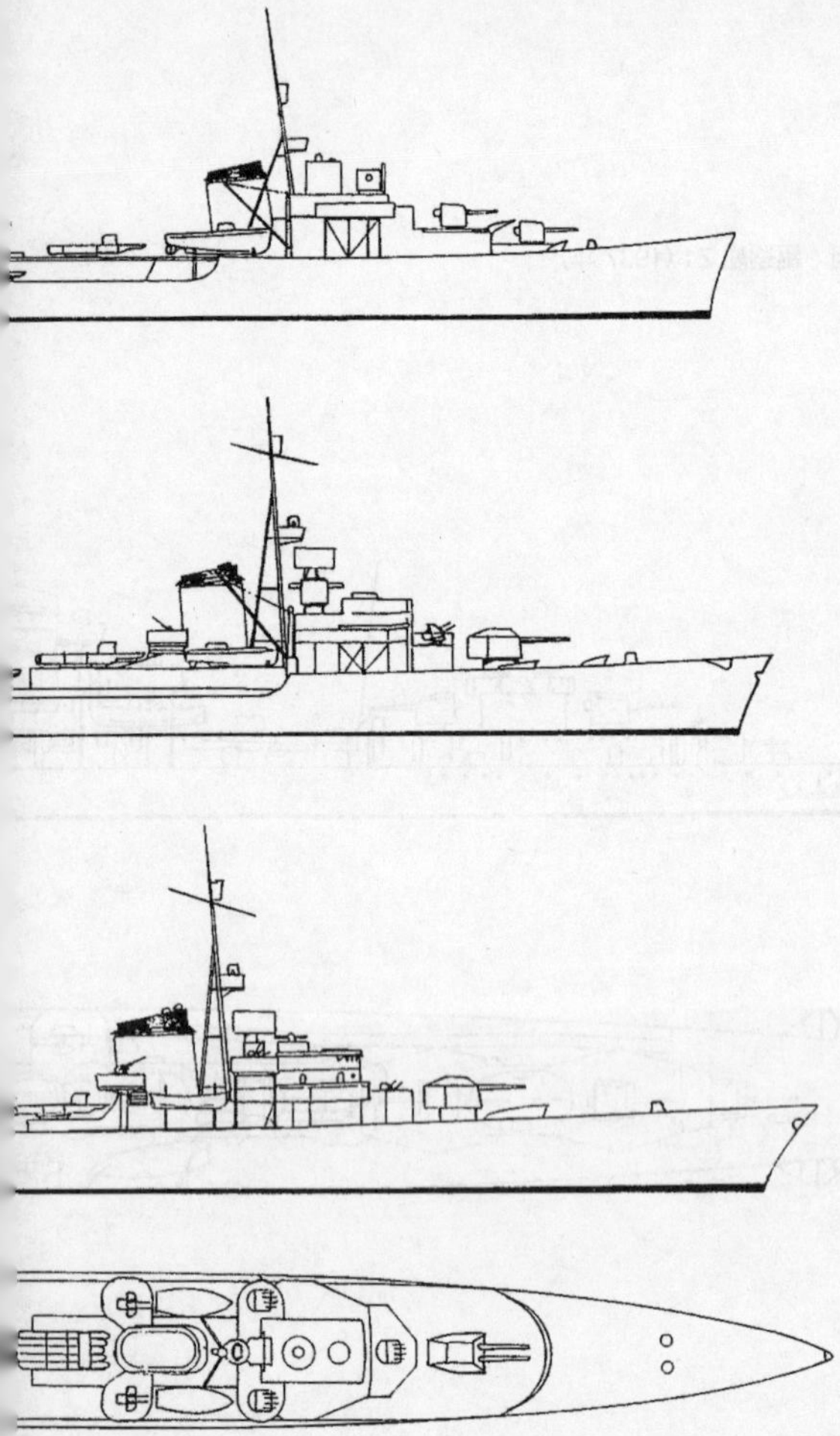

第 60 図　1937 年型駆逐艦

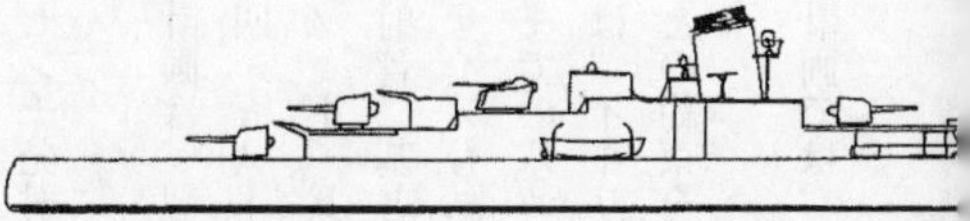

第 61 図　1938 年型駆逐艦

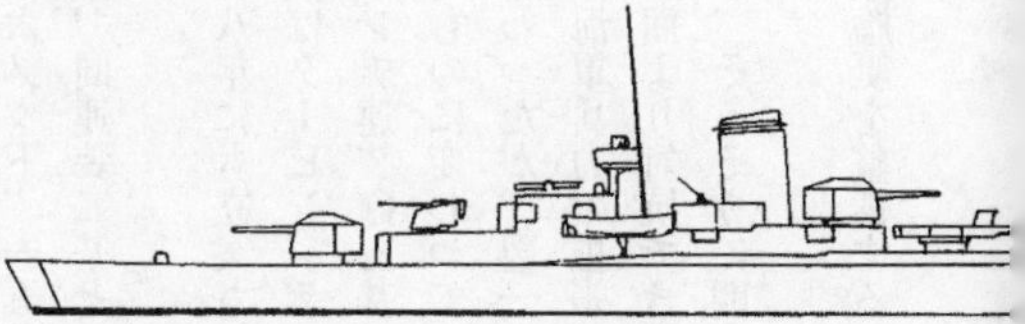

第 62 図　Z 計画偵察巡洋艦

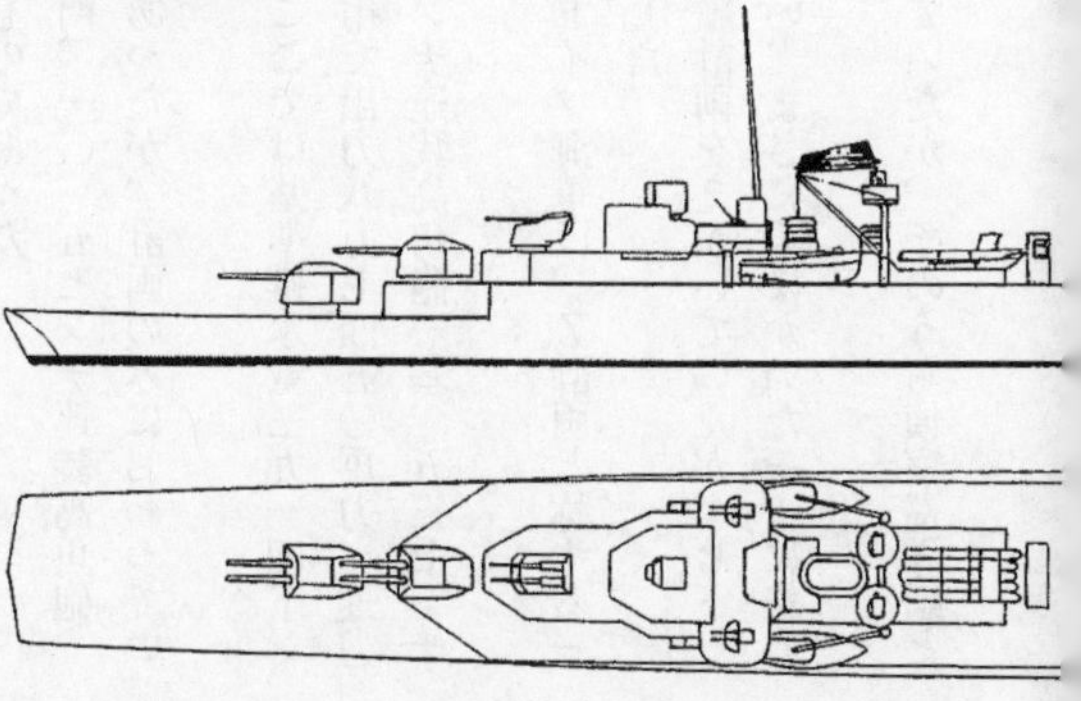

雷艇を保有して、水雷艦艇は二本立てであったことが、駆逐艦の大型化につながったのかもしれない。

ドイツ海軍は一九三七年に一九三七年型という、三七七六基準トンの大型駆逐艦を計画していた。これは、フランスの超駆逐艦群に対抗せんとしたものであった。

全長一三七メートル、速力三六ノット、一五センチ砲五門、一〇・五センチ連装高角砲一基、五三センチ発射管四連二基、同連装二基という内容であったが、計画のみにおわっている。

同様の計画は、翌年の一九三八年にも立案されている。ここでは基準排水量三九一四トン、全長一四四・五メートル、主機はタービン、ディーゼル併用で出力八万七四五〇馬力、速力三七・五ノット、兵装は一五センチ連装砲三基、八・八センチ連装高角砲一基、五三センチ五連装発射管二基と整理されたものに変わっている。

このデザインも試案のみに終わったが、翌一九三九年にドイツ海軍は、Z計画と称する一九四七年までの八ヵ年にわたる海軍兵力の拡張計画を立案した。

ここでは、イギリス海軍に正面より対抗できる壮大な建艦計画をえがいていたが、ヒトラーは海軍との約束をほごにして、そうそうに開戦してしまい、まさに絵にかいたモチに終わっている。

このZ計画では、多数の水上艦艇を整備することになっていたが、そのうち偵察巡洋艦としての超駆逐艦が三六隻建造することになっていた。

このとき、偵察巡SP1-3として一九四一年に起工された最初の二隻は、先の一九三八年デザインの大型駆逐艦の改型で、基準排水量四五八九トン、全長一五二メートル、主機はタービン、ディーゼル併用で速力三五・五ノット、兵装は同様であった。

本型は起工したものの、潜水艦優先のため、まもなく工事を中止して、一九四三年には船台上で解体されてしまった。

これらとは別に、ドイツ海軍は大戦中にZ23級駆逐艦の一部に一五センチ砲搭載超駆逐艦を実現するが、これについては別に述べることにする。

米空母に対抗した「秋月」型

一九三九年九月一日、ドイツがポーランドに侵入して、約六年にわたる第二次大戦が勃発した。

第一次大戦の場合とことなり、ドイツ海軍はヒトラーによる再建の初期段階にあり、正面からイギリス海軍に挑戦する立場になかった。有力な艦隊航空戦力を保有していたのはイギリス海軍のみで、ドイツ水上艦艇は外洋では奇襲的な遭遇戦に終始し、戦略的には潜水艦による通商破壊戦に頼るしかなかった。

一方、太平洋では日米両海軍とも強力な空母機動部隊を有し、水上艦艇にとっては最大の敵は航空機となり、大戦後半、制空権をうしなった日本の艦艇は、つねに敵機による脅威にさらされることになった。

こうした中にあって、駆逐艦はほんらいの雷撃マシーンとしての機能を削減して、対空火力を強化するとともに、さらに対潜兵装の充実をせまられることになる。

日本海軍が昭和十四年の㊃計画で建造し、開戦翌年に戦線に投入した「秋月」型駆逐艦は、きわめて超駆逐艦的要素をもった艦といえる。

ほんらい本型は、無条約時代にはいってから要求された、艦隊に随伴して対空および対潜用護衛任務を専門とする直衛艦とよばれた艦で、当時としては、なかなか先進的な計画であった。

いわゆる対空戦闘を主任務とした防空艦とよばれた艦種は、すでにイギリス海軍が、地中海におけるイタリア空軍の脅威に対抗して、D級軽巡の一部を防空巡洋艦に改造した先例があった。しかし、新造艦はアメリカ海軍のアトランタ級、イギリス海軍のダイド級防空巡洋艦とともに、ほぼ同時期の計画であった。

当初の計画では、魚雷発射管の搭載はなかったが、貧乏な日本海軍としては、駆逐艦型の高速艦に発射管を積まない手はないとして、四連装発射管一基を搭載する駆逐艦に仕立てて、当時の正統派駆逐艦「陽炎」型の甲型にたいして、乙型駆逐艦と称した。

「秋月」型の目玉は、あらたに開発された九八式六五口径一〇センチ高角砲であった。これ

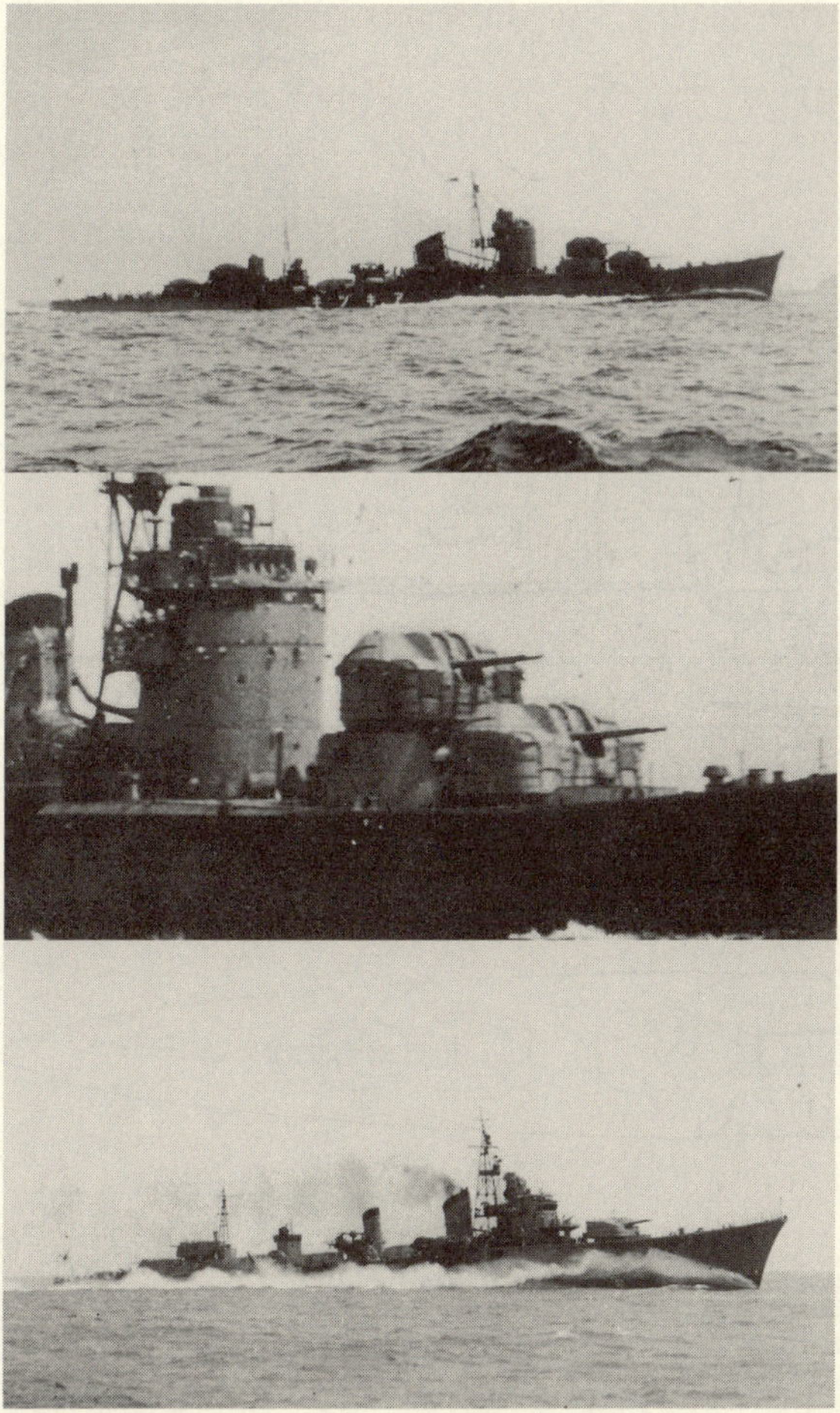

上から「秋月」、「秋月」型「冬月」の10センチ連装高角砲、「島風」

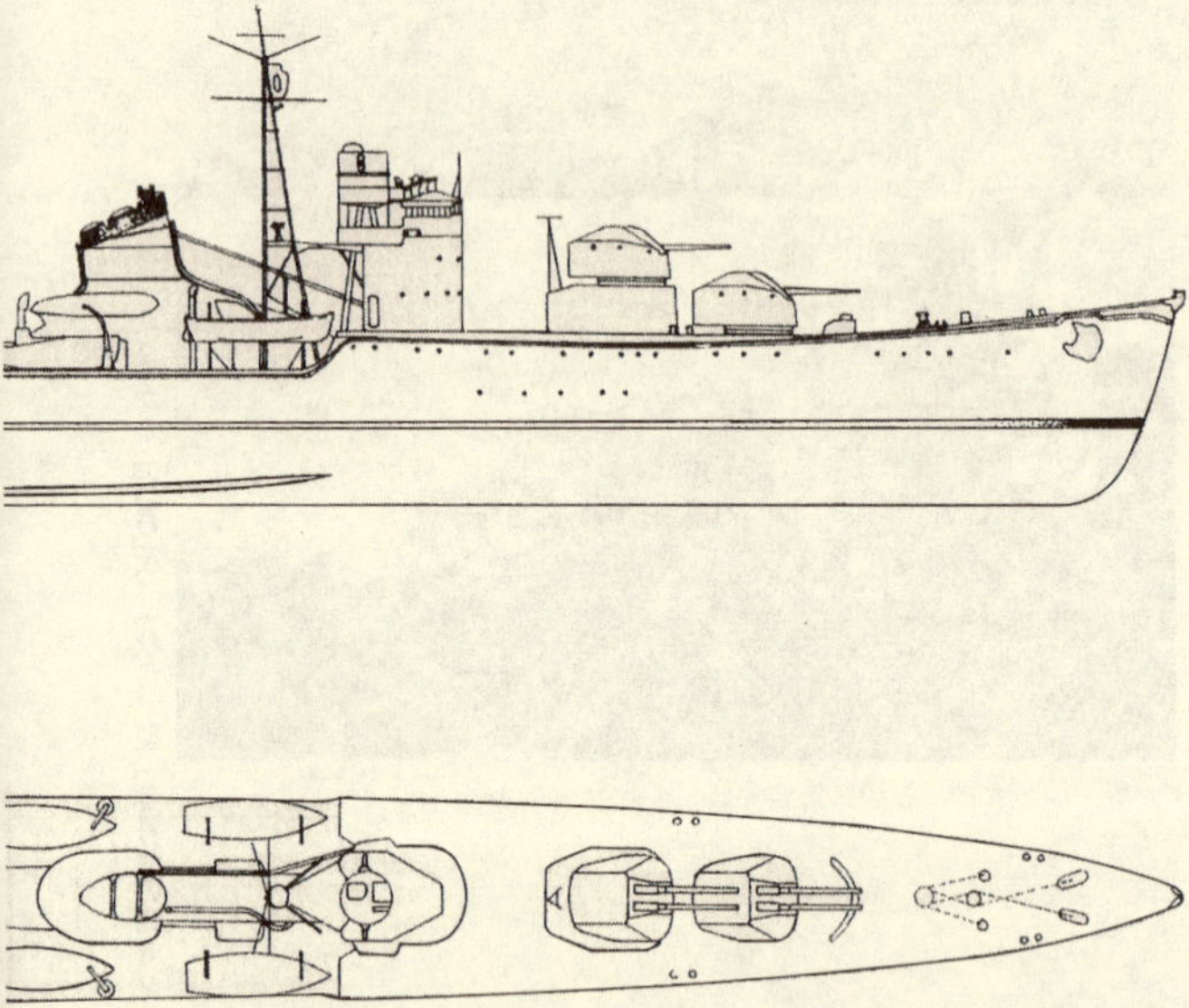

第63図　「秋月」型駆逐艦（1942年）

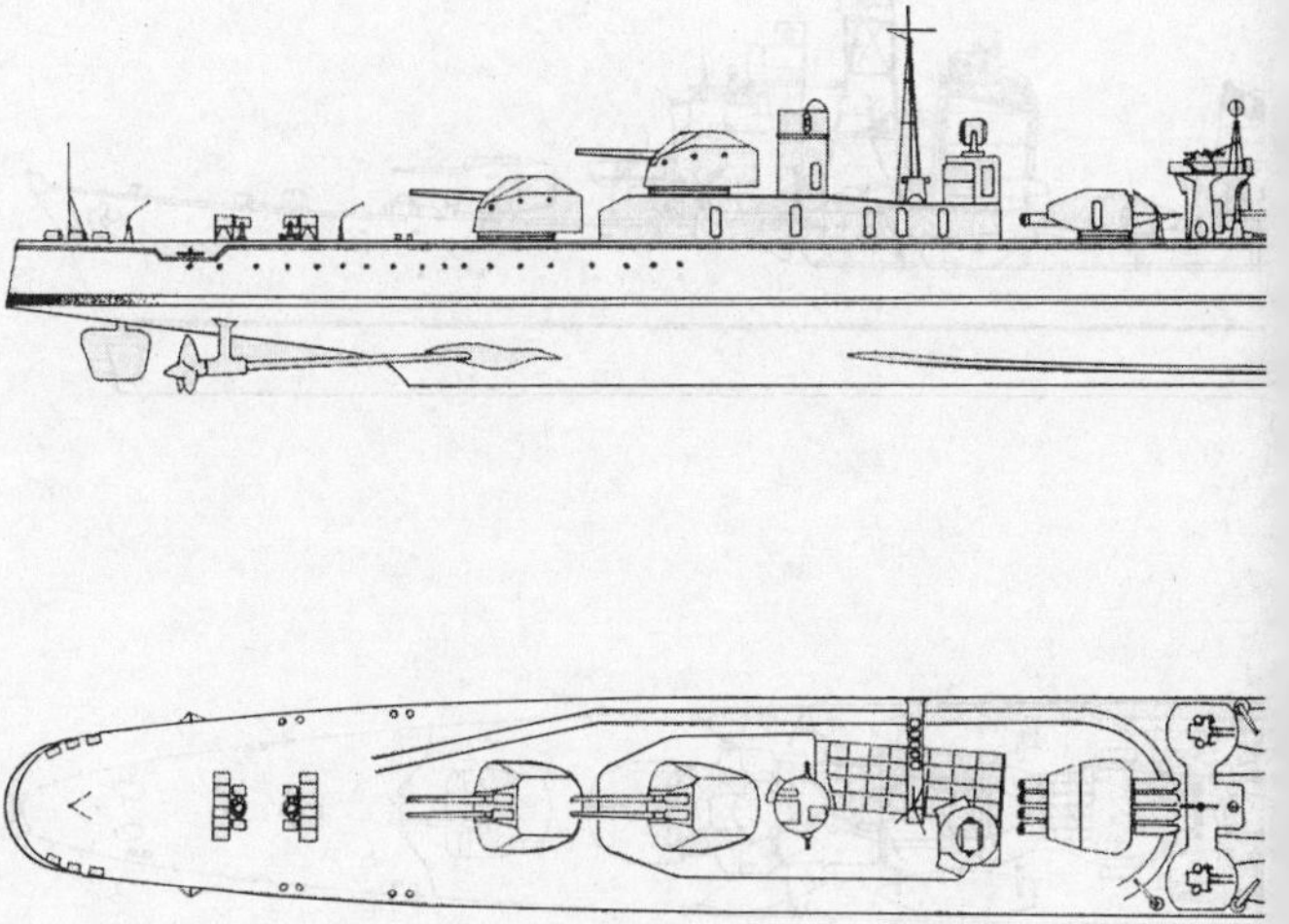

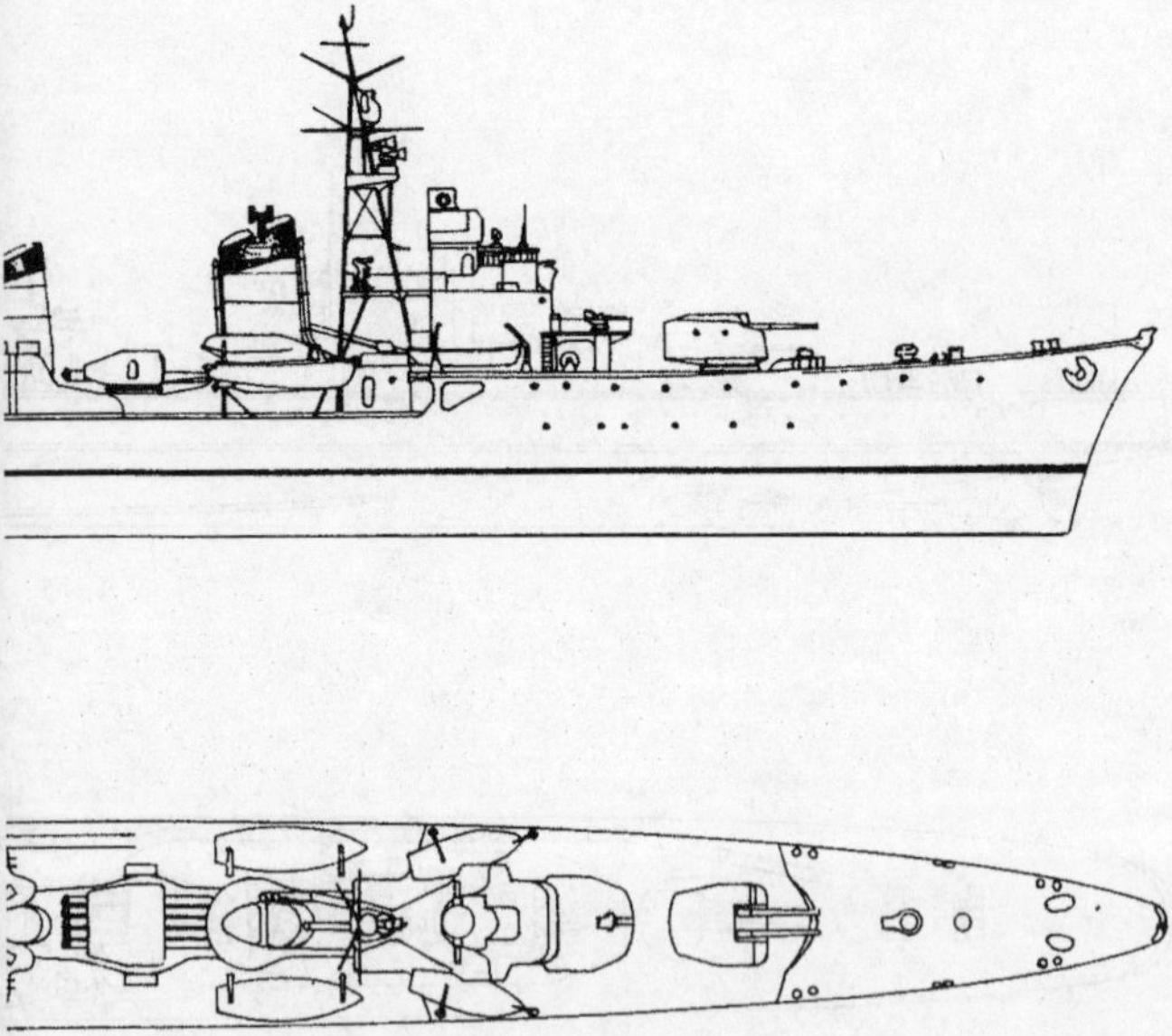

第64図　駆逐艦「島風」(1943年)

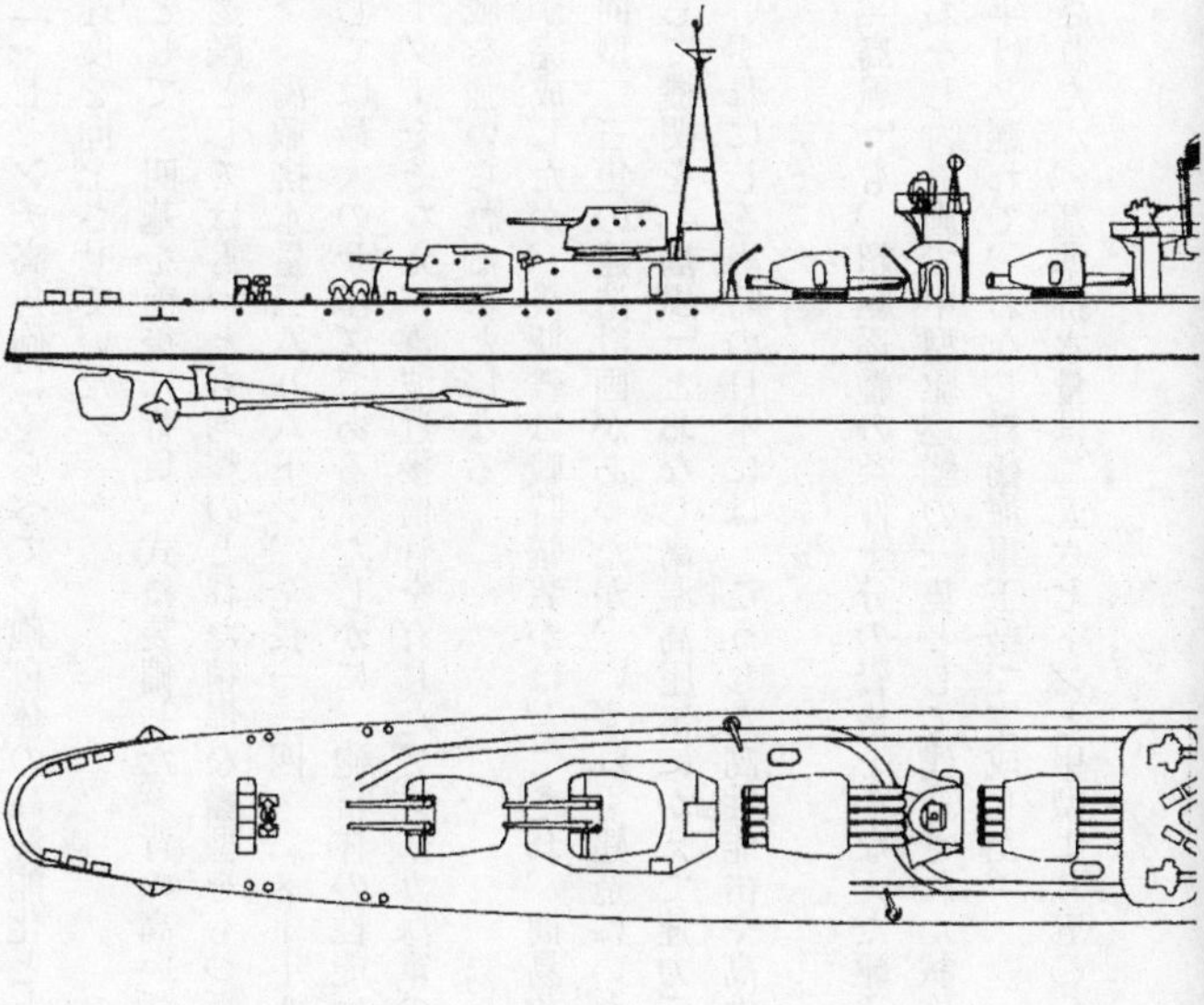

までの八九式四〇口径一二・七センチ高角砲にくらべて、砲自体の高性能化とともに、給弾装塡機構を改善して発射速度を向上させていた。

本型はこれを連装砲塔として、四基を前後に背負い式に装備した。背の高い艦橋、傾斜した結合煙突など、日本駆逐艦としてはもっとも均整のとれた精悍な艦型をもつ。

基準排水量二七〇一トン、満載排水量三八八八トン、全長一三四・二メートルの船体は、第二次大戦中の駆逐艦としては最大のサイズである。たしかに、砲自体の性能は優秀であったが、射撃指揮装置にレーダーをそなえ、電波近接信管を有したアメリカ海軍の防空砲火にはおよぶべくもなく、苦戦を強いられることになる。

終戦までに同型一二隻が完成したが、後期艦は戦時艤装がほどこされ、簡易化が実施されている。改⑤計画では、同型二三隻の建造計画があったが、いずれも建造にいたらなかった。

これらの艦は、改型として機関を「島風」とおなじ高温高圧缶にかえて速力三六ノットとする案もあったものの、いずれにしろ当時の日本には、こうした高性能缶や高性能砲を量産する力はなかった。

さて、ここに話のでた「島風」も、超駆逐艦の条件十分の資格をそなえた駆逐艦であった。ほんらいは「秋月」型とおなじ④計画で甲型駆逐艦の一隻として建造された試作艦というべき艦で、「秋月」より一年ほど遅れて、おなじ舞鶴海軍工廠で完成した。

のちに丙型として区別されたが、基準排水量は二五六七トンと甲型より五〇〇トン以上も大型で、全長も一二九・五メートルと一〇メートル以上も長い大柄な駆逐艦である。

計画速力三五ノット前後で推移してきた日本駆逐艦の速力を、四〇ノット前後に高める要求にたいして、高温四〇〇度C、高圧四〇キログラム／平方センチ缶を搭載、出力七万五〇〇〇軸馬力を発揮した。三九ノットの計画速力にたいして、公試では公試排水量をいくぶん落として四〇・九ノットを記録していた。

兵装は発射管を七連装二基が要求されたが実現できず、五連装三基として完成した。次発魚雷は持たなかったが、片舷一五射線の雷装は、駆逐艦としては古今東西を通じて最大である。その意味では、「秋月」以上に超駆逐艦にふさわしい艦といえよう。

丙型は、㊄計画で同型一六隻の建造計画があったが、当然ながら計画は中止された。ただし、七連装発射管が実現していれば、船体をこれほど大型化する必要はなく、よりコンパクトにまとめられたはずである。

同盟国が生んだ超駆逐艦

一方、ヨーロッパにおいてもこの大戦中、日本と枢軸同盟をむすんだ独伊海軍に注目すべき超駆逐艦が出現した。

ドイツ海軍は、再軍備による最初の駆逐艦一九三四年型についで、一九三六年型のZ23級の建造に着手し、この級が結局、終戦までに完成した最後のドイツ駆逐艦となった。

Z23～50のうち、一九三六年型Z23～30と同改A型のZ31～34、37～42の一五隻には備砲として一五センチ砲が搭載されることになった。駆逐艦の備砲として一五センチ砲を選択したのは、ドイツ海軍としては前大戦につづき二度目である。

今回は水上艦艇の量的な劣勢、とくに軽巡クラスの水上艦艇を欠いていたドイツ海軍としては、駆逐艦の砲力アップで、多少なりとも劣勢をカバーせんとしたものといわれている。

このために、とくに駆逐艦搭載用に開発された四八口径一五センチ砲を単装のLC／36と連装砲塔式のLC／38として艦首に連装砲塔、後部に単装三基の五門を搭載する設計であった。

これらの砲は、前述のように外観はシャルンホルストやポケット戦艦の副砲に似ているが、砲身長や砲架もことなる軽量構造で、連装砲はシールドも一五～三〇ミリと薄く、重量的には六二トンとシャルンホルスト級の副砲の半分しかない。しかも、最大仰角六五度と対空射撃を可能としており、発射速度は毎分八発に達していた。

ただし、この連装砲は一九四二年になるまで生産がはじまっておらず、初期の完成艦は艦首に単装砲を装備して就役し、のちに連装砲に換装することになった。

艦型は先の一九三四年型に準じたもので、基準排水量で二五四三～二六五七トンと日本の「秋月」型につぐ大きさである。機関は前型とおなじく高温高圧のワーグナー缶を搭載、蒸気温度圧力は日本の「島風」をしのぐ仕様で、計画出力七万軸馬力、同速力三六ノットを発

（上）Z25。（下）アッテリオ・レゴロ

揮した。

駆逐艦の備砲として一五センチ砲は鈍重で、至近距離でのとっさの遭遇戦闘では迅速な射撃に適さないと嫌う艦長もいるとの評価もあった。事実、一九三六年型の後期艦では一二・七センチ砲にもどし、さらに最終的には、あらたに駆逐艦用の一二・八センチ連装砲を開発したことからも、この一五センチ砲はさほど有効とはいえなかったようである。

戦後、残存艦が米英仏ソに引き渡され、仏ソでは自国海軍に編入して一時期、現役艦艇として使用されていた。ただ、いずれにしろ第二次大戦中の駆逐艦で、唯一の一五センチ砲搭載量産駆逐艦で、超駆逐艦のカテゴリーにはいる資格は十分である。

さて、第二次大戦ではあまりかんばしい活躍のなかったイタリア海軍にも、特筆すべき

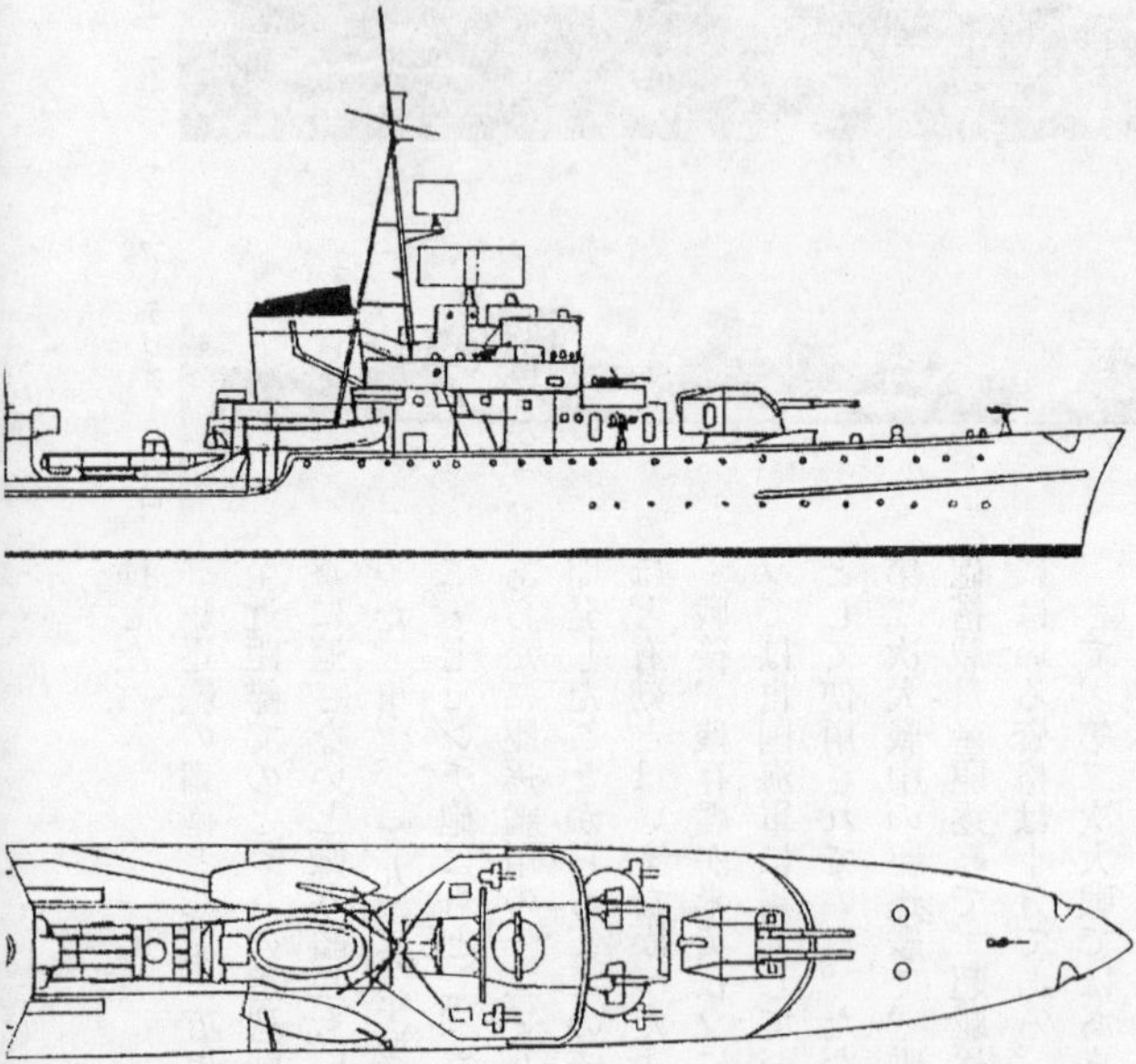

第65図　駆逐艦 Z25（1944年）

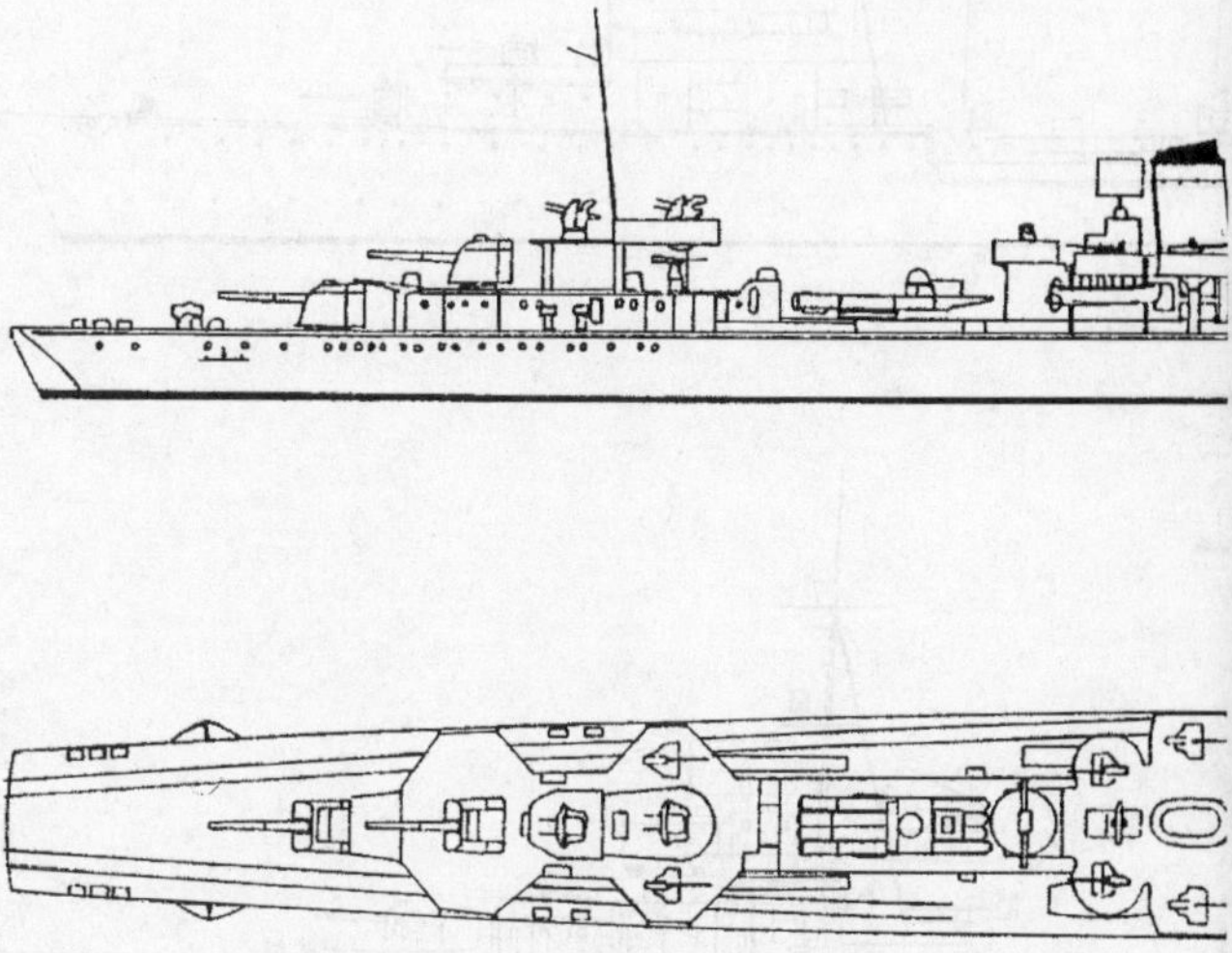

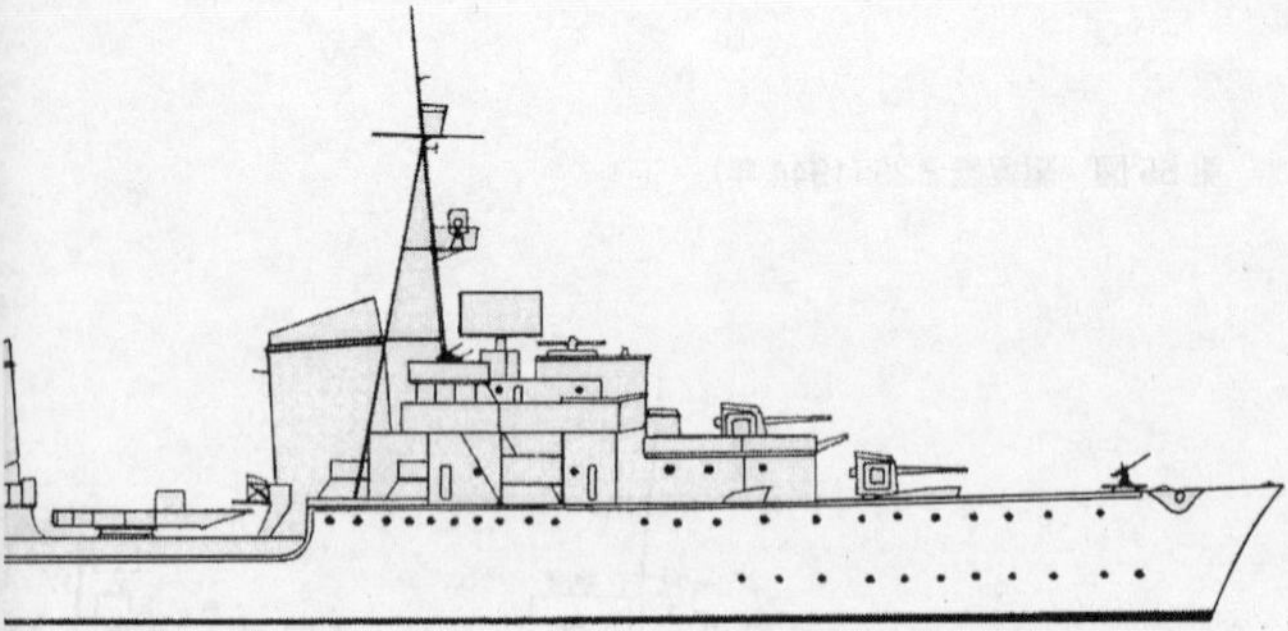

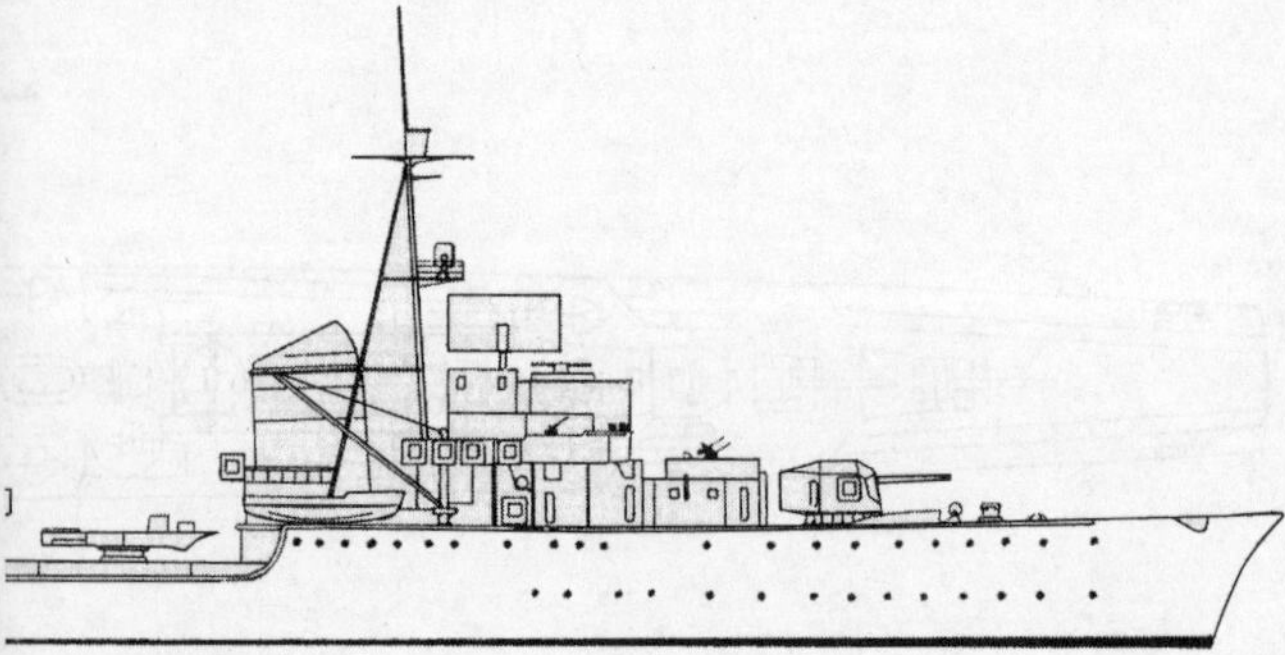

第66図　駆逐艦Z35（1944年）

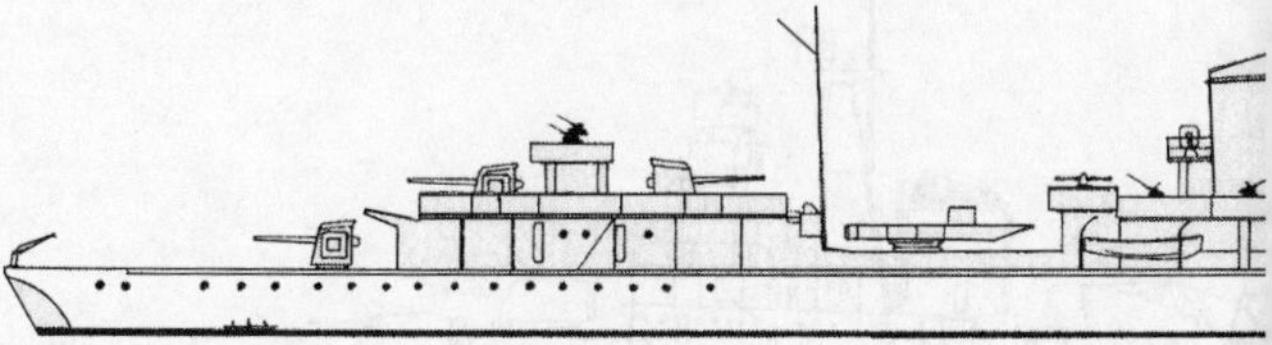

第67図　駆逐艦Z38（1945年）

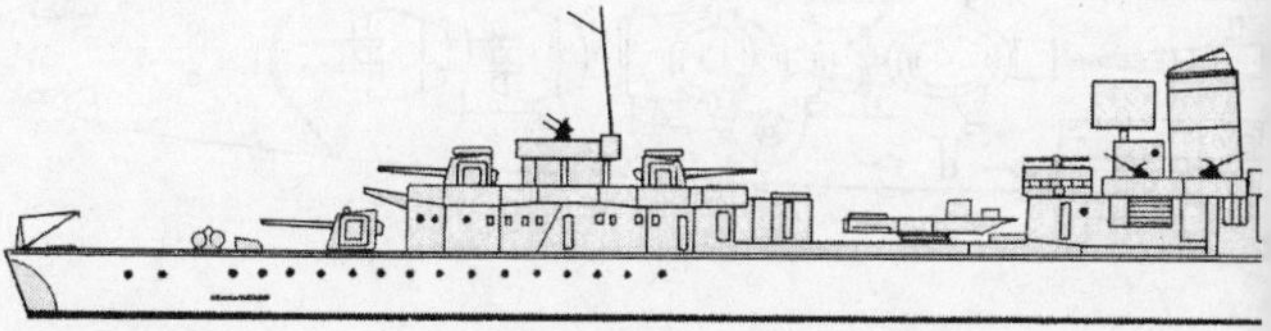

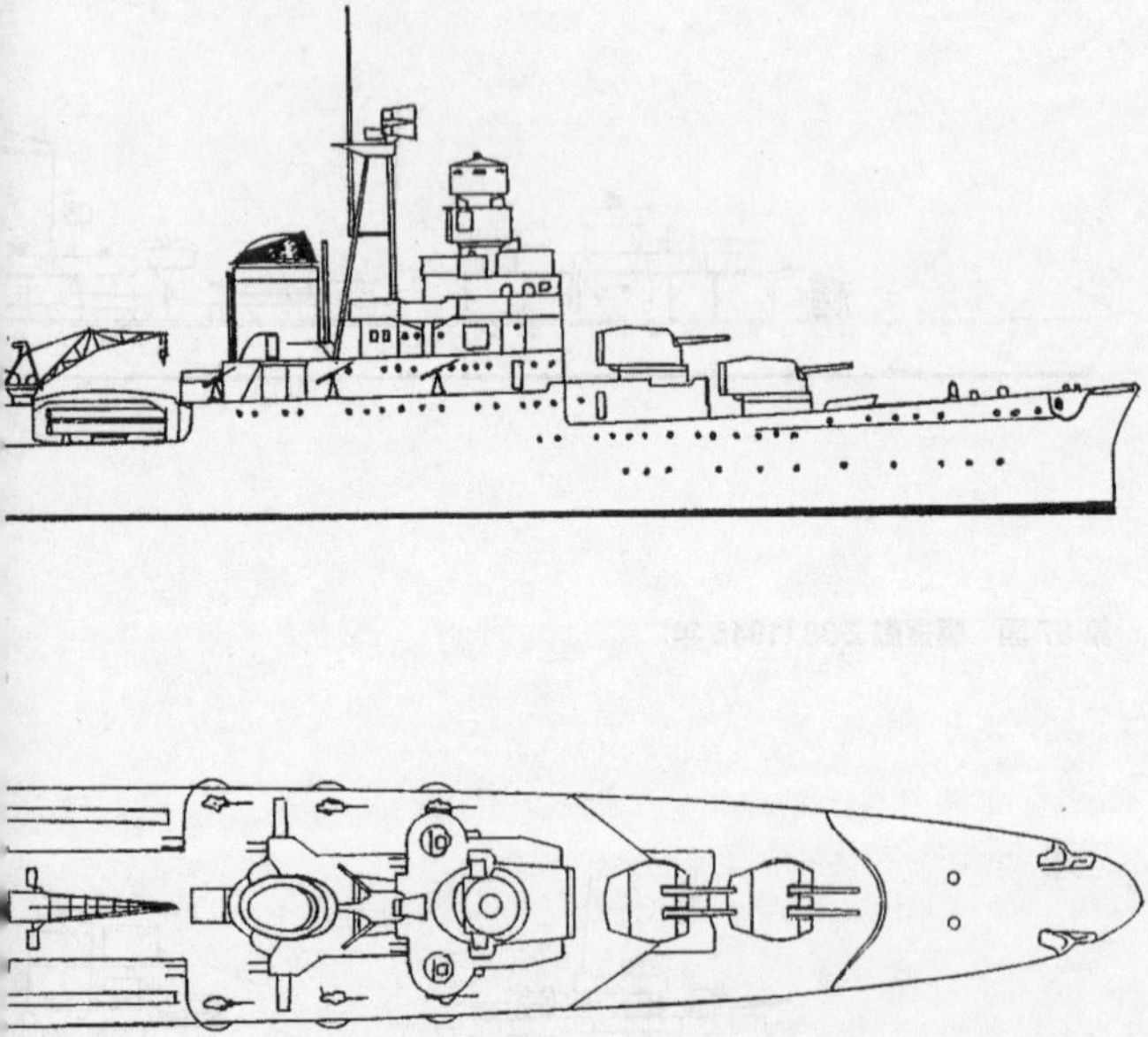

第68図　アッテリオ・レゴロ級軽巡洋艦(1943年)

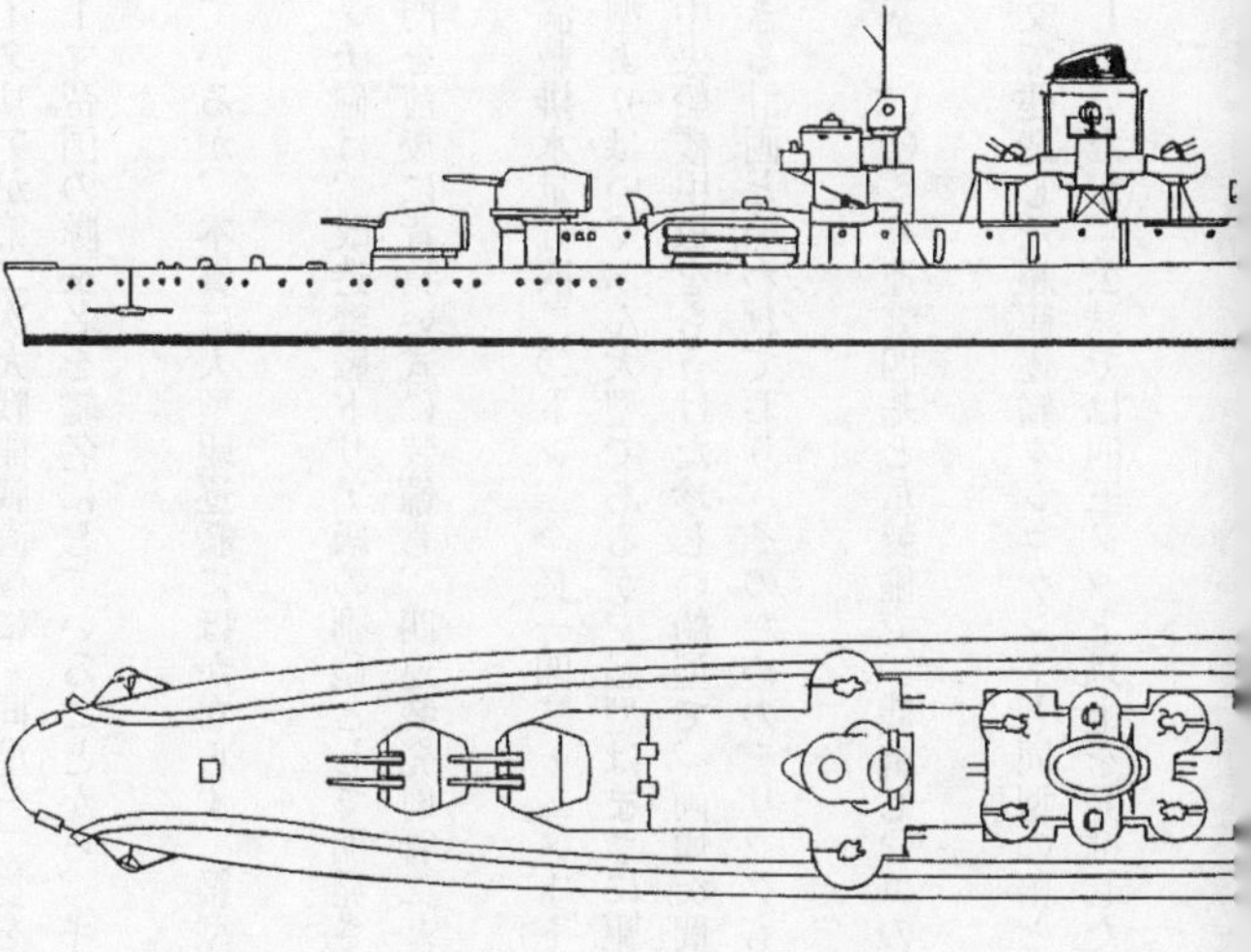

超駆逐艦は存在した。これはイタリアが第二次大戦開戦直後に、同型一二隻を起工したアッテリオ・レゴロ級軽巡で、ローマ帝国の隊長名を艦名にしていることから、キャピターニ・ロマーニ級ともいわれている。

本型は軽巡洋艦に類別されているが、本質は大型駆逐艦にほかならず、艦型も駆逐艦そのものである。

備砲の四五口径一三・五センチ砲は、改造戦艦ドリア級の副砲として開発された中口径砲で、連装砲塔式として四基八門を前後に背負い式に装備し、四連装発射管二基を中心線上に装備している。

基準排水量三七五〇トン、満載排水量五四二〇トン、全長一四二・二メートルの船体は、日本海軍の「夕張」「龍田」型よりはいくぶん大型であるが、艦型はまさに駆逐艦である。水平甲板型船体の艦橋部分に中央船楼甲板をもうけた珍しい船型で、両煙突間にカタパルトはないが、水偵一機を搭載できる計画といわれており、そのためのデリックも装備されている。

対空機銃も三七ミリ連装四基、二〇ミリ連装四基と重装備で、機雷七〇コの搭載敷設能力もそなえている。

機関は当時、ソ連海軍の注文で建造した超駆逐艦タシュケントと同型の缶と主機を採用して、四〇ノットを計画速力としていたが、公試では四三ノット以上を発揮した艦もあったという。

本型の最大の特色ともいえる、こうした超高速性能は、地中海においてライバルとなるフランス海軍の超駆逐艦群に対抗したものといわれている。

地中海をめぐる仏伊海軍のスピード競争の結果、その最後の答えが、このアッテリオ・レゴロ級であったといえる。

本級は一二隻という多数が起工されたものの、イタリア休戦までに完成したのは三隻にすぎなかった。このとき、ほんらいのライバル、フランス海軍の艦艇はツーロンで自沈しはてて既になく、地中海を四〇ノットで突っ走るには、遅すぎた出現であった。

水準を超えた米英新型艦

以上、大戦中の枢軸側の典型的ともいえる超駆逐艦について述べた。これにたいして連合国側には、超駆逐艦はなかったのであろうか。

連合国側、米英の駆逐艦は大戦中、量質ともに枢軸側の駆逐艦兵力を大きく凌駕していたことは周知のとおりである。

大戦中に出現したアメリカの駆逐艦は、フレッチャー級二〇五〇基準トン、アレン・M・サムナー級二二〇〇基準トンと漸次大型化し、最後のギアリング級では二四二五基準トンにまでたっしている。

ギアリング級は大戦末期の出現で、戦後の完成艦もふくめて同型九四隻が完成、他に同型四七隻が終戦時にキャンセルされている。

本級はサムナー級の船体を中央部で一四フィート、四・三メートル延長した艦型で、一二・七センチ連装砲三基、四〇ミリ機銃四連装二基、連装二基、五連装発射管二基の兵装をもつ。

出力六万軸馬力、三五ノットの性能は、最新の電子装備を考えると当時、最強の艦隊型駆逐艦といえる存在であった。同型艦が一〇〇隻ちかくも建造されたことを考えると、アメリカの工業力の底力に驚かされる。本型が戦前の出現なら、文句なしに超駆逐艦といえる存在であったろうが、終戦まぎわの出現ということで、準超駆逐艦ということにとどめておこう。

同様の例はイギリスでも見られる。イギリス海軍で終戦まぎわから一九五〇年代はじめにかけて完成した一連の駆逐艦、バトル級、ウエーポン級、ダーリング級は、すべて大戦中の計画になる戦時計画艦であった。

一九四二〜四三年計画のバトル級は、前期艦一六隻が対日戦用として終戦直前から一九四六年にかけて完成し、基準排水量二三一五トンの、これまで建造された最大のイギリス駆逐艦であった。

本型は艦橋前の前甲板に備砲の一一・三センチ連装砲二基を背負い式に装備し、煙突背後の後半部に四連装発射管二基と四〇ミリ連装機銃五基を配置するユニークなものであった。

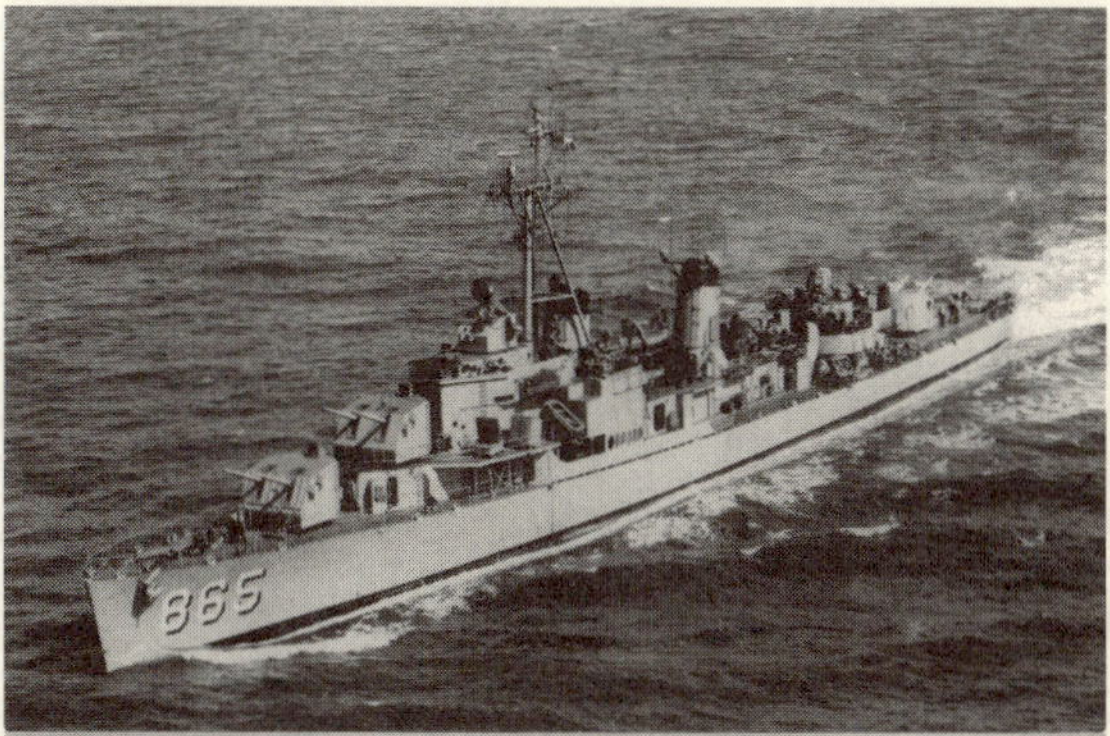

（上）ギアリング級チャールズ・R・ウェア。（下）バトル級バロッサ

後期建造の八隻は、煙突背後の四〇ミリ機銃を一一・三センチ単装砲に置きかえて、備砲の強化をはかっている。主機は出力五万軸馬力、速力三五・七五ノットを計画値としていた。

備砲の四五口径一一・三センチ（四・四五インチ）砲は、開戦前から空母や改造戦艦の高角砲として採用されていた両用砲で、駆逐艦の備砲としての採用はZ級以降のことで、駆逐艦用連装砲塔PR10MkⅣは、バトル級用に開発されたものである。

発射速度は毎分一二発、最

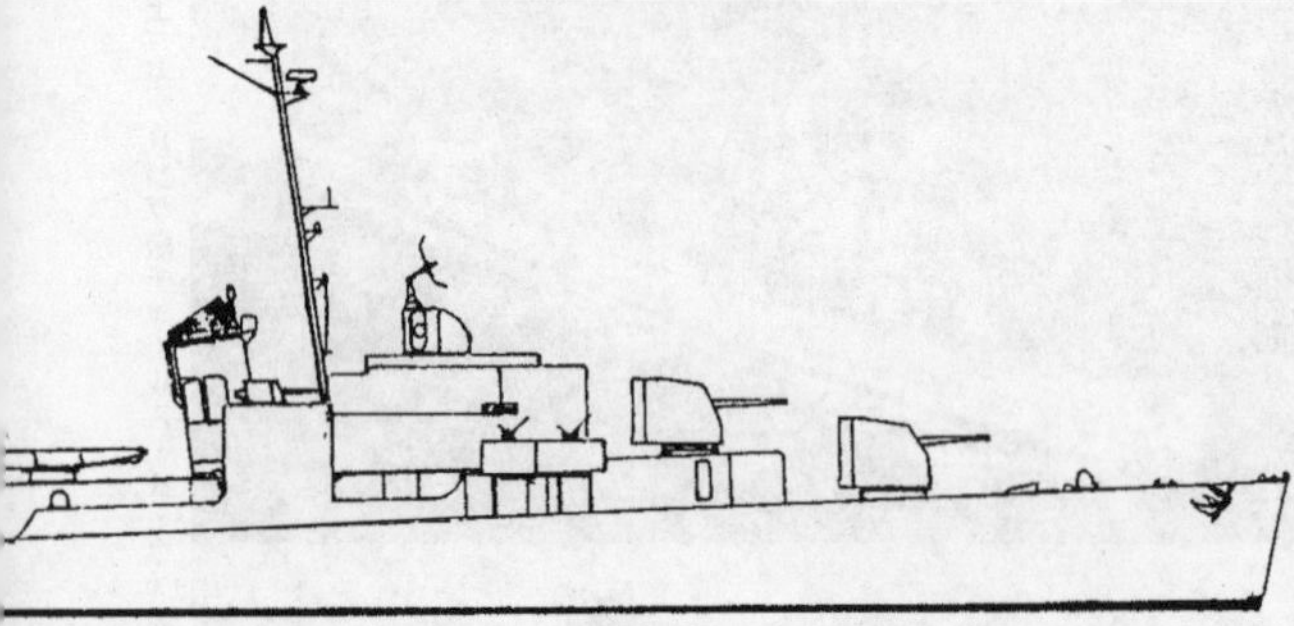

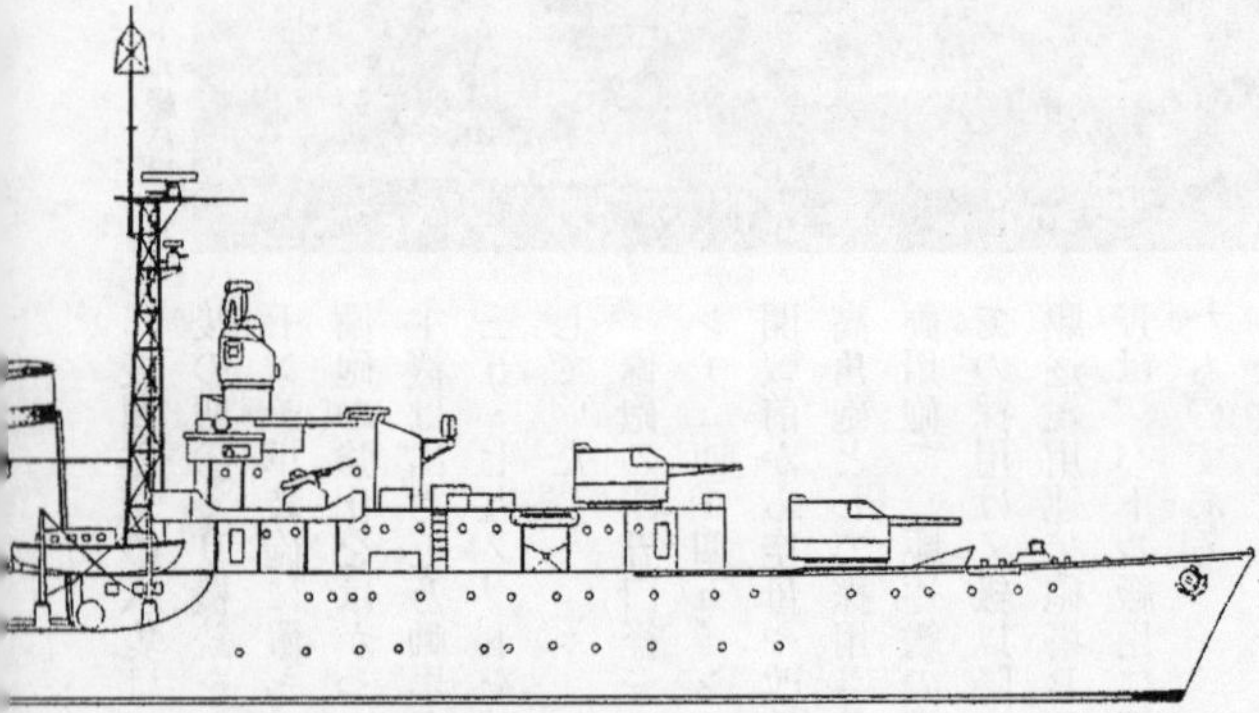

第 69 図　ギアリング級駆逐艦 (アメリカ・1945 年)

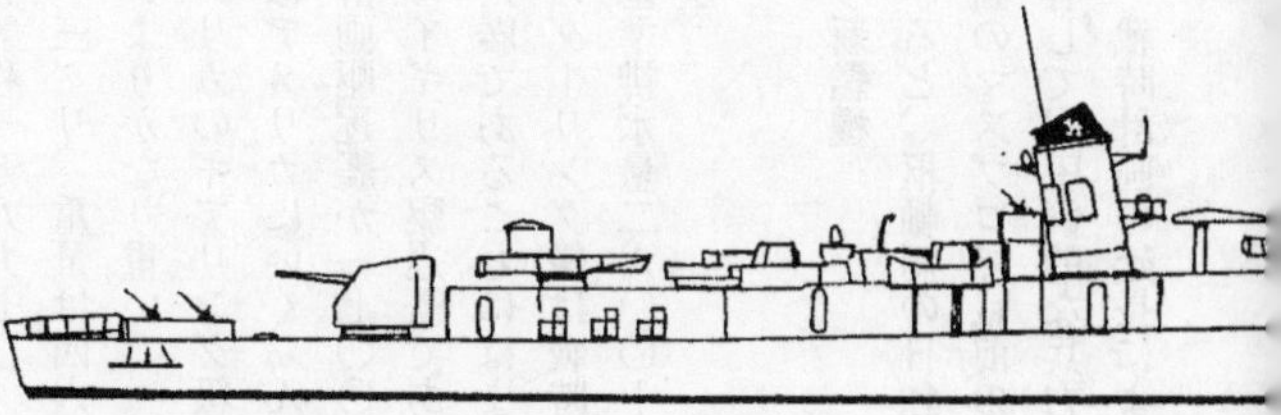

第 70 図　バトル級駆逐艦後期型 (イギリス・1947 年)

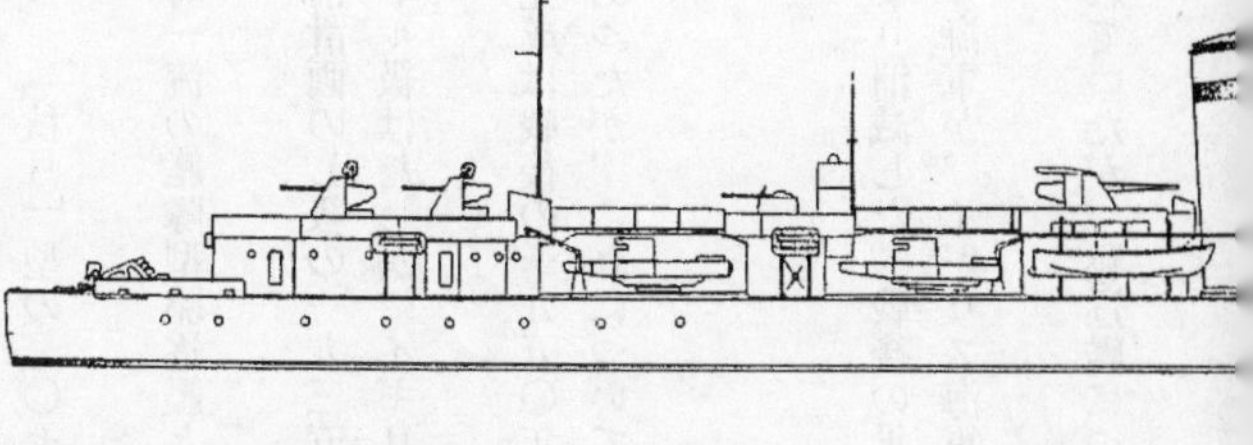

大仰角八〇度、最大射程一万八九七〇メートルは従来の一二センチ砲をうわまわっている。シールドの厚さは一三ミリ、重量は四六トンに達するというから、「秋月」型の一〇センチ連装砲塔の三四トンよりかなり重い。

バトル級も、アメリカのギアリング級に準じた性能をもつ当時一流の艦隊型駆逐艦といえたが、電子装備ではアメリカにいくぶん遅れていた。

本級以前の戦時計画駆逐艦が一七〇〇トン型に終始し、開戦前計画のL級の一九三五トンが、これまで最大のイギリス駆逐艦であることを考えると、バトル級はたしかにイギリス駆逐艦の水準を超えた艦であることにはまちがいない。

一九四四年計画のダーリング級は戦時計画ではあるものの、完成は戦後の一九五〇年代にはいってからで、基準排水量二六〇〇トンという大型駆逐艦であったが、これについては別に述べることにする。

対潜巡洋艦という新艦種

第二次大戦がおわると、枢軸側の日独伊の三大海軍は敗戦により消滅した。戦後の世界海軍地図は、戦時計画のマスプロで戦前の数倍に肥大したアメリカ海軍が、イギリス海軍を上まわる大勢力を保有して、圧倒的な兵力を誇っていた。

戦後しばらくは、戦時計画の延長による艦艇の建造が継続されていたが、駆逐艦については、まずギアリング級未成艦の対潜駆逐艦への改造に着手した。

戦後最初の新駆逐艦の建造は、一九五二〜五三年計画になるフォレスト・シャーマン級二八五〇トンが最初であった。しかし、アメリカ海軍はこれ以前に、特長ある超駆逐艦を数隻建造していた。

最初のノーフォーク（五六〇〇基準トン）は、一九四七年に計画された対潜巡洋艦（CLK）という新艦種であった。冷戦の勃発とともに最大の脅威になったソ連潜水艦に対抗する大型対潜艦艇で、艦種記号のKはキラーを意味している。

当初、同型二隻が計画されたが、一隻に削減されて一九四九年に起工、一九五三年三月に完成した。

船体はジュノー級防空巡に準じた水平甲板型で、機関出力八万軸馬力、速力三二ノット、推進器は六翼の新設計であったという。

兵装は戦後開発の新型砲、七〇口径三インチ砲連装四基を前後に配し、対潜兵装も戦後開発の最新対潜ロケット・ランチャーMｋ108四基を、これも前後の上構上に二基ずつ装備した。

また、対潜魚雷発射管を固定式として、後部上甲板上の甲板室に片舷四基を配していた。

レーダー、ソナーなどの電子装備も最新の機器を装備し、戦闘指揮システムも当時としては大戦中の戦訓を加味した最新のものであった。

大型の船体は、対波性および原爆攻撃にも考慮したものといわれており、建造費は船体機関三八・一万ドル、兵装二三・八万ドルときわめて高価であった。建造中の一九五一年に艦種名を嚮導駆逐艦（DL）に変更、さらに一九五五年一月に艦種名を三たびフリゲイト（記号はDLのまま）に変更した。

フリゲイトという艦種名は、イギリス海軍が大戦中に建造した護衛艦にたいしてもうけたもので、アメリカ海軍でも大戦中にイギリス海軍のリバー級フリゲイトにならって建造した護衛艦にフリゲイト（PF）の艦種名をあたえており、ここでまったく新しい駆逐艦より上位の艦種名として、フリゲイト（DL）をもうけたのであった。

このため、西側海軍のフリゲイト名の艦種に、アメリカ海軍のみ別のカテゴリーをもうけたことになり、のちの一九七五年に巡洋艦（C）艦種に類別しなおすまで、混乱をきたすことになる。いずれにしろ、この時点で本艦は嚮導駆逐艦、いわゆる駆逐艦に類別された最大の艦となった。

ただし、戦後の対潜兵器システムの確立前の、いわゆる過渡期に出現した本艦は、一種の試作艦とみるべきで、のちにMk108を撤去してアスロックを搭載し、対潜兵器のテストシップとしてもちいられた。一九七〇年に早くも退役し、スクラップされている。

ノーフォーク計画の翌年の一九四八年に計画されたミッチャー級DLは、いわゆる艦隊型駆逐艦としてノーフォークより船体を小型化して実用化し、基準排水量三六七五トンのいわゆる超駆逐艦にふさわしい艦型を有していた。本級は同型四隻が一九五三～五四年に就役し

（上）ノーフォーク。（下）フォレストシャーマン

ており、いずれも大戦中のアメリカ海軍の提督名を艦名としている。

兵器はノーフォークとことなり、開発されたばかりの新型五インチ五四口径砲を単装砲塔としたＭｋ42完全自動砲をはじめて搭載した。本砲を前後に各一基、さらに三インチ五〇口径連装砲とＭｋ108ランチャー各一基を、それぞれ前後に配している。また、各舷に固定式対潜発射管二基を装備している。

機関は八万軸馬力、速

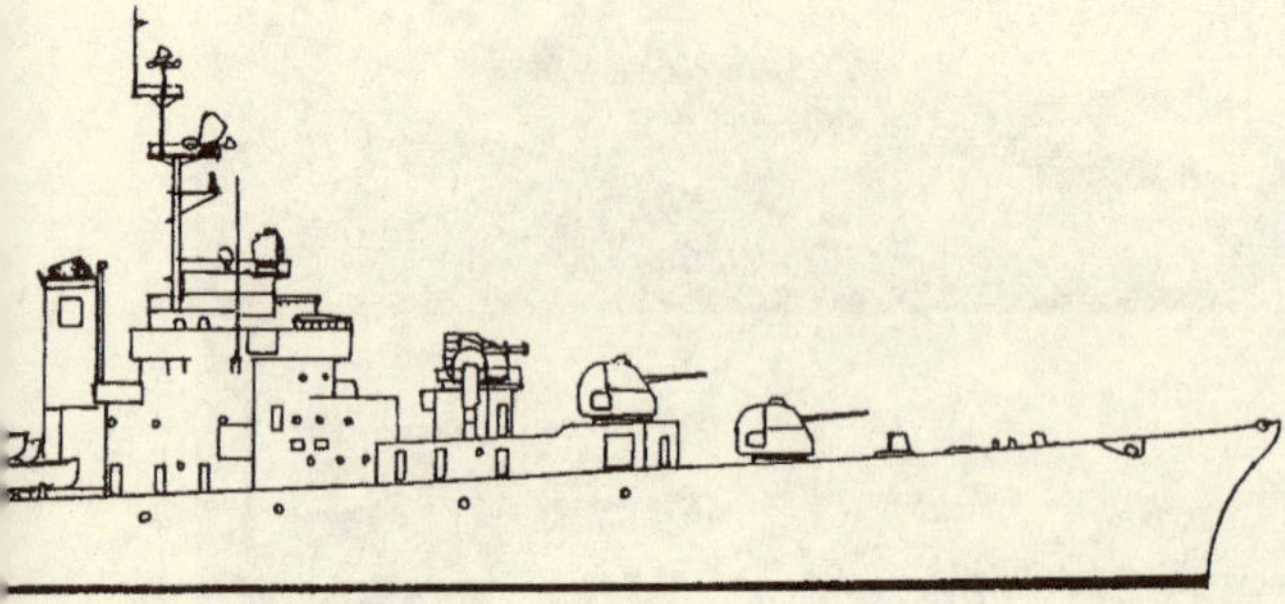

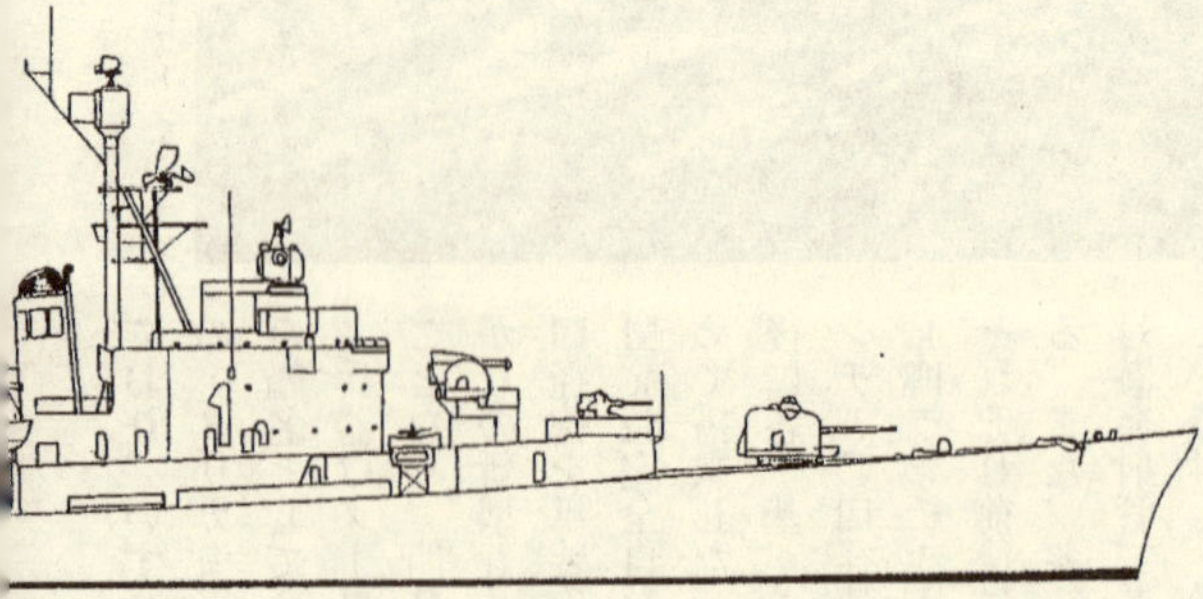

第71図　フリゲイト・ノーフォーク（1953年）

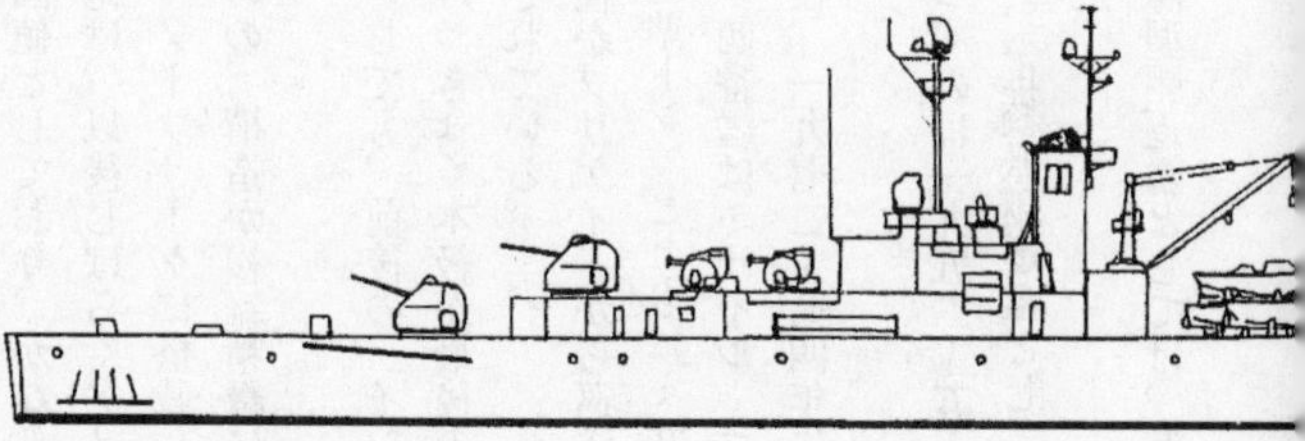

第72図　駆逐艦ミッチャー（1953年）

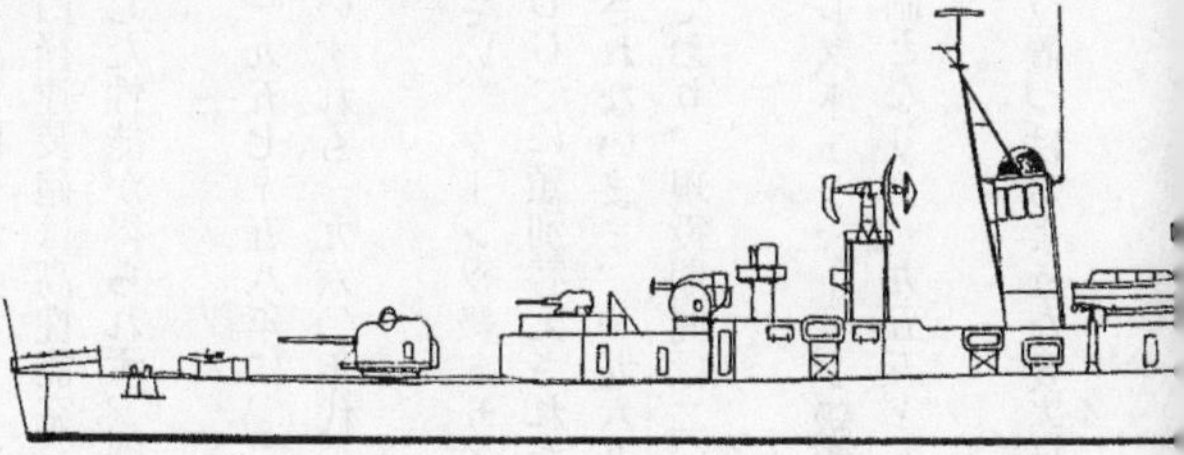

力三五ノットを計画値としており、かなりの高圧高温缶を採用していた。Mk42五インチ砲は、以後しばらくアメリカ海軍における標準的砲熕兵器として広く採用されるにいたるが、ノーフォークに搭載した三インチ七〇口径連装砲は高性能完全自動砲として期待されたものの、構造が複雑精緻になりすぎ、安定した性能が得られず、開発は中止されてしまった。

ミッチャー級に対しても、前後の三インチ五〇口径砲を一九五七～五八年に、この七〇口径砲に換装した。けっきょく本級が最後の搭載艦となり、いずれも一九六〇年代の近代化改装にさいして撤去されている。

本級はのちに艦種がフリゲイトから巡洋艦に変更されたさい、クーンツ級ミサイル・フリゲイト（四七〇〇基準トン）とともにミサイル駆逐艦（ＤＤＧ）に類別替えされた。ただし、ミッチャー級の三、四番艦はミサイル・フリゲイトに改装されないまま、一九六九年にフリゲイトの艦籍で退役、一九七二～七四年にスクラップされており、現役期間は二〇年に満たなかった。

ミッチャー級につぐのは一九五二～五三年度計画のフォレスト・シャーマン級駆逐艦（二八五〇基準トン）で、正統派駆逐艦としては戦後最初の計画となり、一九五五～五九年に同型一八隻が就役した。

本型は戦後の艦隊型駆逐艦としては、とくに超駆逐艦に位置づけるような要素はないが、アメリカ海軍における砲熕兵器を主兵装とした最後の駆逐艦ということになった。

ダーリング・クラス

この時代、イギリス海軍では終戦時いらい、えんえんと工事をつづけてきたダーリング級駆逐艦が、一九五二〜五三年にやっと完成するにいたった。

大戦中の一九四四年計画になる本級は、当初は基準排水量三五〇〇トンという超大型駆逐艦として計画されたというが、最終的にバトル級をいくぶん拡大した基準排水量二七五〇トン以下とされ、一一・三センチ連装砲三基を主兵装とした艦型に修正されて、一九四五〜四九年に同型八隻が起工され、他の同型八隻は終戦時にキャンセルされた。

本級は基準排水量二六一〇トン、全長一一九メートル、イギリス海軍の建造した最大の駆逐艦として、完成時には駆逐艦を超えた艦種として、わざわざ「ダーリング・クラス・シップ」という特別なカテゴリーをもうけて、一般の駆逐艦と区別していた。たかだか二六〇〇トン級駆逐艦に、こうした特別あつかいはいささか滑稽だが、一九五八年にいたって、やっと駆逐艦艦種にもどされた。

建造に最長七年もかけたのも、戦後の新装備を模索していたのかもしれないが、けっきょくは一一・三センチ連装砲三基、四〇ミリ機銃連装三基、五三センチ五連装発射管二基、対潜兵装スキッド一基という、対潜型駆逐艦の域を脱することはできなかった。

機関出力五万四〇〇〇軸馬力、三四・七五ノットを計画値としていたが、公試で三四ノットを超えたのは二艦しかなかった。

構造的には全溶接構造が採用され、前部煙突をラティス（格子）マストの内部につつみこんだマック構造は、前級のウエーポン級からの踏襲であった。他に同型三隻がオーストラリア海軍で建造されたが、いずれも現役期間は短く、一九七〇年前後に除籍または売却されている。

一九六九年にペルーに売却された二隻は、一九七〇～八〇年代に対艦、対空ミサイル、ヘリ甲板装備などの近代化改装を数回にわたりほどこされ、二〇〇六年まで保有されていた。

戦後の一九五〇年代に各国で建造された二六〇〇トン級駆逐艦は五指にあまるが、フランスのスルクフ級二七五〇基準トン一七隻、イタリアのインペツオソ級二七七五基準トン二隻、オランダのフリースランド級二四七六基準トン八隻、スウェーデンのハルランド級二七三〇基準トン二隻、ベネズエラのネウバ・エスペルタ級二六〇〇基準トン二隻、ソ連のコトリン級二六六七基準トン三一隻（改造艦をふくむ）がある。

ソ連のスコーリイ級については、これまで二六〇〇トン級といわれていたが、最近のロシア側の資料では二三〇〇～二四〇〇基準トンとされており、いくぶん小型であったらしい。

ただこの時期、ソ連には西側でタリンとよばれた大型駆逐艦の存在が知られていた。本艦は一九五五年にレニングラードのツダノフ工廠で完成した一隻のみの試作艦であった。基準

（上）オーストラリア海軍のダーリング級ボエジャーとベンデッタ
（下）タリン

排水量三〇一〇トン、全長一三三・八メートルの大型駆逐艦であり、もちろんこの時点では過去最大のソ連駆逐艦であった。

兵装はのちのコトリン級の原型ともいえる一三センチ連装砲二基、四五ミリ機銃連装四基、二五ミリ機銃四連装二基、五三センチ発射管五連装二基、一六連装対潜ロケット発射機二基を装備していた。高い乾舷の水平甲板型船体、艦橋上に大型のドーム状射撃指揮装置をもち、太く強く傾斜した低い二本煙突など、きわめて精悍な外観をもっていた。

機関出力六万六〇〇〇軸馬力、速力三三・五ノットを計画値としていたというが、実際は三六ノットを目

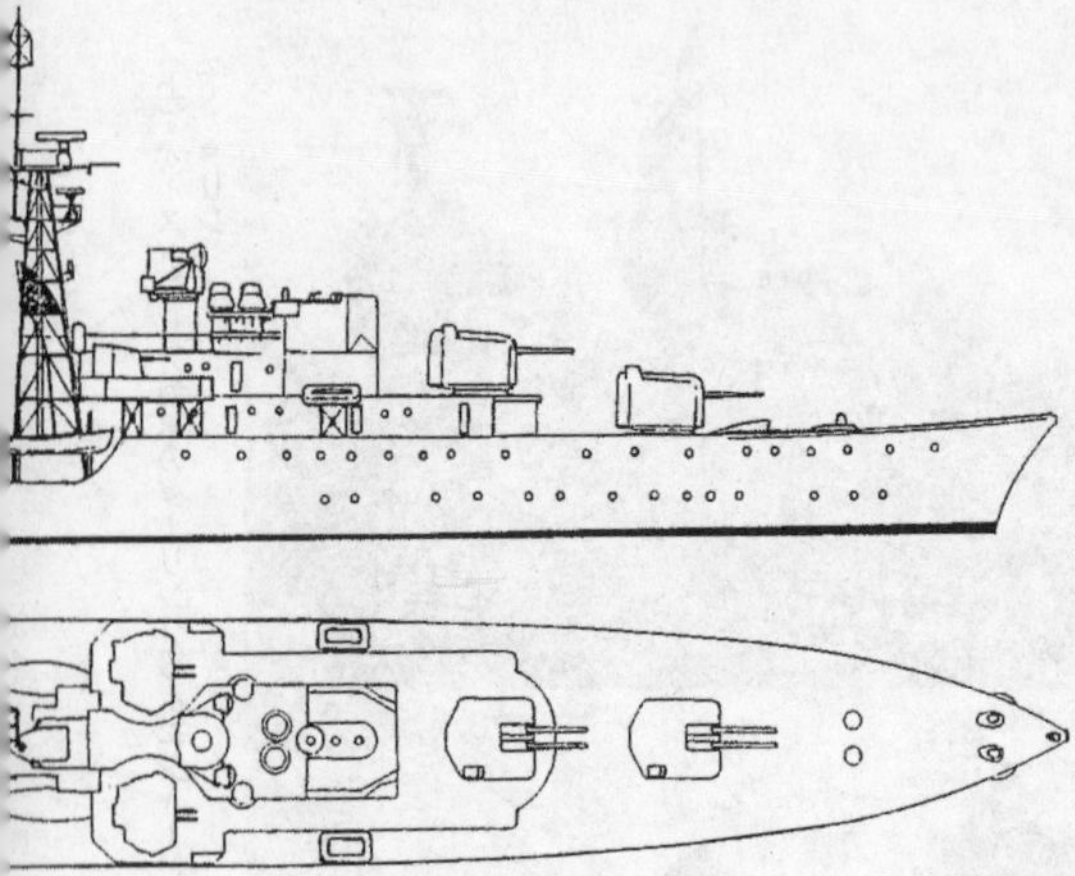

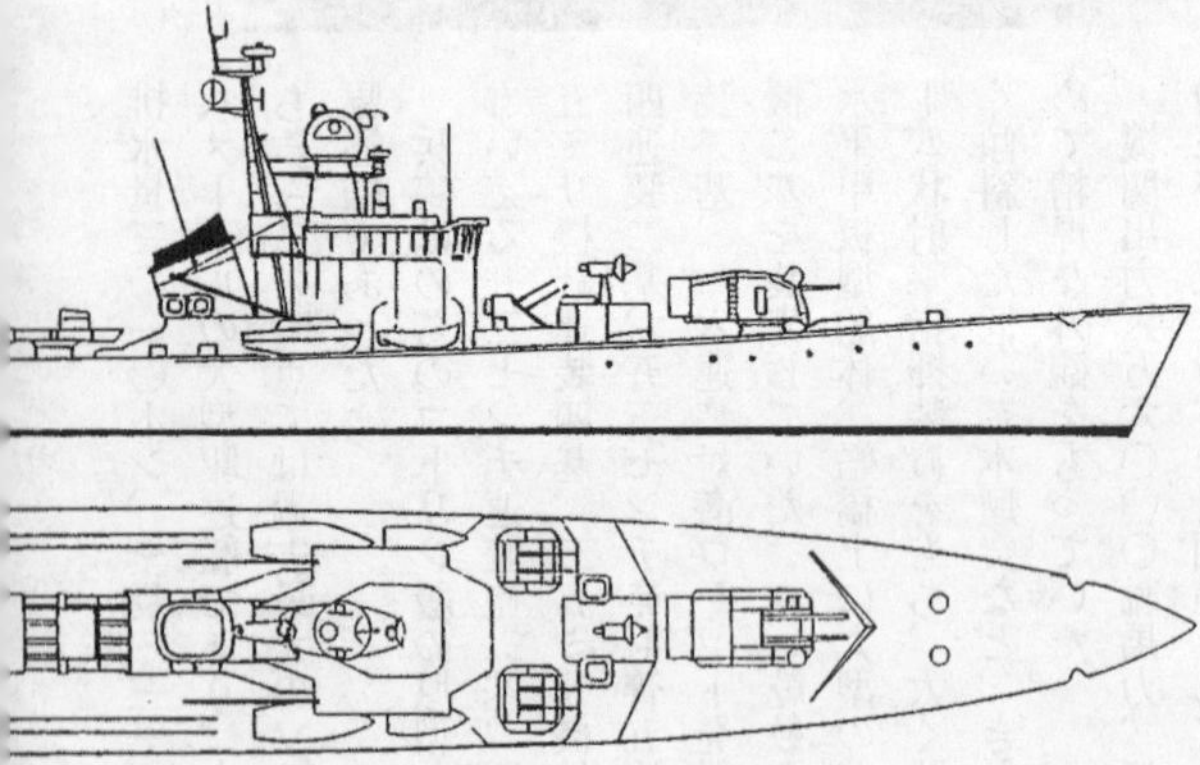

第73図　ダーリング級駆逐艦（イギリス・1952年）

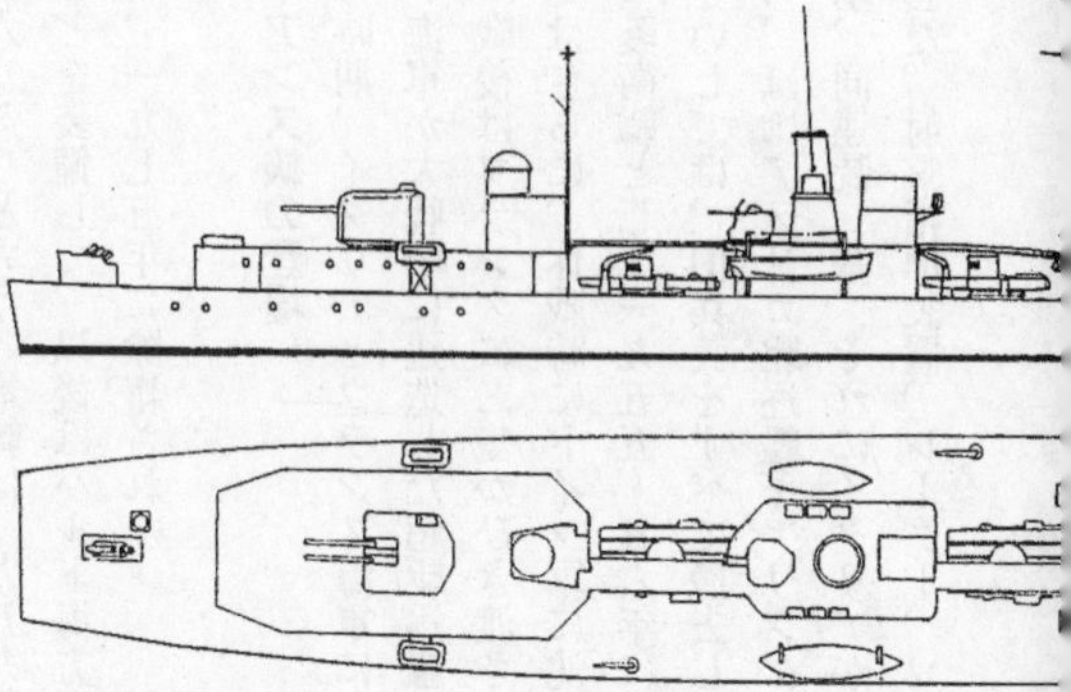

第74図　兵装換装後のタリン（ソ連・1960年）

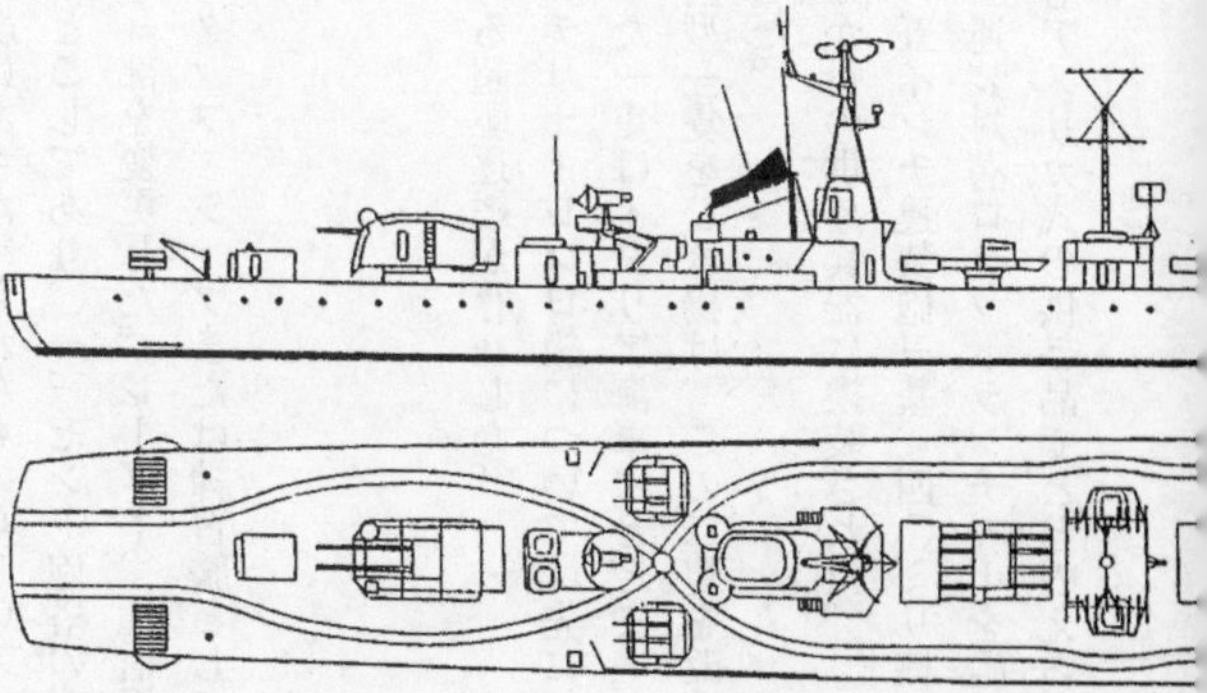

標値としていた。しかし、推進器と舵の不具合から目標を下まわり、この結果、当初に予定していた同型艦一一〇隻量産計画は中止され、コトリン級にあらためられたものらしい。

本艦は艦橋と甲板室の一部に八~二〇ミリの装甲をほどこしてあり、一三センチ砲塔のシールド厚は六八ミリという。本艦は一九五九年に兵装の一部を変更した。レーダー、通信用アンテナなどを装備して、以後はバルト海方面艦隊のスタッフ・シップまたは練習艦としてもちいられ、一九七五年に除籍された。

スプルーアンス級の登場

またこの時期、イタリアとフランス海軍には、特長ある超駆逐艦が存在した。

イタリア海軍が大戦中に建造した超駆逐艦的軽巡アッテリオ・レゴロ級については先に紹介したが、戦後はフランスに二隻がひき渡され、のこった一隻はイタリア海軍にとどまった。イタリアではさらに、休戦時にドイツ軍に沈められた同型一隻をひき揚げ、この二隻を改造して艦隊型護衛艦として一九五五~五六年に再就役させた。

改造にさいしては、旧兵装をすべて撤去し、アメリカからの供与兵器に換装された。すなわち、ほぼアメリカ駆逐艦ギアリング級と同等の五インチ連装砲三基、四〇ミリ機銃四連装四基、同連装二基、それにイタリアが開発した三連装対潜ロケットランチャーを艦橋前に装備した。射撃指揮装置、レーダー、ソナーなどもアメリカ式の供与品でととのえられ

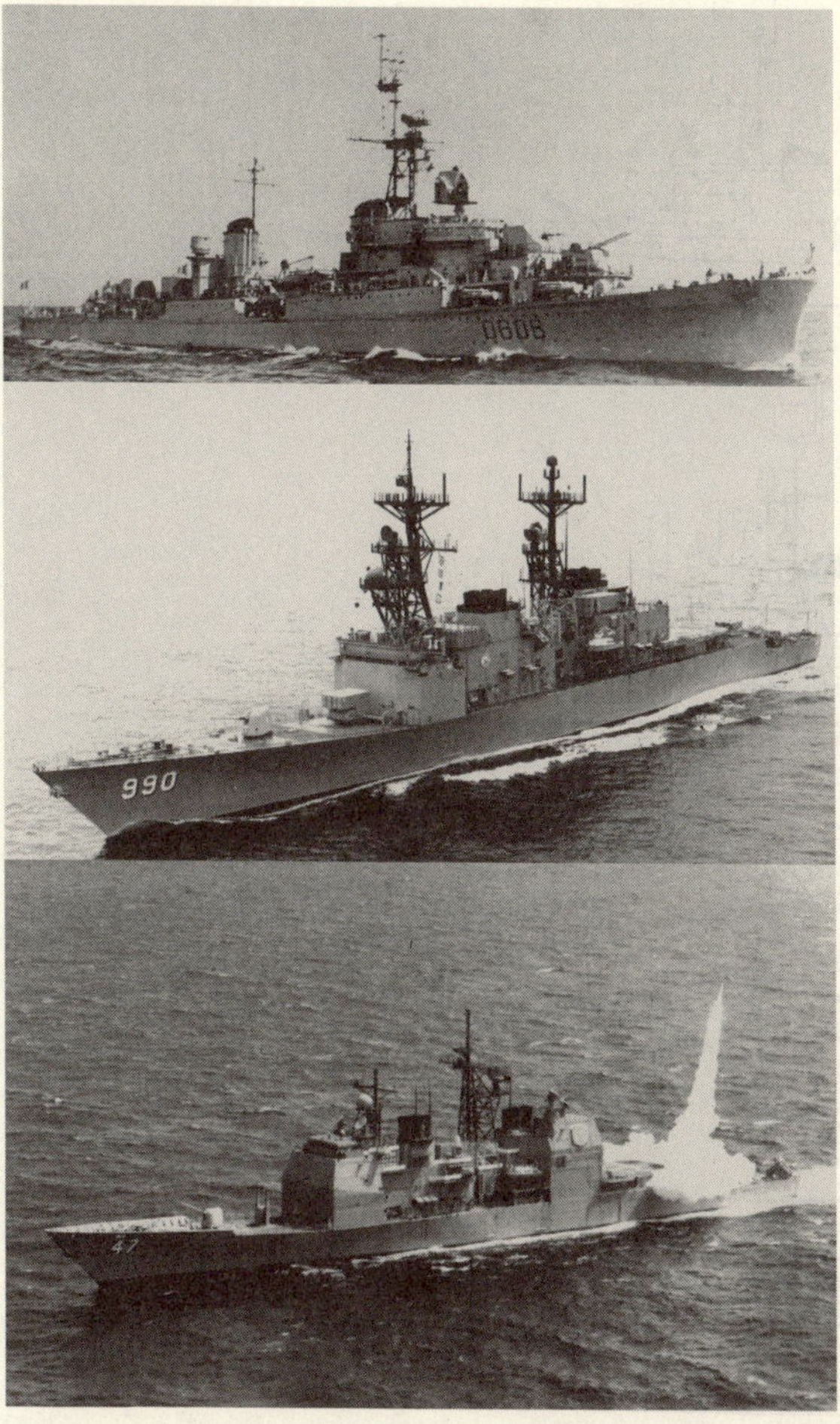

上からシャトールノー、スプルーアンス級インガルソル、タイコンデロガ

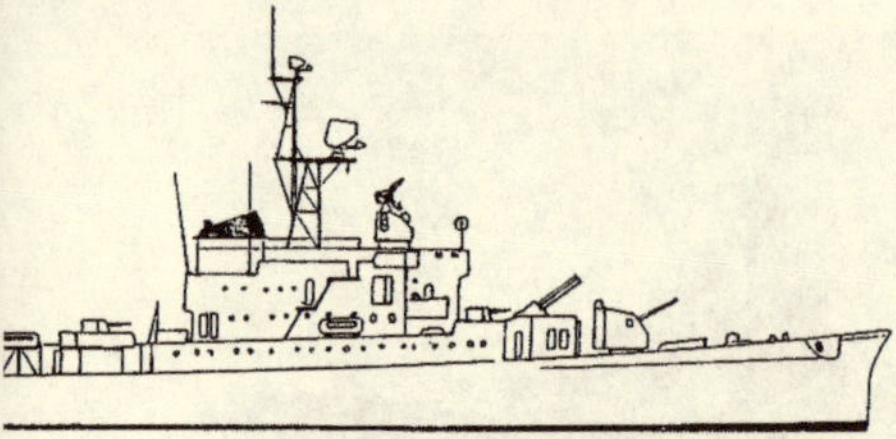

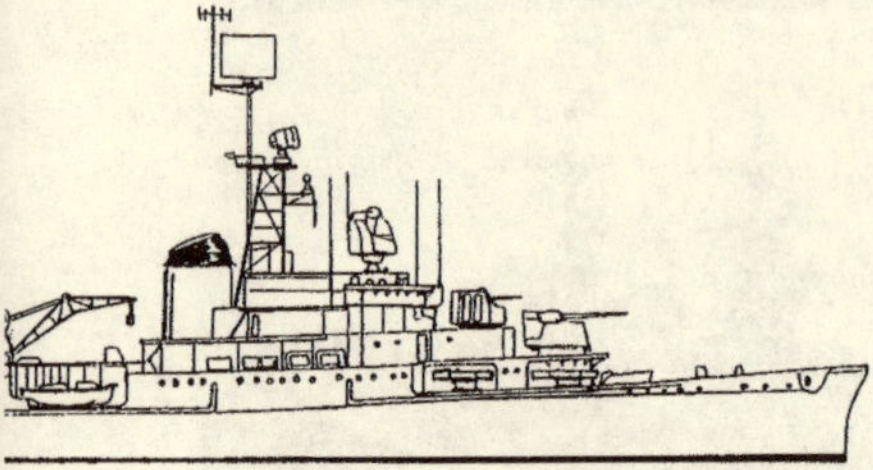

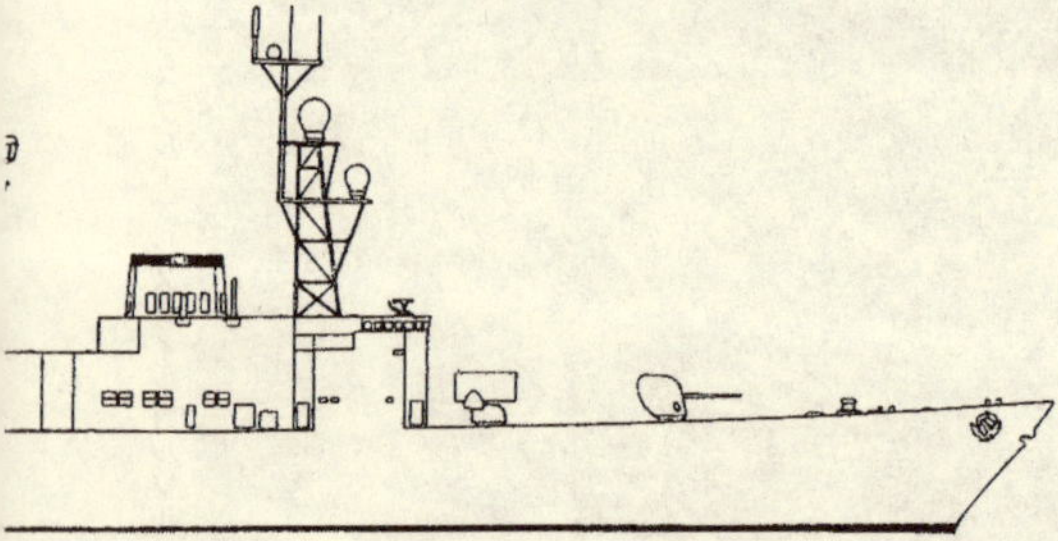

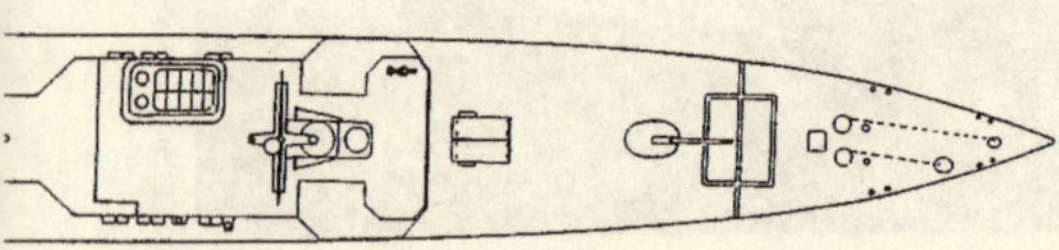

第 75 図　艦隊護衛艦サンマルコ（イタリア・1955 年）

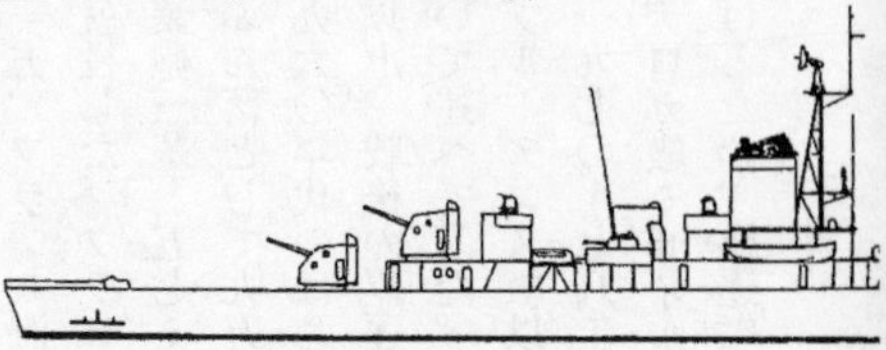

第 76 図　艦隊護衛艦シャトールノー（フランス・1954 年）

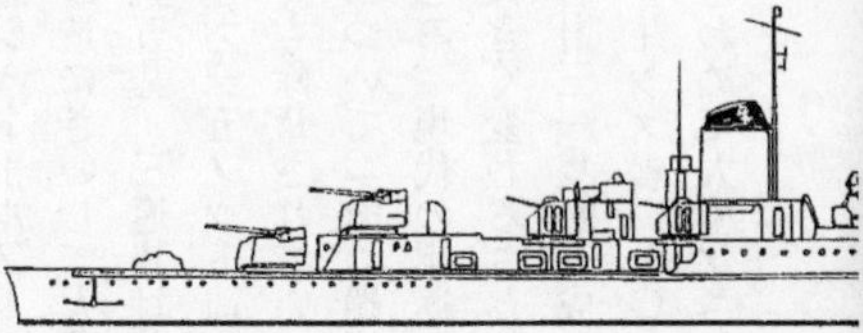

第 77 図　スプルーアンス級駆逐艦（アメリカ・1975 年）

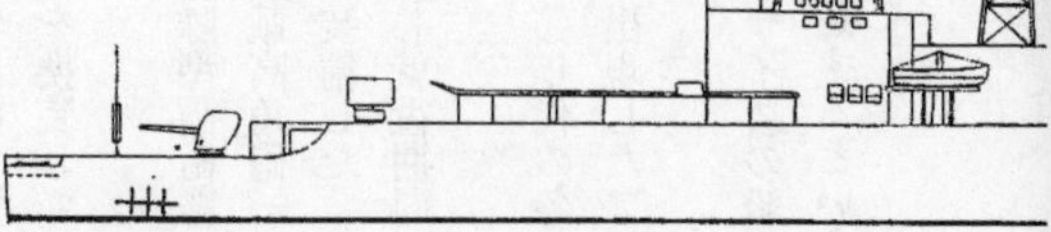

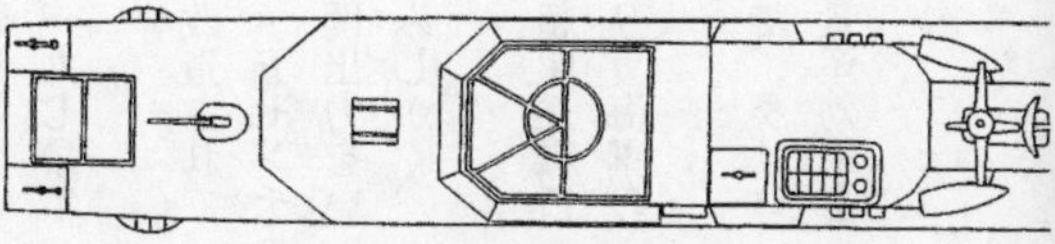

ていた。
機関はもとのままで、改造公試で三九～四一ノットを発揮して超高速ぶりに変わりはなかった。艦名は、いずれもサンマルコとサンジョルノと改名されていた。

イタリア海軍における艦種は一九五七年に「偵察艦」、一九五八年には「嚮導駆逐艦」とあらためられた。一九六〇年代なかばに再度改装され、兵装と主機を換装して、一九七〇年代はじめまで士官候補生の練習艦としてもちいられた。

一方、フランス海軍の同型艦シャトールノーも、一九五四年に艦隊型護衛艦に改造されて再就役した。フランスでは、改造にさいして大戦中のドイツ海軍艦載高角砲一〇・五センチ連装砲三基と五七ミリ連装機銃五基、三連装対潜魚雷発射管四基を装備した。機関出力をいくぶん落として九万軸馬力、速力三五ノット前後としていた。ただし就役期間はみじかく、一九六〇年代のはじめには早くも除籍されている。

以上、戦後の駆逐艦の趨勢について、その端緒というべき一九五〇年代の各国超駆逐艦について述べてみた。いずれにしろ、現代の駆逐艦は一九七〇年代に出現したアメリカ海軍のスプルーアンス級以降より、大きく変わることになる。

一九七〇～七八年度計画で合計三一隻が完成した本級は、おなじサイズの船体で、タイコンデロガ級ミサイル巡洋艦（イージス艦、七〇一九軽荷トン）を建造するという量産効果をあげるため、駆逐艦としてはきわめて大型化されることになった。

すなわち、巡洋艦より大型の駆逐艦が出現するにいたって、水雷艇駆逐艦から出発して、ここまで発展してきた駆逐艦ではあるが、いまだ伝統的に駆逐艦を名乗っているものの、その実態は艦隊護衛艦として、きわめて汎用的な対空戦闘、対潜戦闘、対水上戦闘、さらに対地戦闘をもこなす、オールマイティな戦闘艦に位置づけられるのが現代の超駆逐艦ということになる。

もちろん、こうした現代の超駆逐艦はそう多くはない。強いてあげれば、アメリカ海軍のアレイ・バーク級ミサイル駆逐艦がこの資格を有するといえよう。

サイズ的には十分な日本の「こんごう」型駆逐艦は対地戦闘の能力に欠けており、対潜へリをもたないのも不満である。ロシアのウダロイ級もおなじく対地戦闘能力におとり、おなじロシアのソブレメンヌイ級は対潜戦闘能力が弱く、現代のスーパー・デストロイヤーと位置づけるにはいささか駒不足である。

以上、古今東西の超駆逐艦について論じてみた。超駆逐艦という語句は日本ではあまりポピュラーではないが、英語でのスーパー・デストロイヤーという語句は英語の文献でよくみかけるもので、その歴史も長い。その定義はさまざまだが、ここで述べたのは筆者の個人的見解であり、他の解釈をさまたげるものではない。

標的艦

より正確な砲術のために

軍艦が大砲を主な攻撃手段として以来、射撃訓練はつねに軍艦の錬度向上の最たるものとされてきた。

軍艦が帆船時代にあっては、砲は多層の砲甲板に多数が装備され、近距離の目標にいかに短時間に最大弾量を打ちこめるかという、腰だめ射撃方式が主流で、砲の操作も、いかに早く、みじかい間隔で射撃を継続できるかが最大の眼目で、単独の砲の命中率の向上は、あまり意味のないことであった。

軍艦が大中小口径など、数種類の砲をそれぞれの目的にわけて少数を装備する、いわゆる装甲艦時代にはいって、個々の砲の威力が増してくると、必然的に遠距離から正確な射撃をおこなうことが求められるようになってきた。

そのためには、なんらかの標的をつくって、これを艦船で曳航するのを実目標にみたてて射撃することで、射撃訓練をおこなうのが一般化するにいたった。

標的は演習弾、ときには実弾射撃の目標になるわけだから、人が乗り組んで自走するわけにいかず、かつ、標的として仮想敵艦にちかい側面形状と、同等の面積をもつことが理想であった。このために、複数の標的船を連結して大型の側幕をもうけるなどの工夫はあったが、速力の点でも、こうした標的船には限界があった。

標的船については、またあらためて触れることにする。

一方で、昔からおこなわれてきた方法として、主に廃艦をもちいる実艦的射撃もあった。この場合は、射撃訓練というよりは、実弾により砲の威力を実際に確認調査する目的が主体で、次期艦艇の設計や砲や弾丸の開発に役立つデータを得るためである。

同様に、陸上または特定の海岸にもうけた射爆場などで、特定の砲や装甲板をもちいて、実射による破壊、貫通実験なども、技術的進歩のためには欠かせないことであった。

一方、一九一四〜一八年の第一次世界大戦は、工業技術上でおおくの進歩をもたらした。これらの技術のひとつに無線通信技術があった。

無線技術は、日露戦争時には遠距離通信手段として、多くの艦船が装置を装備して有効にもちいられたが、第一次世界大戦では、さらに多くの進歩が見られた。とくに英独における技術レベルは、当時の日本よりかなり進んでいるとみられていた。

英国生まれの無線操縦艦

こうした技術的レベルを背景に、イギリス海軍では世界最初の遠隔無線操縦標的艦が出現したのは、一九二三（大正十二）年のことであった。

イギリス海軍においては、一九一八年ごろより艦隊側から実艦をもちいた本格的な標的艦の実用化をもとめられており、こうした訓練が射撃錬度の向上に不可欠とされていた。

これにたいして当初、キング・エドワード七世級戦艦のハーバニアが候補にあがったが、より新しいロード・ネルソン級のアガメムノン（一万五九二五トン）がえらばれた。

工事は一九二〇年十二月から翌年四月に実施された。工事はすべての備砲を撤去し、さらに艦上の通風筒、各種開口部などは撤去閉塞され、雑多な装置や構造物も撤去された。また、ボートデッキも撤去、短艇類はすべて撤去して、かわりにカーリー筏五隻を搭載した。撤去重量の代償として、約一〇〇〇トンのバラストが搭載された。

これらの最初の工事では、まだ無線操縦装置はなく、乗員一五三人が艦の操作に従事していた。こうした有人状態では、戦艦の主砲射撃は危険で、かつ船体にたいしても破壊力が過大なため、当初は航空機の機銃射撃標的や、六インチ砲以下の中小口径砲の演習弾射撃にもちいられた。

本艦に遠隔操作の無線操縦装置が装備されたのは、一九二二〜二三年の改造工事でのことであった。これにより、本艦は世界最初のラジオ・コントロール標的艦として認められることになった。

この時点では、本艦はワシントン条約の締結により廃棄艦にふくまれていたが、標的艦として存続を認められたものであった。

イギリス海軍では、一九二六年にキング・ジョージ五世級戦艦が、新戦艦ネルソン、ロドニーの完成により廃棄されることになり、そのさい、同型のセンチュリオン（二万三〇〇〇トン）がアガメムノンにかわって標的艦をひきつぐことになった。

工事は一九二六年四月から翌年七月におこなわれた。最初から遠隔操作の無線操縦装置がもうけられ、その他はワシントン条約の規定によって撤去改造された。

戦艦としての装甲は、標的艦の場合は存続を認められていたため、八インチ砲以下の演習弾射撃と、航空機の雷爆撃投下訓練にもちいられることになった。

こうした遠隔操縦の標的艦の場合、無線による操作は随伴する艦船からおこなうのが通例で、センチュリオンの場合は、戦時建造のS級駆逐艦のシカリが専属の操縦艦として配備されていた。本艦は一九三五年に、これまでの損傷部分の修復をかねて煙突の高さを短縮、艦橋部の縮小などの小改造がほどこされた。

一九三七年に予備役になり、第二次大戦にさいしては、新戦艦キング・ジョージ五世級のアンソンのダミーシップに改造されて、各地に派遣されて陽動作戦に従事、最後はノルマンディー上陸作戦で防波堤がわりとなって自沈処分されて果てた。

さて、この間、第一次世界大戦に敗れたドイツでは戦後、ベルサイユ条約により過酷な軍

上から戦艦アガメムノン、戦艦センチュリオン、標的艦センチュリオン

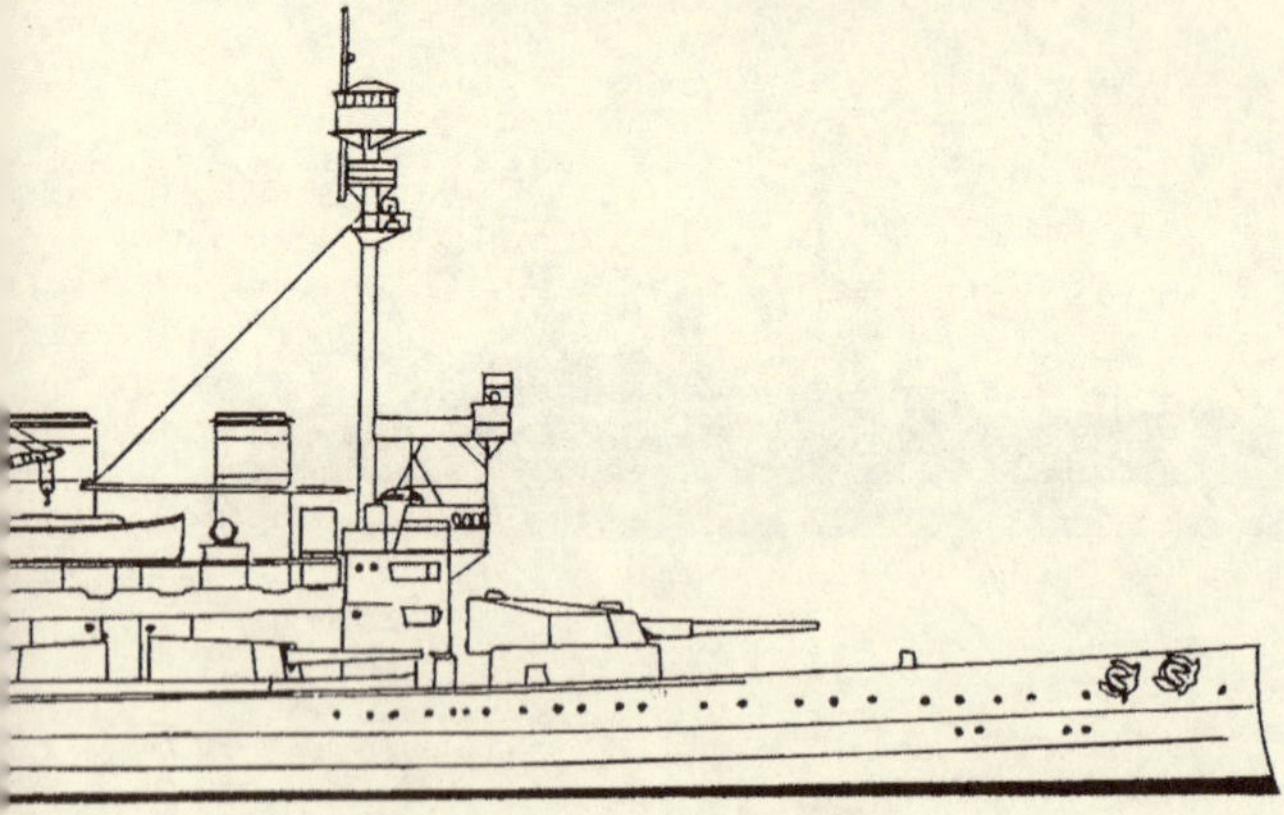

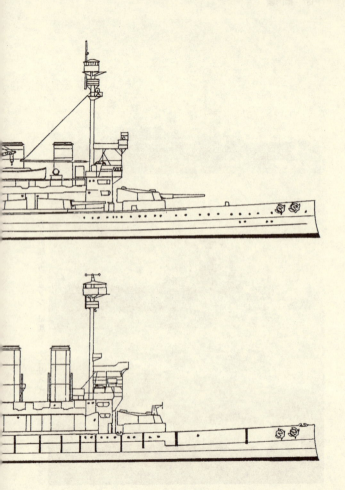

第78図　戦艦アガメムノン (1908年)

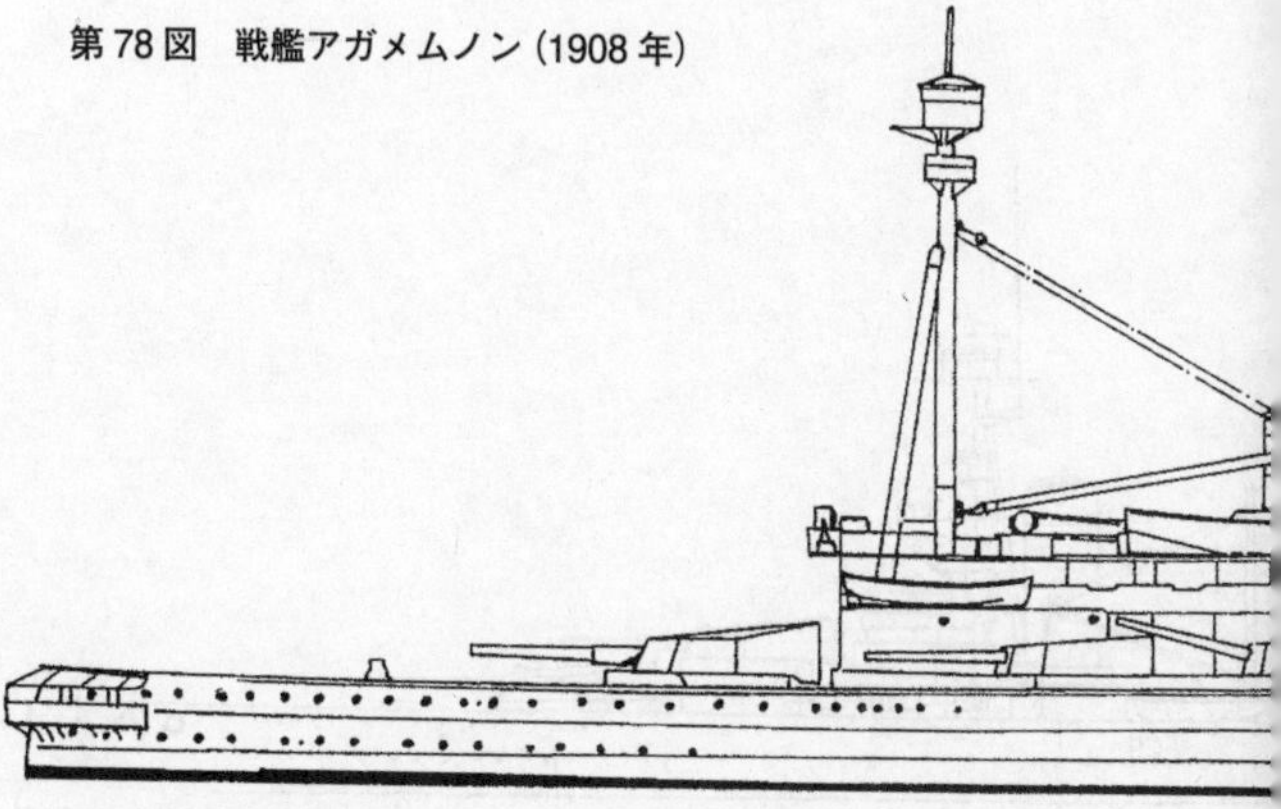

第79図　標的艦アガメムノン (1923年)

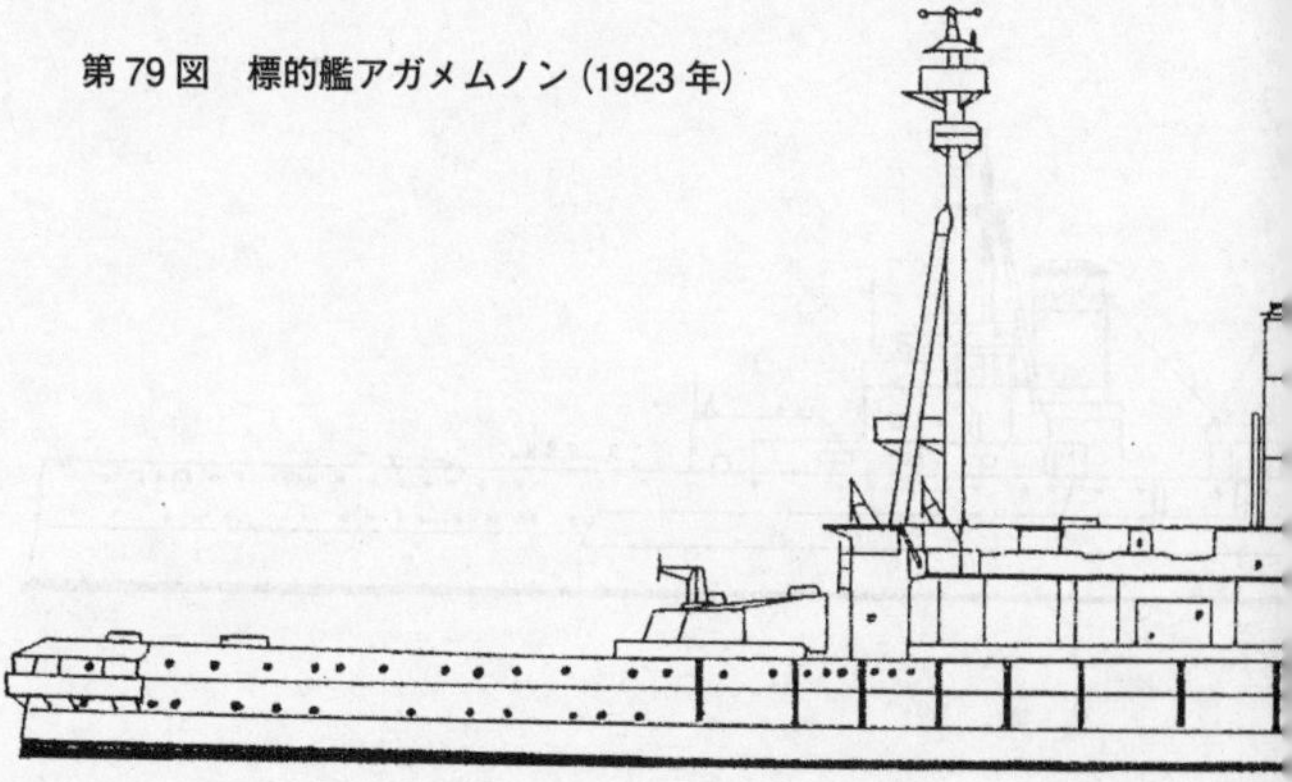

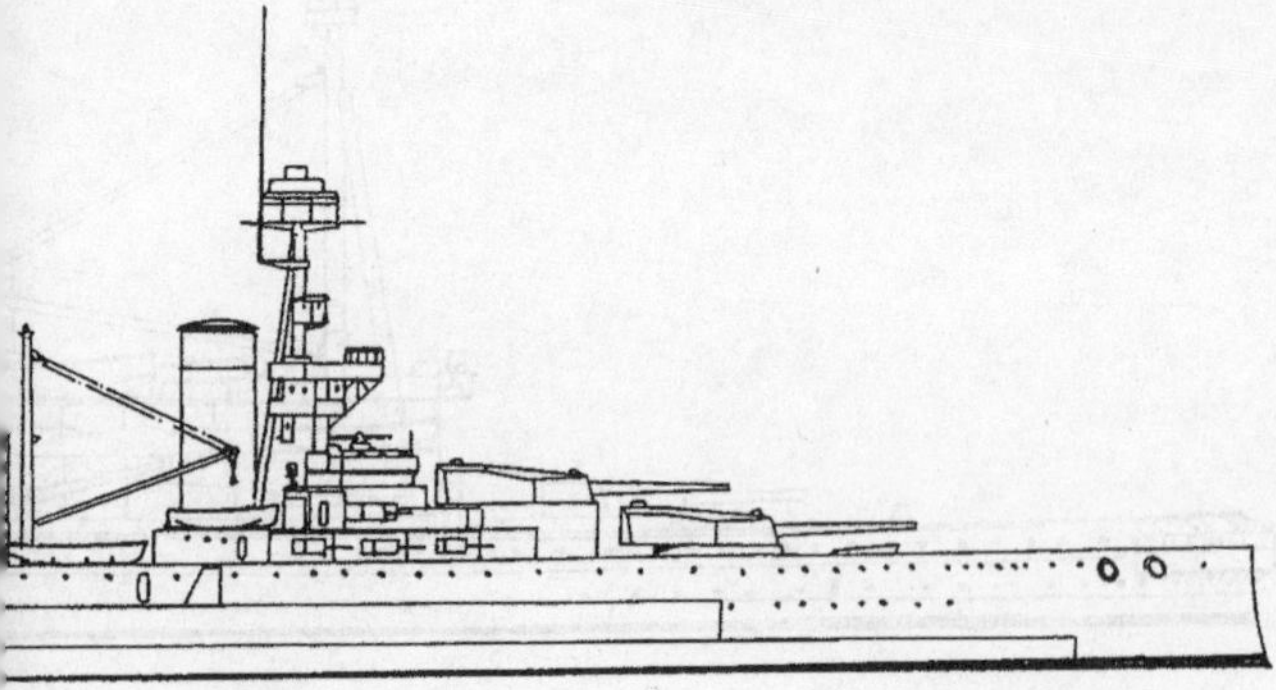

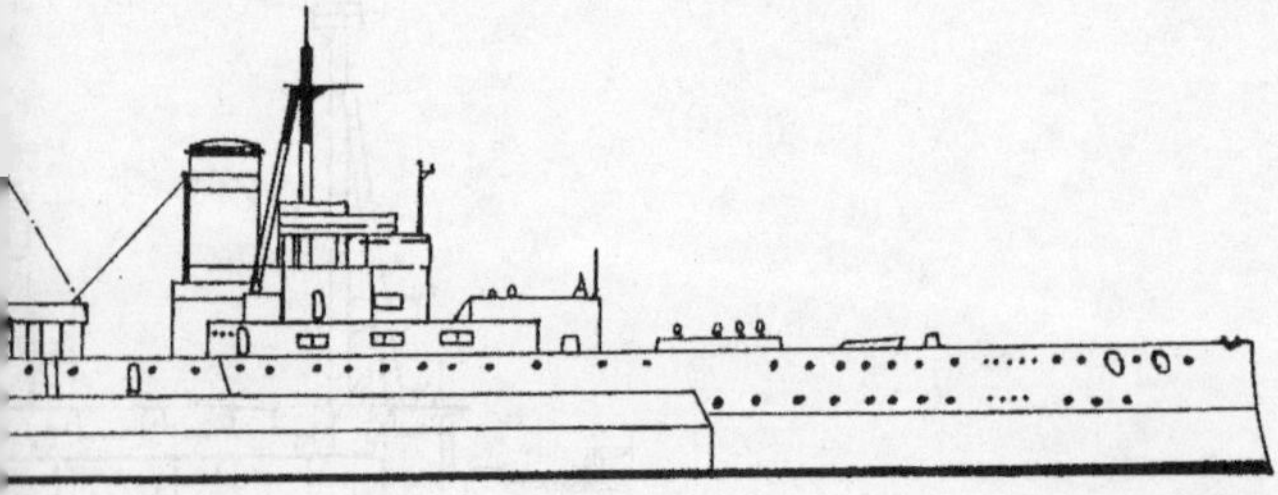

第80図　戦艦センチュリオン (1913年)

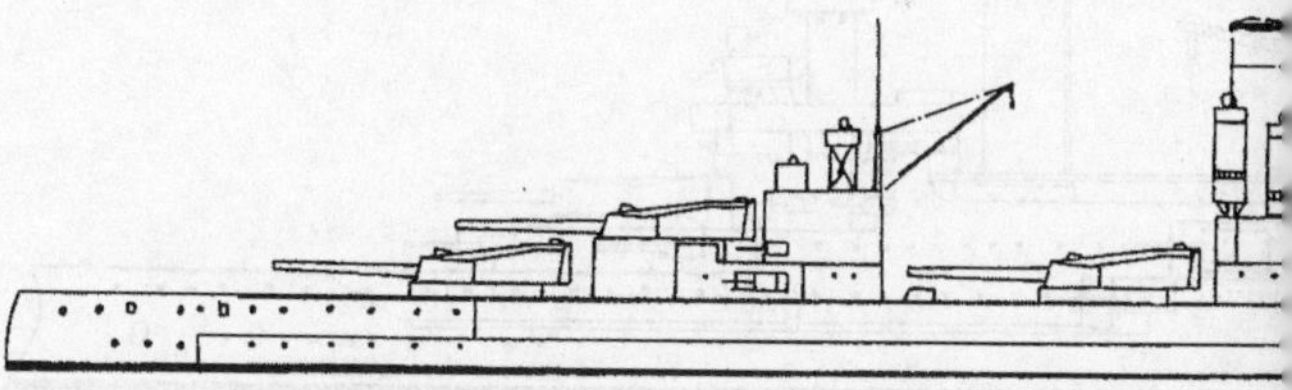

第81図　標的艦センチュリオン (1935年)

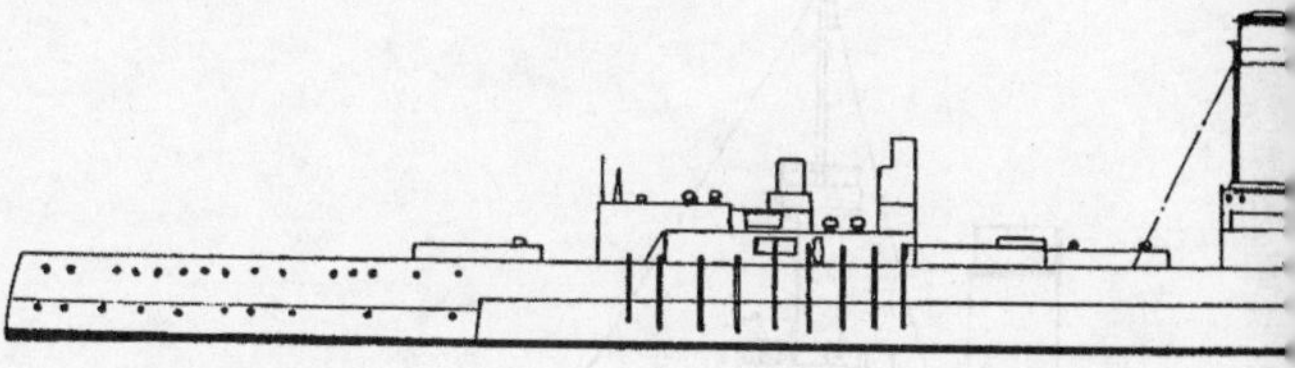

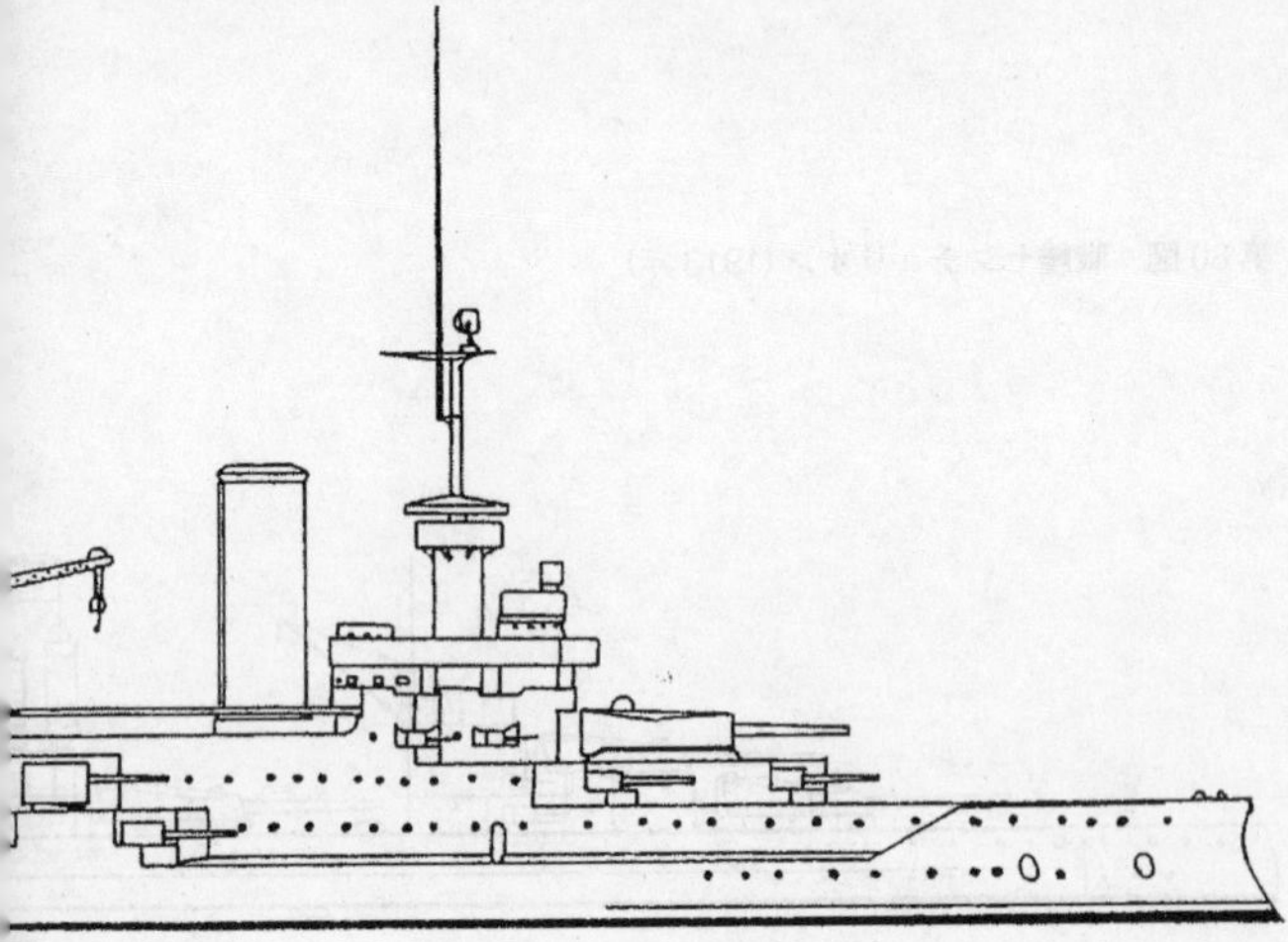

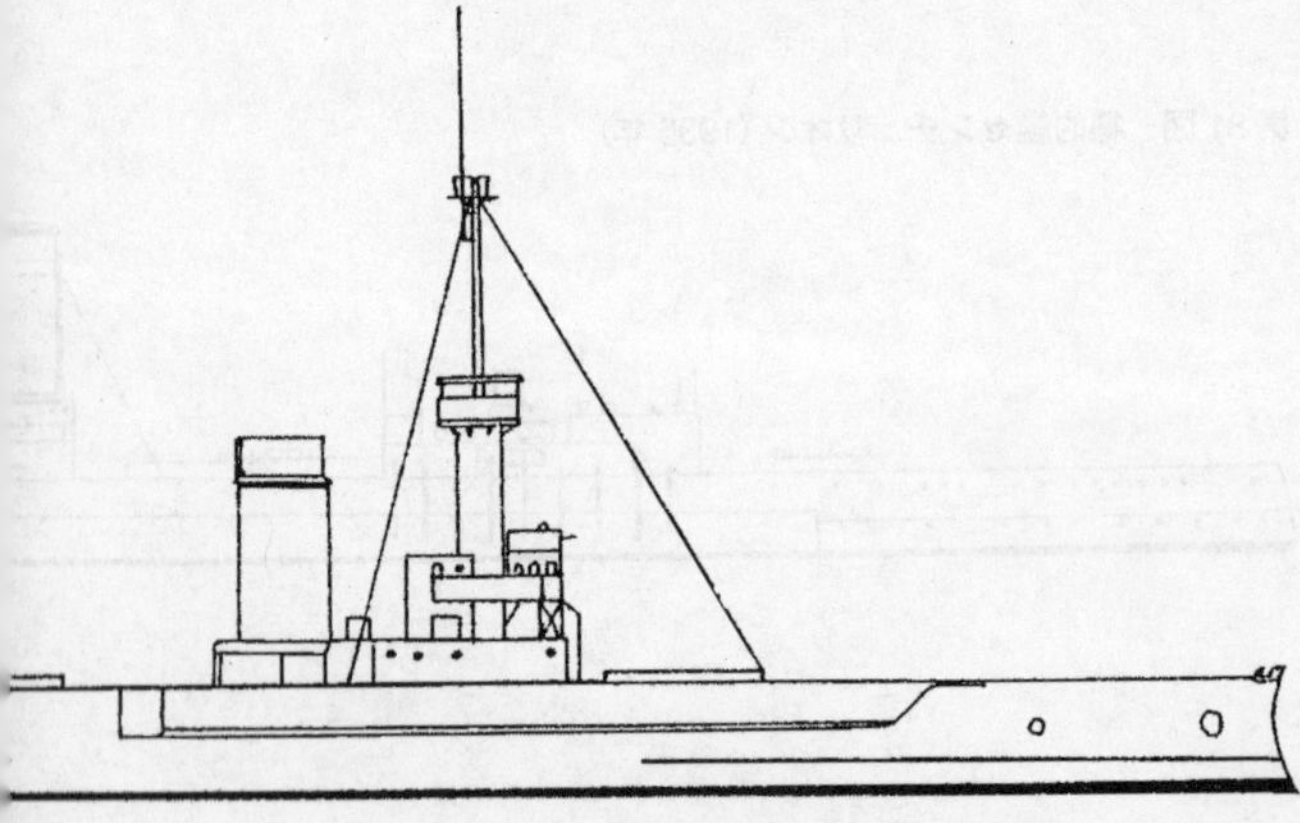

第82図　戦艦ツァーリンゲン (1902年)

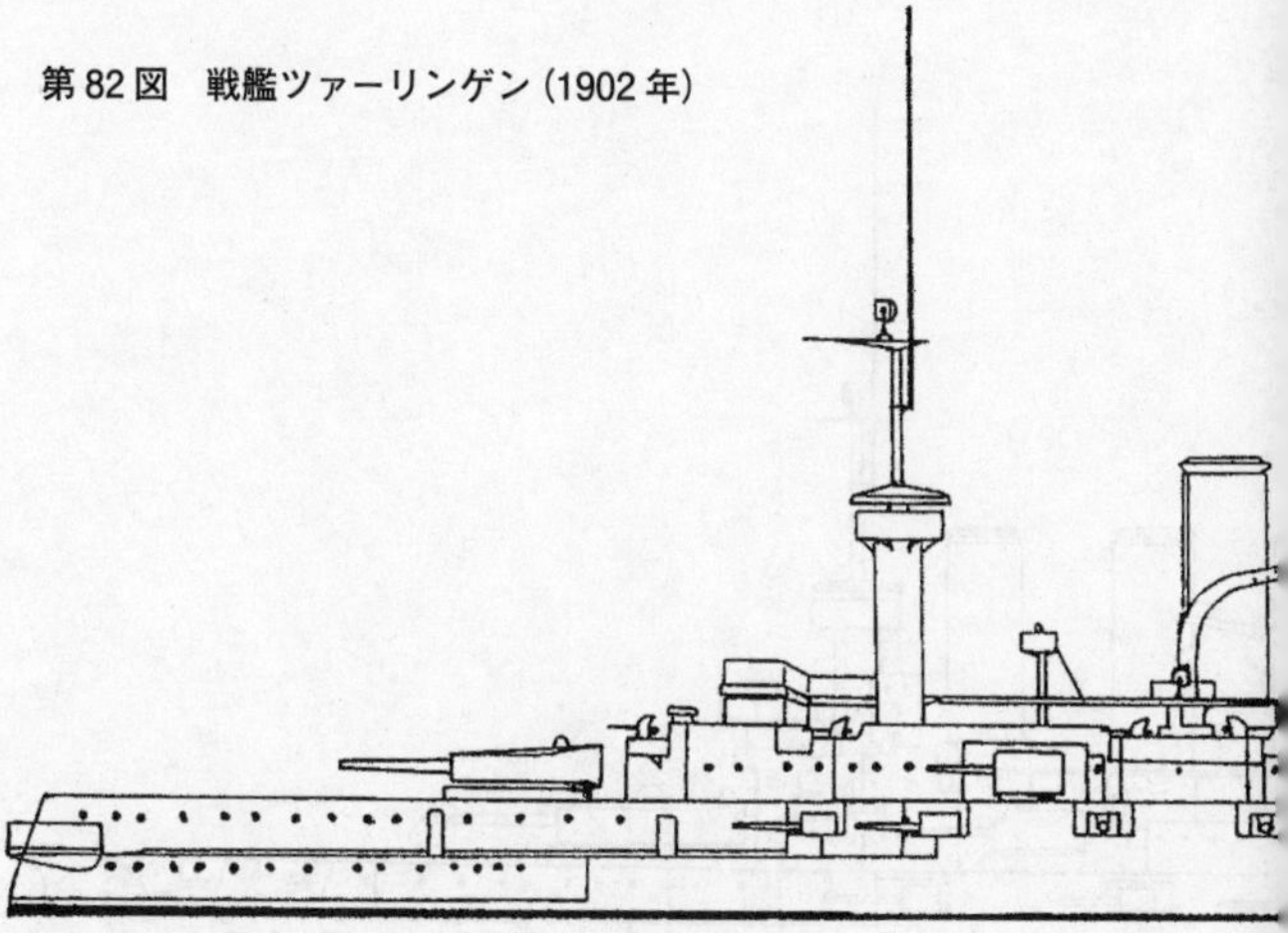

第83図　標的艦ツァーリンゲン (1927年)

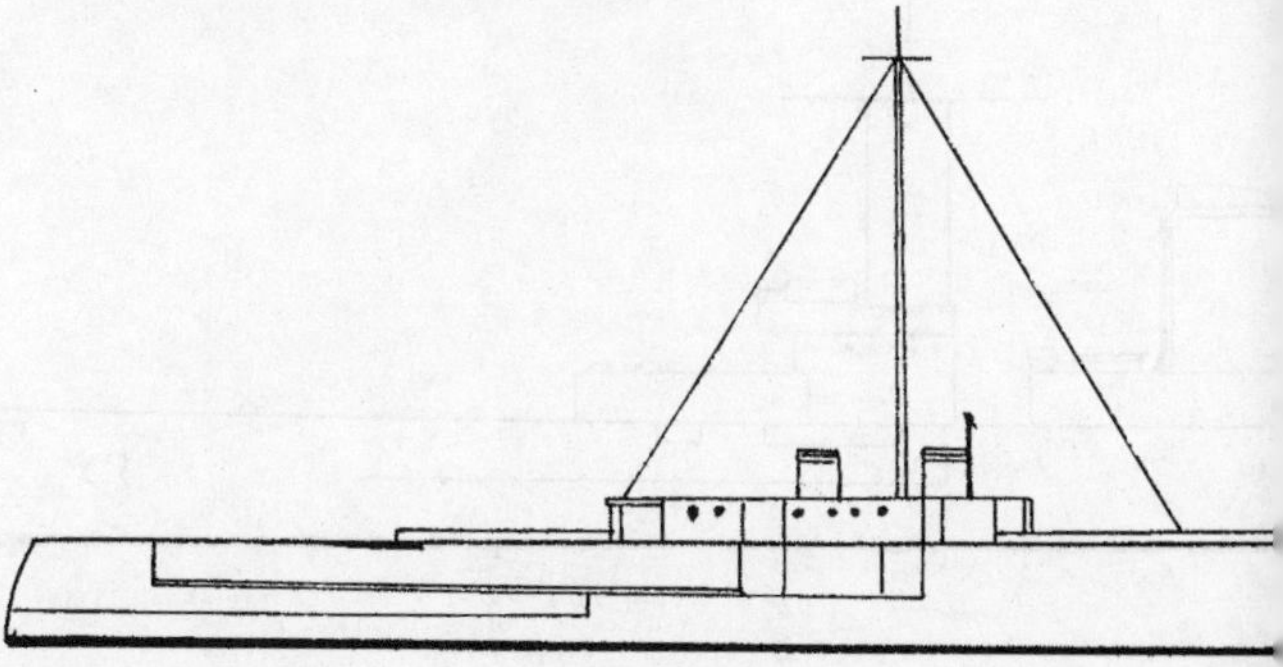

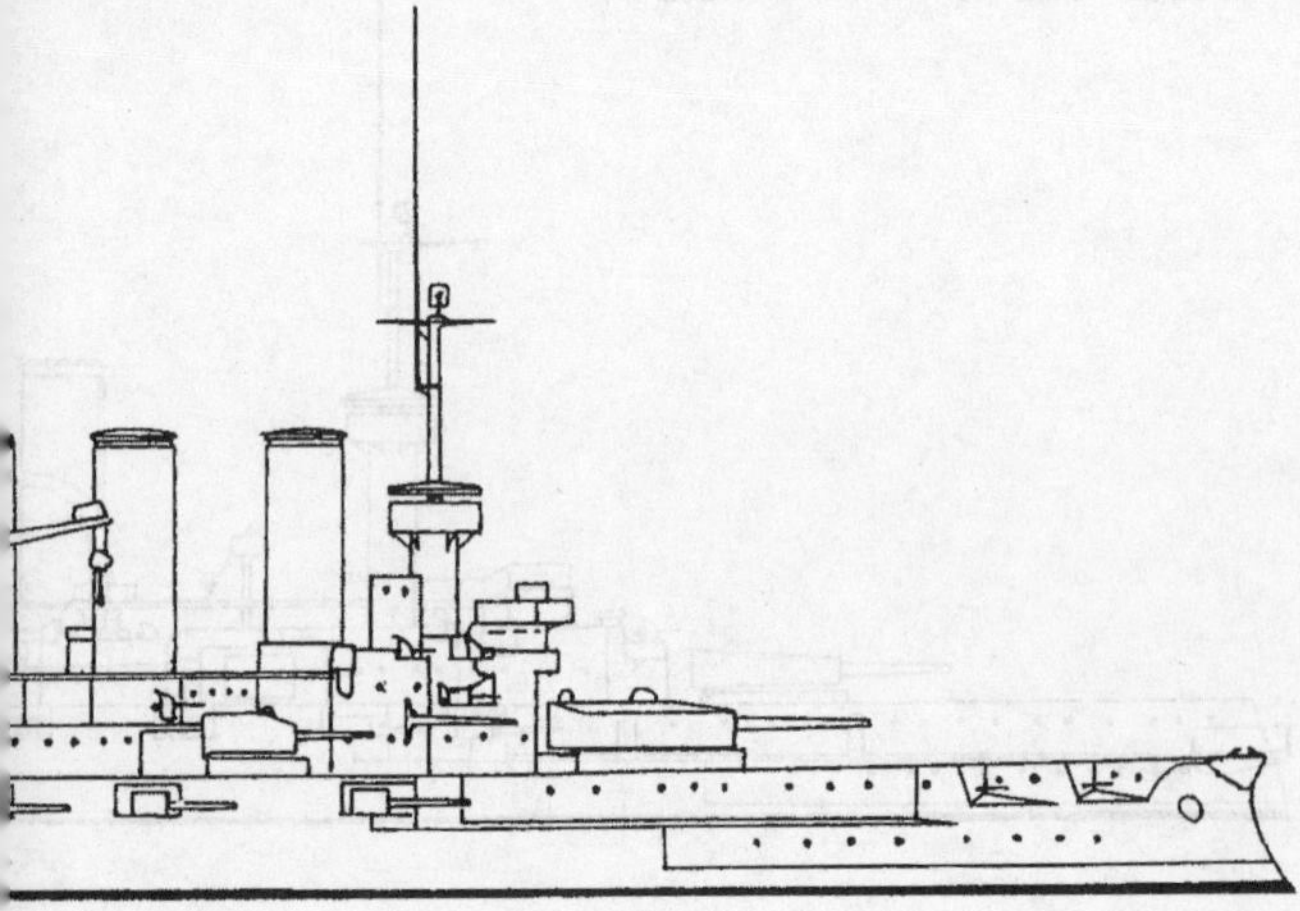

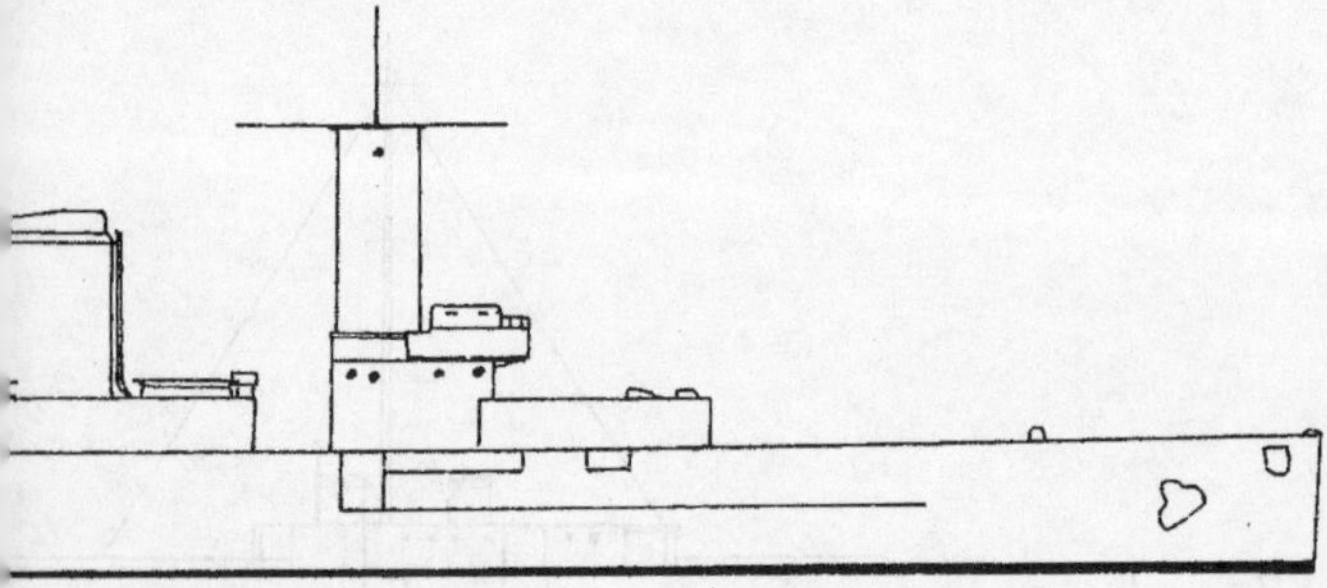

第84図　戦艦ヘッセン（1905年）

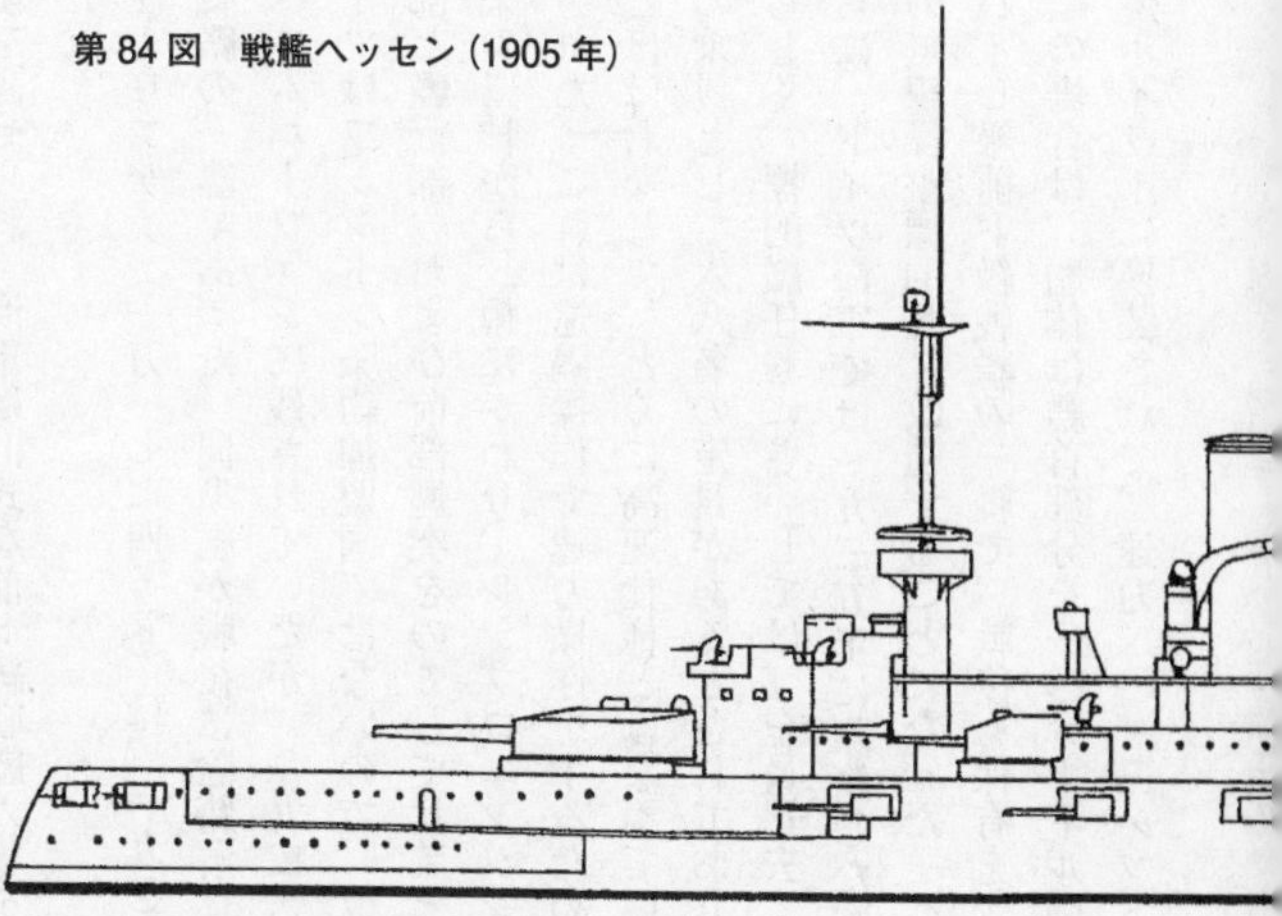

第85図　標的艦ヘッセン（1933年）

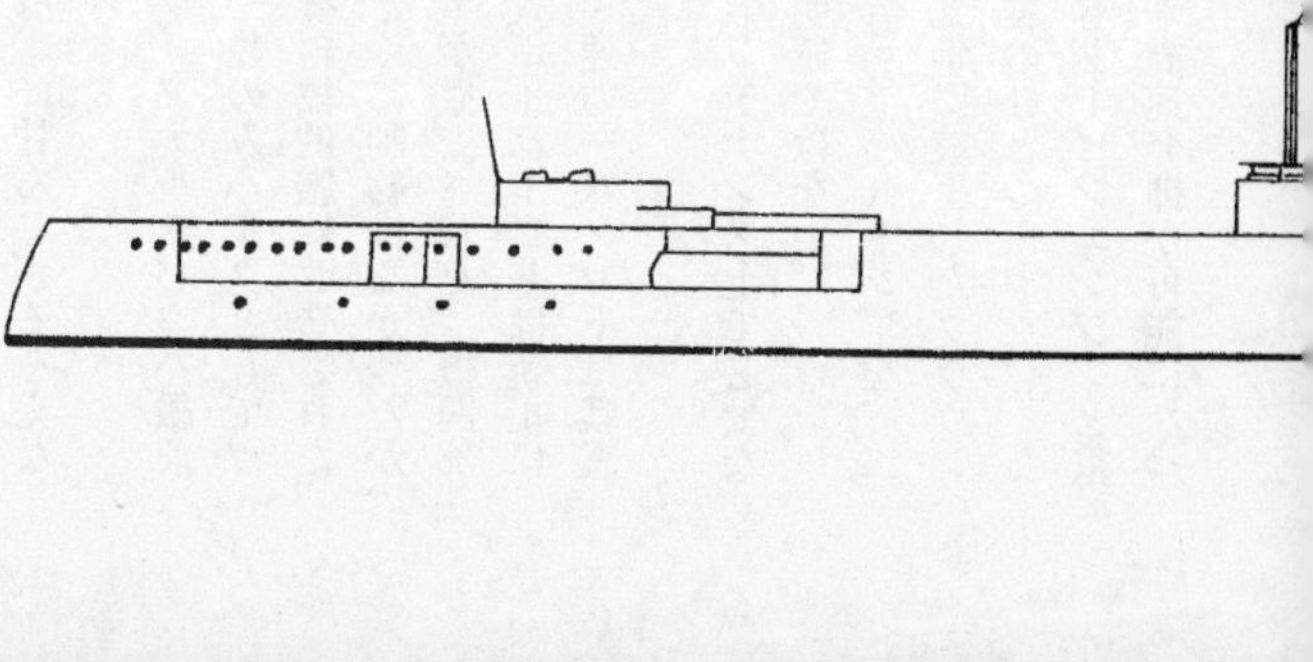

備制限を課せられ、海軍は旧式な前ド級戦艦六隻を中心とした弱小海軍に甘んじざるをえなかった。

ツァーリンゲン（一万一七七四トン）は、一九〇二年に完成したヴィッテルスバッハ級前ド級戦艦の一艦であった。同型艦が戦後に除籍解体されたさいに、一隻のみハルクとしてヴィルヘルムハーフェンに残されていたが、一九二六～二七年に無線操縦標的艦に改造された。ドイツはワシントン条約加盟国ではないので、改造にあたってはとくに制約はなかったが、前檣部と艦橋部、および前部煙突をのこして兵装と上部構造物の大半が撤去された。機関部は従来の三軸から二軸にかわり、レシプロエンジン二基と重油専焼式ボイラー二基は新規に換装された。これは遠隔操作で速力操作をするために必要であった。速力一八ノットは戦艦時代とほぼおなじで、とくに高速仕様とはなっていない。

艦の乗員として六八名の定員があるとされており、これらは艦のメンテナンス上で必要な要員らしく、標的艦任務にさいしては、全員退去するのかどうかは明確ではない。

さらに、ドイツ海軍では一九三五年に除籍した戦艦ヘッセン（一万三二〇八トン）を、二隻目の無線操縦標的艦に改造することになった。ヘッセンは一九〇五年に竣工したブラウンシュバイヒ級前ド級戦艦の一艦で、戦後も保有を認められた旧式戦艦のひとつだった。

本艦の場合は、船体は艦首部分を一〇メートル強延長し、機関部もタービンエンジンと重油専焼ボイラーに換装されて、速力二〇・三ノットと、戦艦時代より高速発揮が可能になっ

（上）戦艦ヘッセン。（下）標的艦ヘッセン

た。

上部構造物は標的としての形状から、ダミーの塔型前檣楼と大型の煙突を形成して、近代的艦型を装っていた。乗員定員は八〇名。

これらの標的艦を操縦するコントロール・シップとしては、ブリッツ、ピフェル、コメットの三隻があったが、いずれも戦前建造の旧水雷艇T185、T139、T123の後身で、遠隔操縦の専用艦に改造されたものである。

ツァーリンゲンは終戦直前にゴーテンハーフェンで被爆損傷し、同地で自沈した。ヘッセンはコントロールシップのブリッツとともに戦後、ソ連に接収されて同国海軍に編入、しばらく使用されたらしい。

真珠湾で沈んだ米標的艦

こうしたラジオ・コントロール標的艦は、他に日米海軍およびイタリア海軍にも存在した。

イタリア海軍は一九三一～三五年に装甲巡洋艦サンマルコ（一万七〇〇〇トン）を改造して、無線操縦標的艦にしたてた。サンマルコは一九一一年に竣工したイタリア海軍最後の装甲巡洋艦である。

二五センチ連装砲二基、一九センチ連装砲四基を搭載、速力二三・七ノットの仕様は、すでに巡洋戦艦時代にはいった当時としてはものたらなかった。しかし、巡洋戦艦を欠いていたイタリア海軍では、一九三〇年まで保有していたもので、同型のサンジョルジョは第二次大戦まで現役にあった。

本艦の場合、最初からタービン四軸艦であったので、改造にあたっては二軸に変更し、ボイラーも半数が撤去されて、速力は一八ノットにとどめられた。兵装はすべて撤去され、上構も前後の司令塔まわりをのこして削除された。新造時の四本煙突は、前後一本ずつを撤去して二本煙突になった。

コントロールシップとしては、一九一三年に建造された駆逐艦インパビドが兵装を撤去して改造された。

サンマルコはイタリア休戦時、ラスペチィア軍港でドイツ軍に捕獲された。終戦時は同地

（上）戦艦ユタ。（下）標的艦ユタ

にあり、戦後の一九四七年に解体された。

アメリカ海軍では一九三〇年のロンドン条約により廃棄することになった戦艦ユタ（二万一八二五トン）を、一九三二年に無線操縦標的艦に改造して就役させた。標的艦ユタは雑艦種としてAG－16のハル番号があたえられた。

ユタは廃棄の決まる直前に近代化改装をおえたばかりで、標的艦としての改装も、全兵装を撤去したほかは、主砲塔ものこされていた。船体舷側のケースメイト開口部を閉塞したていどで、機関関係も先の近代化改装でボイラーの重油専焼化もすんでおり、改装工事の規模は最小限に

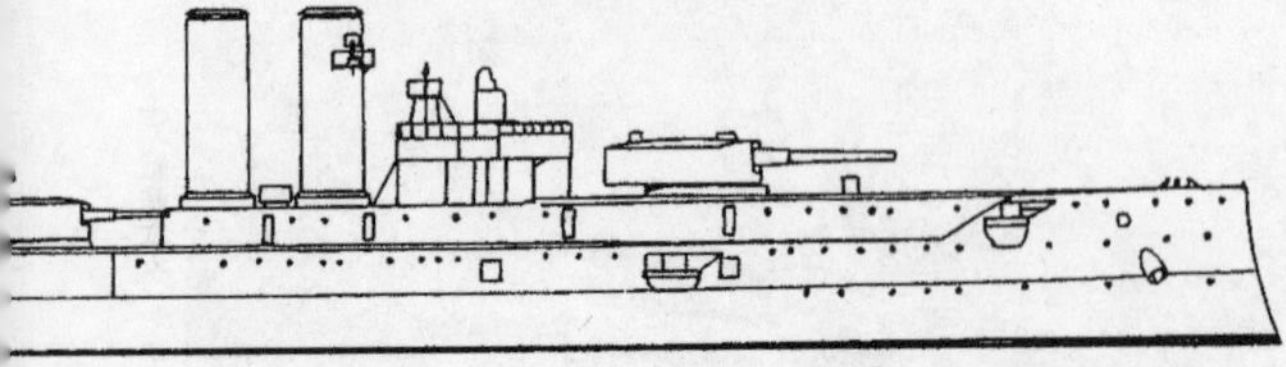

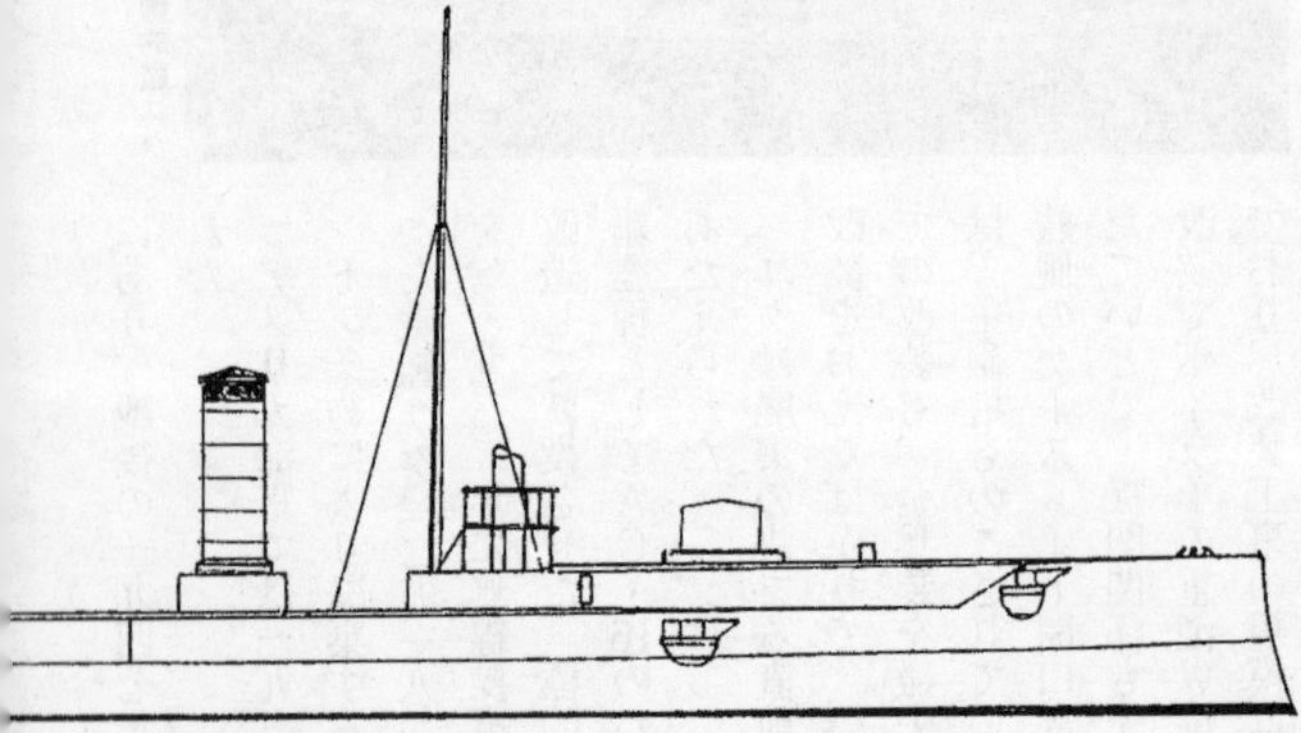

第86図　装甲巡洋艦サンマルコ (1911年)

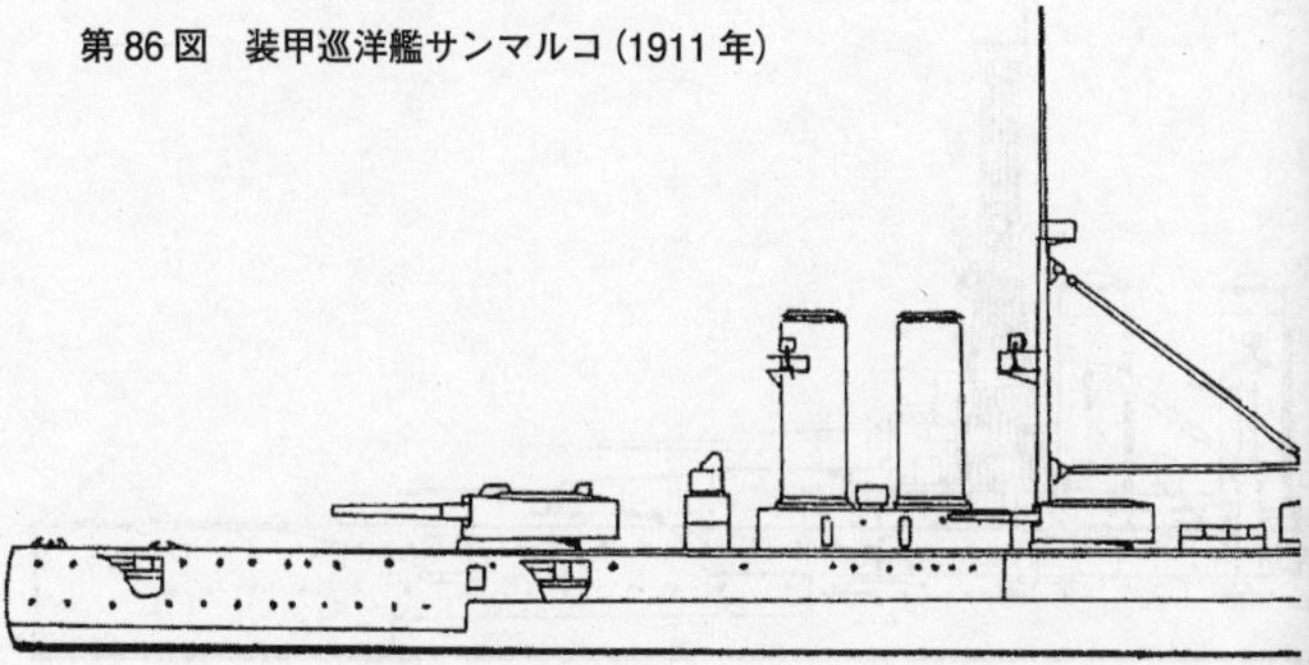

第87図　標的艦サンマルコ (1930年)

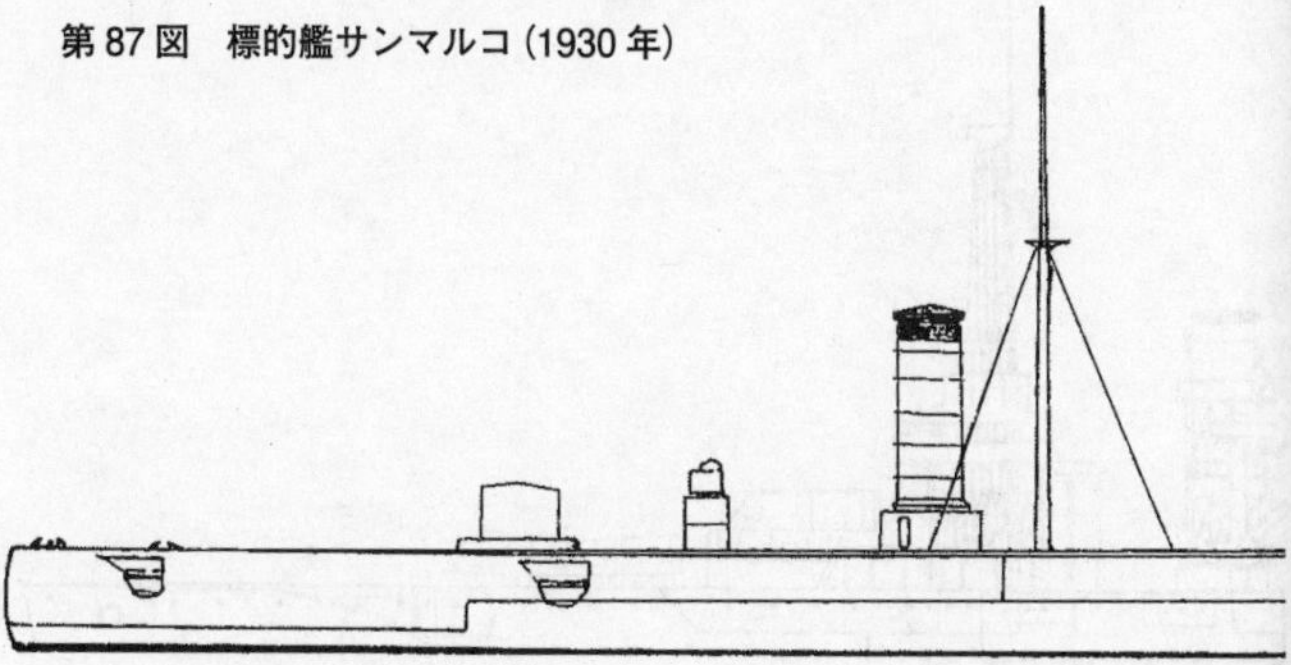

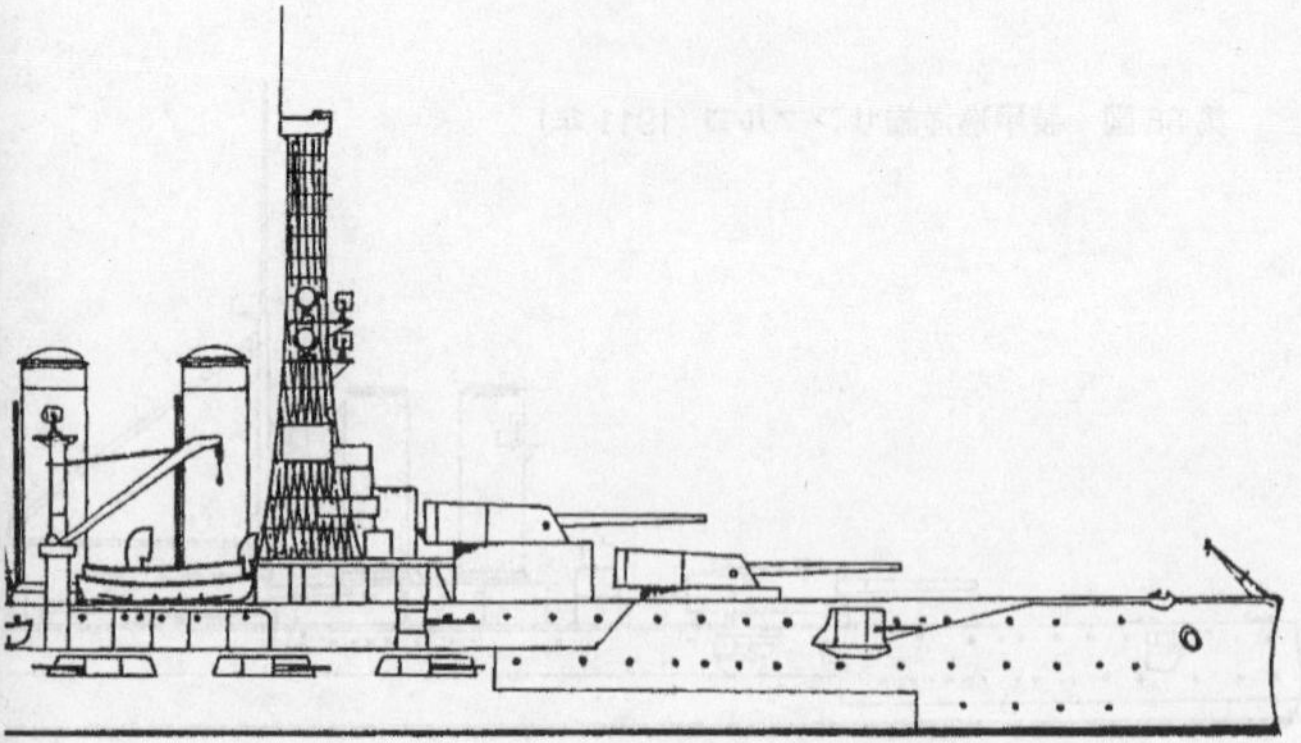

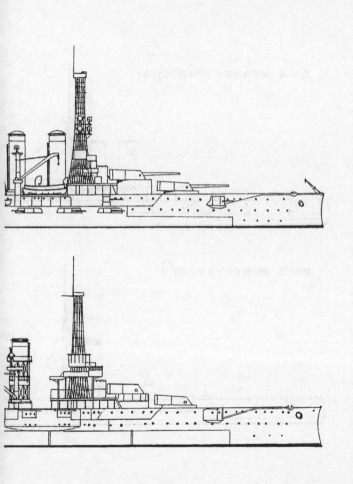

第 88 図　戦艦ユタ (1911 年)

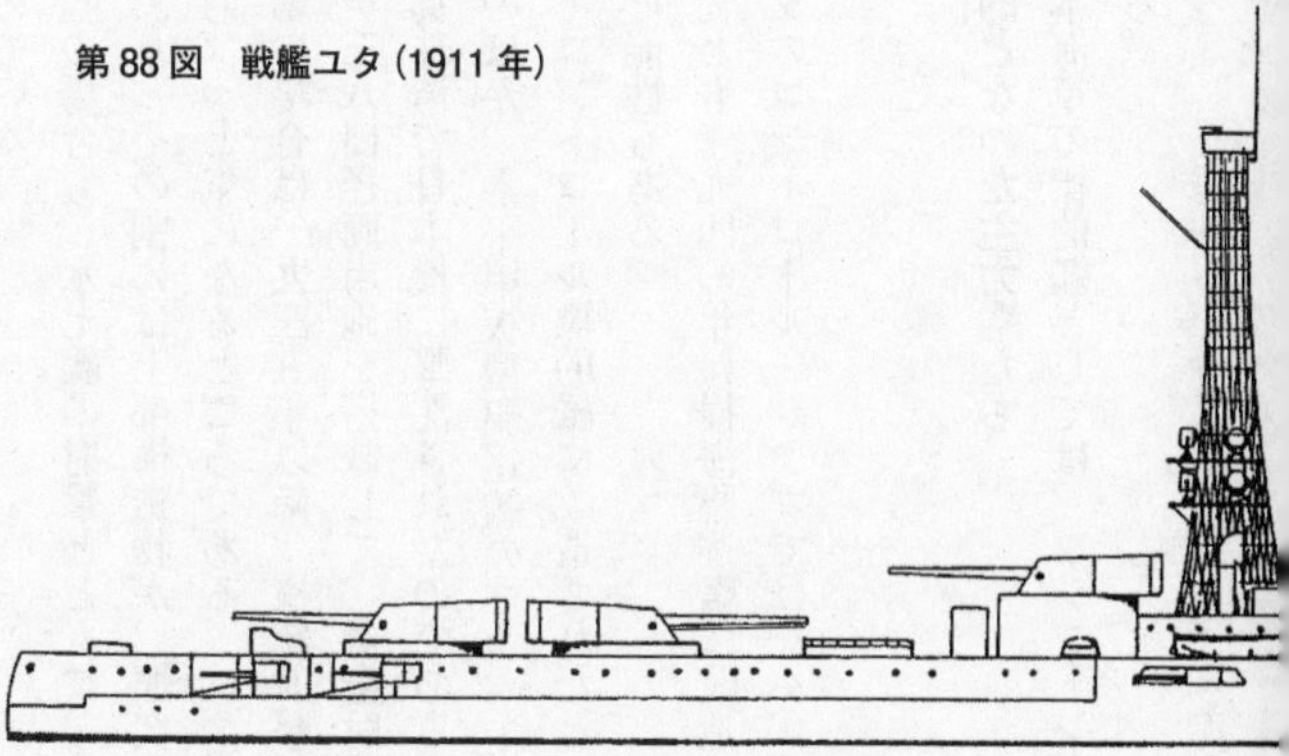

第 89 図　標的艦ユタ (1932 年)

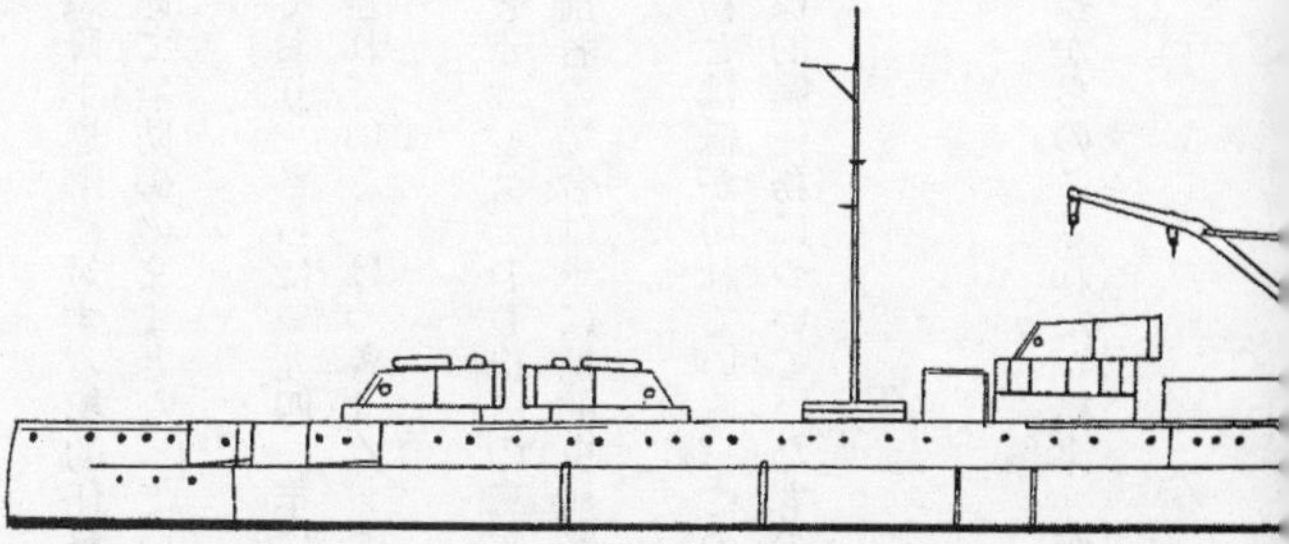

とどめている。

本艦の場合も、水上艦の射撃とともに、航空機の雷撃や急降下爆撃に対する標的任務もかねており、その割には上部構造物が、煙突をふくめてきわめて無防御のままとなっているのは、ちょっと気になるところである。

本艦の場合は一九三五年以降、機銃射撃訓練任務もかねており、さらに一九四一年には五インチ三八口径両用砲を搭載して、対空射撃訓練艦に変更されている。けっきょく、この状態で真珠湾で日本機に撃沈されたのである。

このほか、水平甲板型駆逐艦のランバートン（DD119）とボッジス（DD136）の二隻がラジオ・コントロール標的艦に改造されたといわれており、前者の場合は単に標的曳航艦であった可能性もある。

二隻とも一九四〇年に掃海駆逐艦に改造され、標的艦任務とは縁が切れている。この二隻はユタのコントロール・シップではなく、それぞれ単独で標的艦任務についていたものらしい。

標的となった主力艦たち

日本海軍の標的艦としては、ワシントン条約による廃棄艦からのこされた「摂津」が最初である。

そもそも、海軍の特務艦類別等級に標的艦がくわえられたのは、大正十二年十月一日のことで、測量艦の次に標的艦「摂津」の欄が追加されたのが最初である。

すでに述べたように、欧米海軍でも、ワシントンおよびロンドン条約による廃棄艦を標的艦に改造する例はおおく、日本海軍も例外ではなかった。

標的艦とはことなるが、日本海軍でもこれまでに除籍主力艦をもちいた実艦的射撃は、しばしば実施されてきた。

明治四十四年の除籍後の「鎮遠」にたいする「鞍馬」の二〇センチ砲、および魚雷の発射では「鎮遠」は沈没することなく、のちに横浜で解体処分されている。

また大正四年十月には、日本海海戦の降伏艦「壱岐」にたいする、最初の本格的な実艦的射撃が実施されている。

さらに、ワシントン条約により大量の主力艦が廃棄処分となった大正十三（一九二四）年には、準ド級艦の「薩摩」と「安芸」を実艦的にした本格的な射撃実験が実施された。また一方、この時期には、未成戦艦「土佐」をもちいた射撃実験と水中爆発実験がおこなわれている。

「薩摩」にたいする射撃には「金剛」と「日向」が三六センチ砲三七八発を発射したが、命中一二発でも「薩摩」は沈没しなかった。これは日露戦争当時からつづく、日本海軍徹甲弾の基本的な欠陥、信管の不良から遅延作動が機能せず、装甲鋼板の貫通力に欠け、表面で炸

（上）「薩摩」。（下）「土佐」

裂したためとみられていた。

このため「安芸」にたいする「長門」「陸奥」の射撃では、炸薬のかわりに砂を充填した弾丸で射撃をおこなった。命中弾こそ一九七発中九発とすくなかったが、発射開始四分強で「安芸」は傾斜、一七分で沈没させ、見学していた摂政宮殿下（昭和天皇）の面前で、なんとか面目をたもつことができたという。

これに先だっておこなわれた、未成戦艦「土佐」にたいする亀が首試射場からの四一センチ砲の射撃実験では、至近弾となった徹甲弾のひとつが、水中を直進して「土佐」水線下の舷側に命中、水中防御隔壁などを貫通して、機関区画で炸裂した。約三〇〇〇トンの浸水をきたし、水中弾効果という未知の弾道軌跡が発見された。

この実験成果をいかして、のちに九一式徹甲弾が開発され、戦艦、重巡の水中防御に、この水中弾防御対策がとりいれられることになるのであった。

もちろん、こうした実艦的射撃と標的艦への射撃とは別のものであった。標的艦射撃では通常、無炸薬の演習弾をもちいており、あくまでも射撃錬度の向上を目的としたもので、破壊効果の実証ではない。

標的艦「摂津」誕生

最初の標的艦となった「摂津」は、大正十三年二月に第一期廃棄作業を完了し、兵装、甲帯などを撤去したのち、ひきつづき六月まで呉工廠で改造工事を実施した。

この状態での「摂津」は、外観的には現役時代の艦型から備砲と甲帯をとりのぞいたもので、大きな変化はなかった。

この状態で「摂津」は、昭和十一年まで保有されることになる。

すなわち、英米独などの戦艦より改造した標的艦が、いずれも無線操縦標的艦として完成したのにたいして、「摂津」の場合は、しばらくは標的艦とはいっても、いわゆる条約廃棄艦の実艦標的曳航などにつかわれたていどであった。その後は、予備艦として呉に繋留されることが多かった。

これとは別に、日本海軍では昭和初年より、艦船の無線操縦技術の開発に着手していた。昭和四年一月に、東京湾で駆逐艦「灘風」に操縦装置を搭載して、廃棄駆逐艦の旧三等駆逐艦「卯月」を遠隔無線操縦する実験がおこなわれ、あるていどの成功をおさめたという。ただし、この場合は「卯月」の推進動力として二次電池を搭載して、遠隔操作しやすい電気推進方式を採用していた。主力艦にたいする雷撃襲撃運動を実現して、これにたいする防御砲火の射撃標的としての効果も期待できたという。

しかし、この方式では、大型艦に適用するにはパワー不足であった。巡洋艦「阿蘇」や「平戸」を無線操縦標的艦に改造する案もあったが、実現には無理があった。

その後、外国からアスカニア式自動燃料噴射装置を導入して、大型艦を遠隔操作するみこみがついたことで、昭和八年一月から「摂津」を無線操縦標的艦とする審査がおこなわれることになった。昭和九年十二月に操縦種目六〇種、距離二万メートルで操作可能な装置の研究実験の訓令がでた。

この装置が完成した昭和十年秋に、東京湾において駆逐艦「矢風」を操縦艦に廃棄駆逐艦「夕霧」を遠隔操作する実験がおこなわれた。結果は予定どおりの好成績であった。

ただ、耐振性と周波数の混信が問題となり、装置にリレーにかわり、振動に強い回転継電

（上）戦艦「摂津」。（下）標的艦「摂津」

器をもちいた。また、周波数も商用帯域からはなして、出力の向上をはかることになった。

　こうした結果を踏まえて「摂津」の無線操縦標的艦への改造は、昭和十年十月より呉工廠で着手され、昭和十二（一九三七）年七月末に完成した。

　この改造は「摂津」を爆撃標的にもちいるためのもので、艦上の露天部にDS板による対演習弾防御がほどこされた。機関は、在来の宮原缶一六基の半数を撤去し、戦艦「金剛」より撤去した艦本式ロ号専焼缶二基に換装した。当面は、この専焼缶と宮原缶の四基だけを使用することとし、宮原缶四基は缶内保存とされた。このため、外観的には第二煙突が撤去され、開口部はDS板でふさがれた。

　完成に先だち昭和十一年春、豊後水道にて操縦艦「矢風」による操縦実験が実施され、ひじ

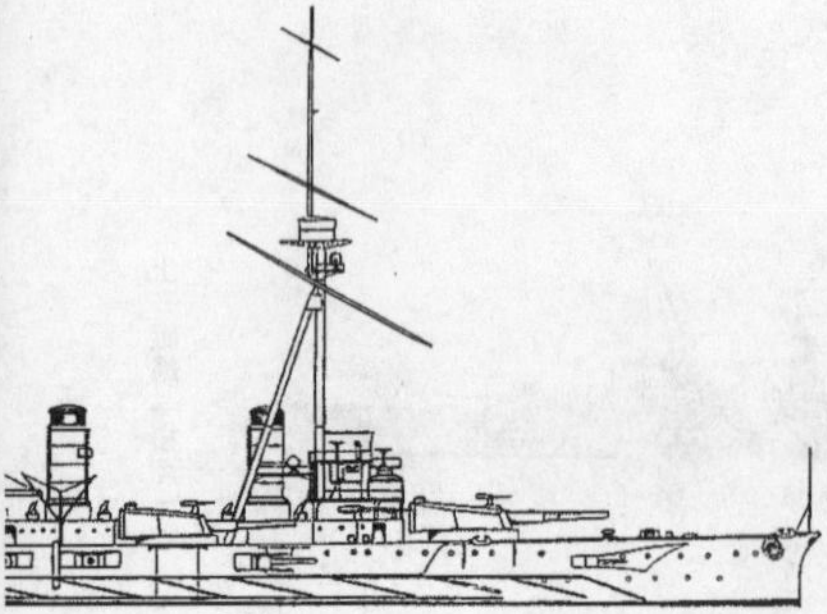
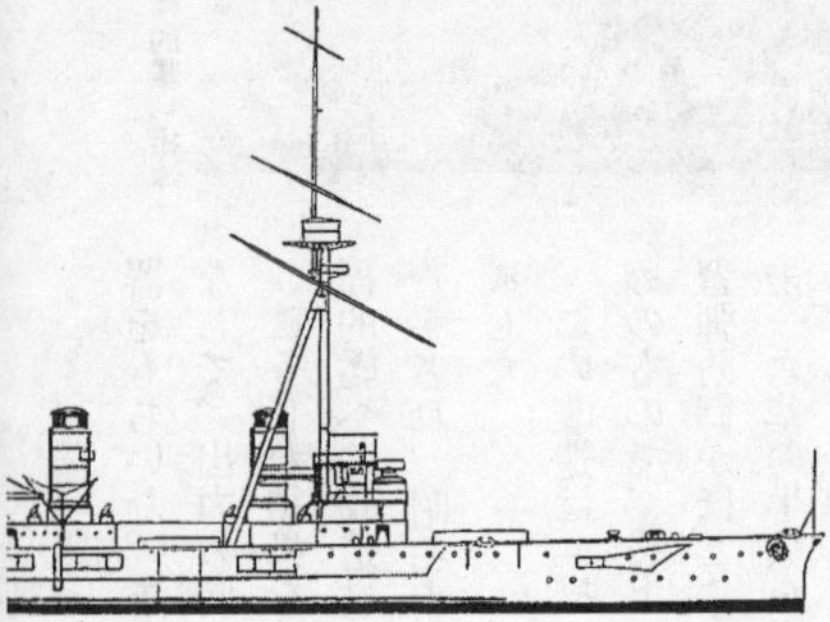
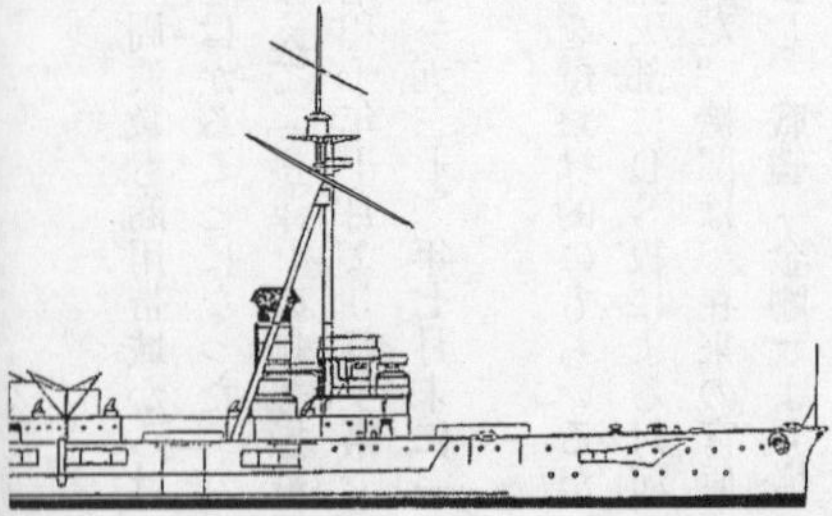

第 90 図　戦艦「摂津」(1912 年)

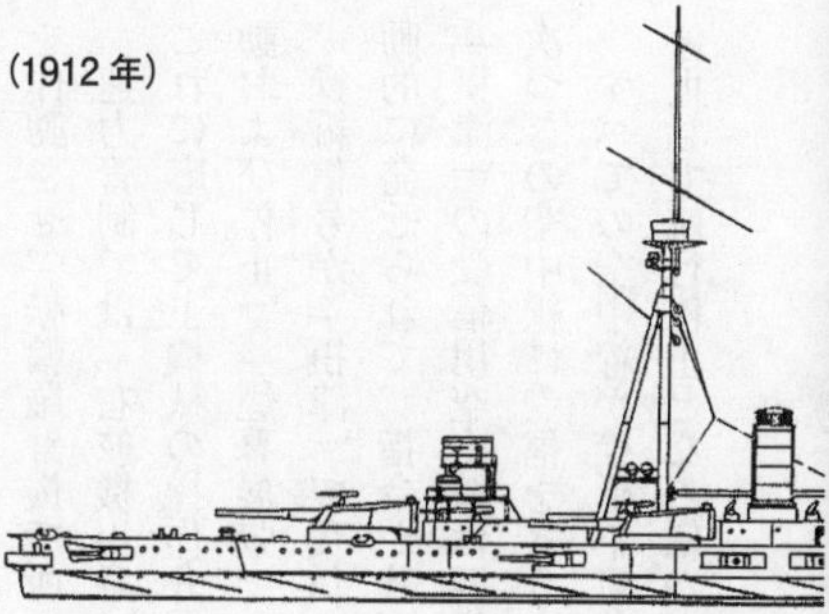

第 91 図　標的艦「摂津」(1924 年)

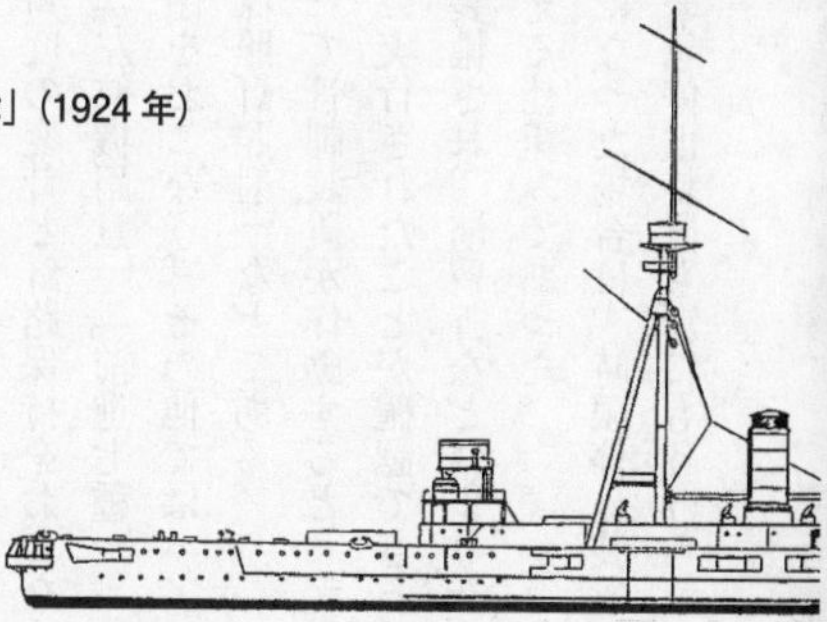

第 92 図　標的艦「摂津」(1937 年)

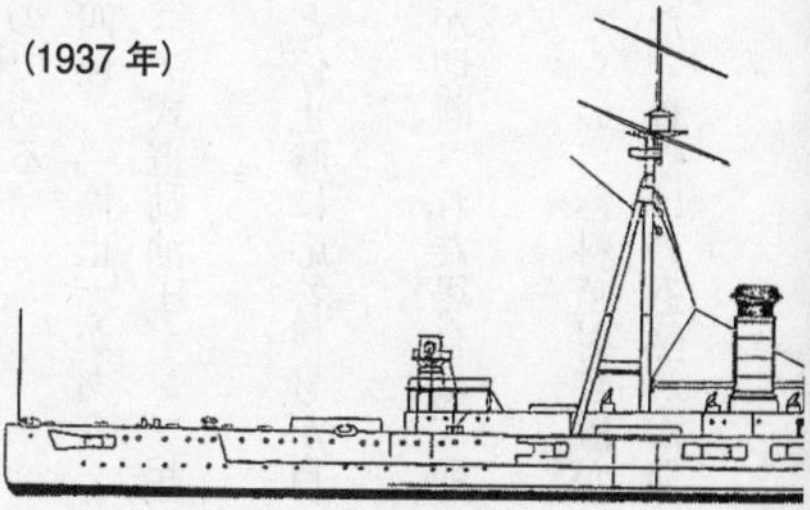

ような好成績をおさめた。のちに、艦隊側にひきわたされて、連合艦隊付属として有効に使用された。

この無線操縦装置は、昭和十二年十二月に制式兵器に採用され、九七式無線操縦用送受信機と命名された。

操縦通信は六〇種の符号信号によるもので、管制機能は針路管制、速力管制およびその他の三つがある。

針路管制は「右変針」「左変針」「艦方位決定」で、テレモーターを自動管制して舵取機を作動させ、転輪羅針儀で所要角度の変針と針路保持をおこなうものである。

速力管制では「右舷機用意」「左舷機用意」「前進七種」「後進四種」「停止」があり、これに応じて主機械の操作弁開閉をおこなう。その他では「アスカニア式電動油圧ポンプ起動および停止」「煙幕展張」「探照灯照射」などである。

操縦信号が「摂津」で受信されて管制装置が作動すると、起動時と停止時に応答信号が自動的に発せられて、指令が確実に実行されたことが確認できる。

「摂津」の受信用空中線は四組装備され、演習弾などにより空中線が切断された場合は、順次つぎの空中線に受信をきりかえる仕組みであった。

すべての空中線が受信不可能になった場合は、時限停止装置がはたらいて燃料噴射装置が停止して航行停止となるほか、緊急停止装置も別にもうけられていた。軸受けの過熱等が発生したときは、自動的に機器の停止がおこなわれる仕組みであった。

戦闘技術向上に貢献する

「摂津」の好成績にかんがみ、射撃標的としてももちいたという艦隊側からの要望もあって、「摂津」は昭和十四年前期訓練がおわった時点で、呉工廠にもどされて再度改装工事をおこない、昭和十五（一九四〇）年五月には艦隊にもどっている。

この第二次改装では、二〇センチ以下の特型演習弾と大型演習爆弾に耐えられる防御がほどこされることになった。

舷側甲鈑は、撤去保存されていたほんらいの甲鈑で復元され、これ以外にも、垂直防御としては煙路、缶室、機械室給気路に二五ミリDS板三～四枚をかさね、水線下舷側甲鈑下部の外板にも、水中弾防御のため二五ミリDS板三枚がかさねられた。

また、艦の動揺により舷側甲鈑が水線下に露出するのを防止するため、固定バラストが搭載され、一次改装分をふくめて二四八〇トンに達した。

対爆弾防御は三〇キロ演習弾を、高度四〇〇〇メートル以上からの水平爆撃に耐えられるように、主要部防御がほどこされた。

とくに、今回の改装では、操艦者の避弾訓練もかねられるように、爆撃時に艦橋部に操縦者がいて避弾行動をおこなうため、艦橋部はあらたに防御をほどこした新製艦橋構造物にとりかえられた。

計画時、砲撃時に乗員が艦に残留するかどうかが問題となったが、けっきょく砲撃時は無線操縦として、乗員は艦内防御区画に避難し、爆撃時は操艦関係者は艦橋部に、機関関係者は防御区画内に退避することになった。

このため、居住区、通風、烹炊、厠、短艇などの装備が問題となった。居住区画は防御区画内と外部に、通風、烹炊、厠はほんらいの施設をそのまま使用し、別に非常時には、応急施設をもうけて対応することとされた。

短艇については、鋼板上にDS板でかこった格納庫をもうけ、一二メートル内火艇と同ランチ各一隻を搭載した。

また、主砲塔撤去跡のバーベット内には、無線操縦用の送受信機器が設置され、上面は二五ミリDS板二〜三枚をかさね張りした。

外観的には三脚前檣を撤去し、かわりに軽三脚檣を設置した。前部煙突は、操縦者の視界をさまたげないように、高さを低められた。機関部は、それまで使用を停止していた宮原缶を、再度「金剛」よりおろした艦本式ロ号缶二基に換装して第二缶室を復活した。煙突も三本にもどされ、速力は一七・四ノットに増加した。

昭和十五年に艦隊に復帰した「摂津」は以後、重巡以下の水上艦艇の射撃訓練と爆撃訓練に従事することになるが、とくに爆撃標的としては「摂津」は鈍重で、艦隊側からはより高

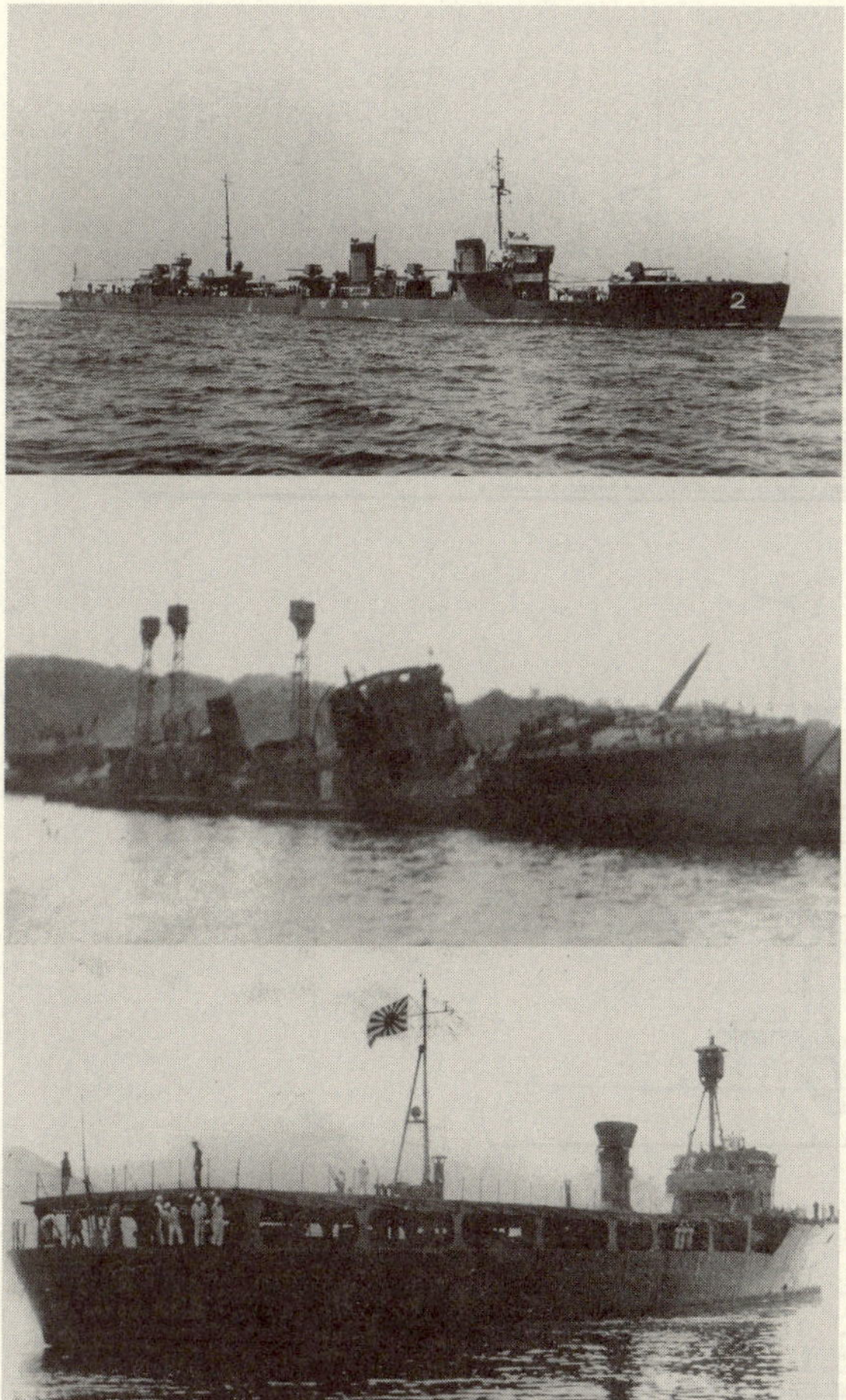

上から駆逐艦「矢風」、標的艦「矢風」、「波勝」

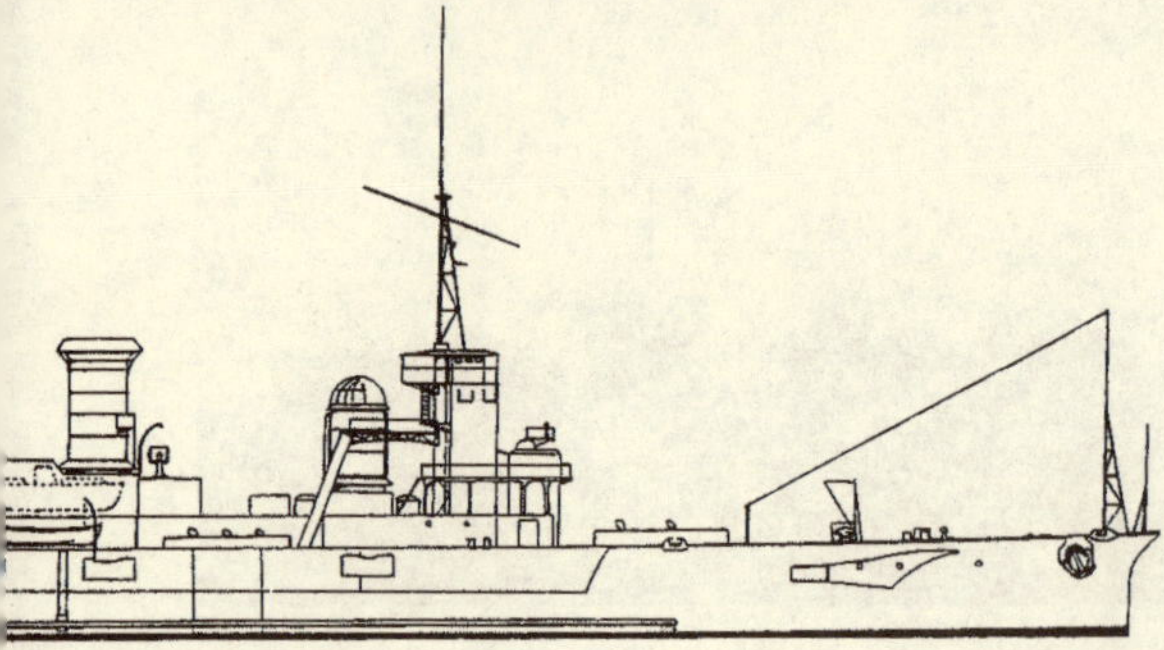

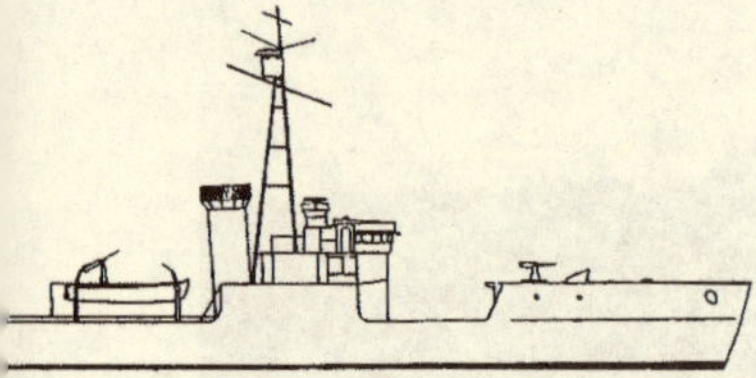

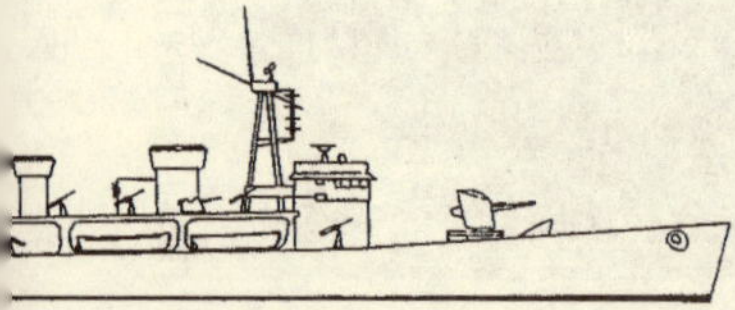

第 93 図　標的艦「摂津」(1940 年)

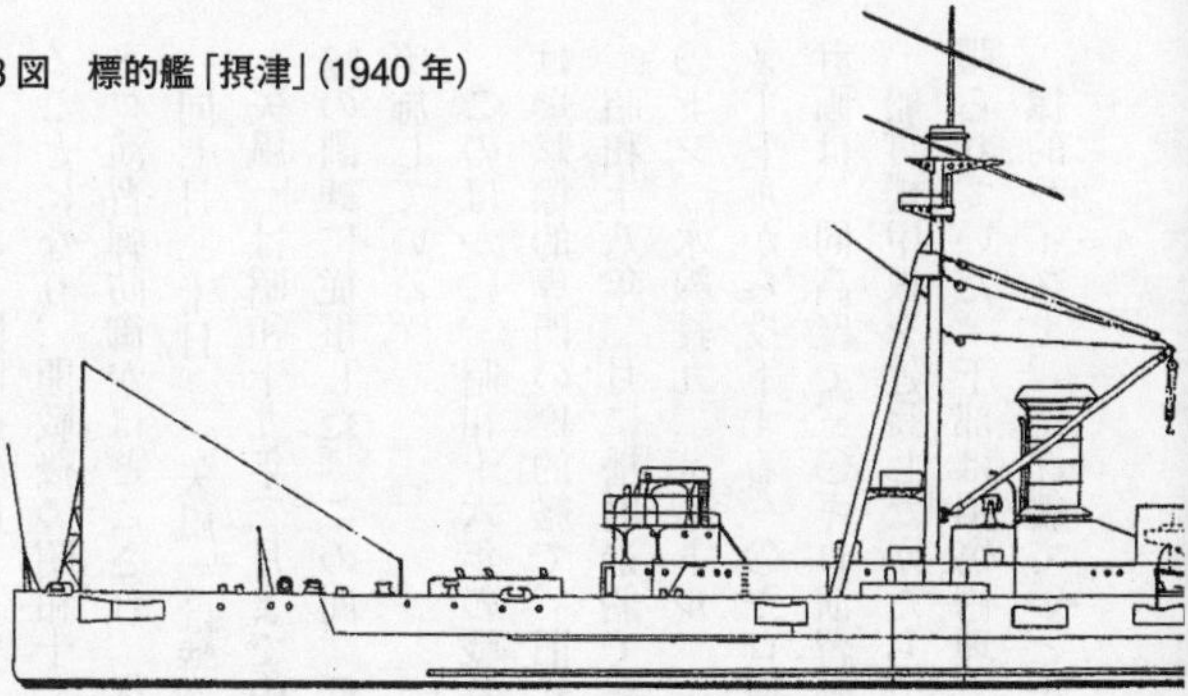

第 94 図　標的艦「矢風」

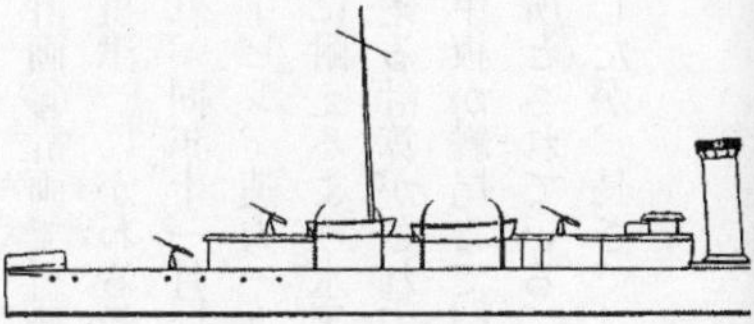

第 95 図　標的艦「波勝」

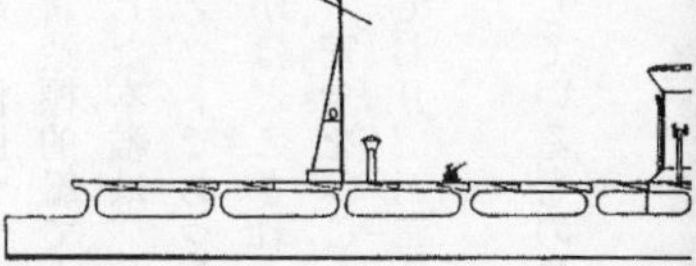

第 96 図　標的艦「大浜」

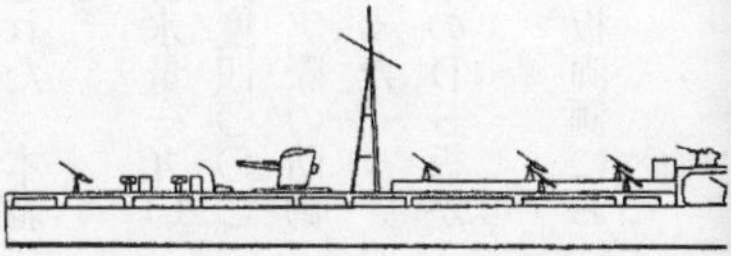

速の標的艦が要望されるにいたった。

このため、臨時の処置として「摂津」の操縦艦である「矢風」自身を爆撃標的艦に改造することになり、開戦後の昭和十七年三月に呉工廠で着手、同五月に完成した。改造では対一キロ演習弾防御がほどこされ、従来の無線操縦機能はのこされていた。

同七月二十日、「矢風」は特務艦に類別替えになり、正式に二隻目の標的艦となった。「矢風」は昭和十九年二月まで中部太平洋方面に進出して、ラバウルやトラックで第一線部隊の訓練に従事した。この間、低空爆撃訓練用に工作艦「明石」の施工で、甲板部の補強を実施している。

このほかに、昭和十六年の戦時建造計画㊣計画で新造標的艦「波勝」が計画された。本艦は爆撃標的専門の標的艦で、旧式な「摂津」にかわる最初の新造標的艦であった。

昭和十八年二月に播磨造船で起工され、同年十一月に竣工した本艦は、公試排水量一九〇〇トン、水線長九二メートル、主機タービン、速力一九・三ノットであった。高度四〇〇〇メートルから投下する一〇キロ演習弾に耐えるよう水平防御がほどこされたが、実際の防御計画は、同高度で三〇キロ演習弾に耐える計算がされており、安全をみこんであった。

船首楼甲板を延長したかたちで防御甲板が艦尾までつづいており、二二ミリ厚のDS板が張られていた。下部は損傷修理上、空所とされている。

標的サイズ上、巡洋艦ていどをめざしたが、長さでは不足しているものの、甲板両側におりたたみ式幕をもうけ、これを展張することで、艦幅を疑似的に巡洋艦なみにするようにしていた。

「波勝」は竣工後、ただちに第一線に送られた。トラック方面で爆撃訓練に従事したが、戦局の悪化とともに、シンガポール、比島方面に後退した。さらに昭和十九年後半からは、一二センチ高角砲や二五ミリ機銃を増備して、護衛任務にも従事した。

一方この間、昭和十七年の改⑤計画では、新標的艦五隻（五四一一―一五号艦）の建造計画があり、一番艦の「大浜」は昭和十八年十月に三菱横浜造船所で起工され、同二十年一月に竣工した。

本型は部隊からの要求で、「秋月」型駆逐艦の主機を搭載して、速力三〇ノットの高速標的艦として計画された。公試排水量二九五〇トン、全長一二〇メートル、速力三二・五ノット、防御計画はほぼ「波勝」と同様であった。

戦争末期の完成のため、高角砲や機銃を増備して護衛任務にも従事することとされ、標的艦任務の場合は陸揚げすることになっていた。二番艦の「大指」は未成におわり、三番艦以降は未起工となった。このような爆撃標的艦を新造したのは、日本海軍のみであった。

「海軍制度沿革」を読む

これまで述べてきたように、標的艦というと、旧戦艦などを利用した自走式大型艦を想起させるが、ここでは無動力非自走の曳航式標的船について述べる。

その前にひとつ補足しておくことがある。最初に各国の主要な標的艦について説明したが、これにもれた艦があった。

アメリカ海軍の標的艦はユタ（ＢＢ31）が最初ではなく、その前に戦艦アイオワ（ＢＢ4）が一九一九年七月に最初のラジオ・コントロール標的艦に改造されていた。本艦は同年四月に艦名を新戦艦にゆずって「海防戦艦4号」とあらためていたが、この艦名で一九二三年三月二十三日にパナマ湾で一四インチ砲の実艦的として撃沈されるまで、艦隊の砲撃訓練に使用された。操縦艦には旧戦艦オハイオ（ＢＢ12）が使用されたという。

艦型は主砲、副砲の砲身を撤去しただけで、砲塔はそのままのこされ、前後の甲板に対空識別用の円形マークを描いていた。当然、爆撃標的としても使用されたもので、砲撃はたぶん六インチ砲以下の中小口径砲に限っていたとおもわれる。

さて、本題の曳航標的に話をもどすが、ここでは日本海軍の曳航標的について説明することにする。

「海軍制度沿革」は戦前、海軍大臣官房の編纂した一八巻にわたる膨大な文書で、明治元年から昭和十四年ごろまでの海軍全般にわたる沿革を、法令、条令、教範、操式などの部内文書により整理、編纂して、部内資料として少部数が印刷配付された極秘扱いの赤本である。

戦後、昭和四十年代に版形をあらため、全二六冊として復刻され、現在古本相場で全巻揃

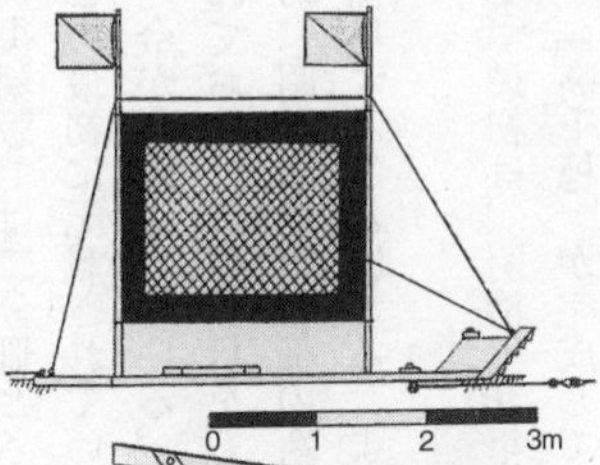

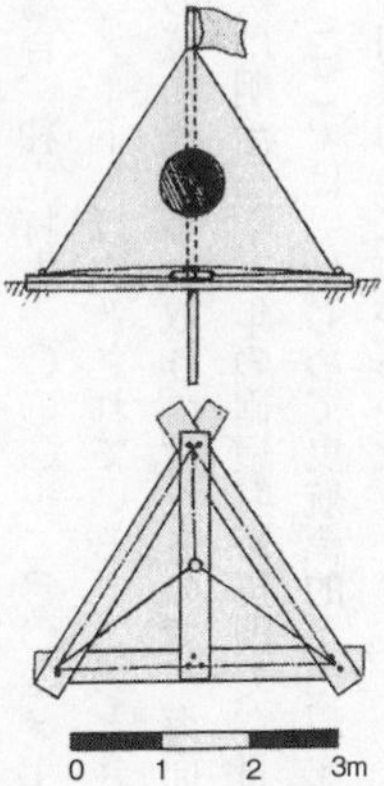

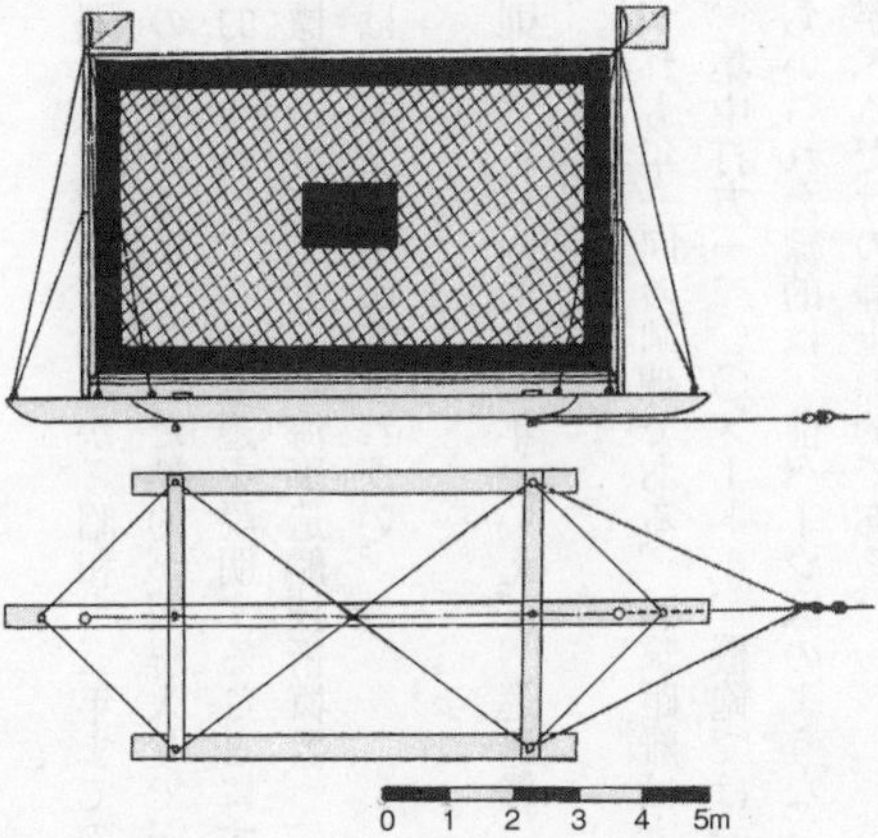

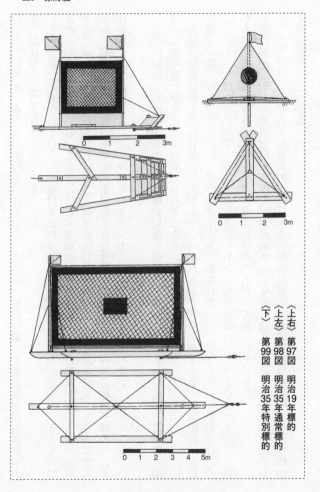

〈上右〉第97図　明治19年標的
〈上左〉第98図　明治35年通常標的
〈下〉第99図　明治35年特別標的

いで四〇万円と、かなりの値段をつけている。この一三巻には第二五篇訓練が収録されており、復刻版では二分冊とされている。

この最初に記載されている「艦砲射撃訓練規則」は、明治十九年から昭和十三年までの関連内令が収録されている。ここには、日本海軍の射撃訓練にもちいた標的が図解入りで記載されており、この資料をもとに、日本海軍の標的について、その変遷を説明することにする。なお、昭和十四年以降の新型の大型標的と高速標的については、「海軍造船技術概要」により補足することにする。より詳細を知りたい方は、両文献を参照されたい。

まず最初は、明治十九年の常備艦艦砲射撃規則による。明治十九年といえば、巡洋艦「浪速」「高千穂」が完成して回航された年である。

射撃は戦闘射撃と教練射撃の二種があり、いずれも年一回の訓練である。射撃距離は大砲の場合、独立打方一〇〇〇～二〇〇〇メートル、集中打方一二〇〇メートル、機砲では一〇〇〇メートル以内とされている。このときにもちいられた標的は、前ページ図のような三角形の筏に標的幕を取りつけたもので、海面に浮かべるだけの静止標的である。

次は明治三十五年の砲熕射撃規則で、日露戦争の二年前、戦艦「三笠」が完成した年である。ここでは、はじめて曳航標的が出現する。標的は静的と動的をかねたもので、通常標的と特別標的の二つがあった。

いずれも筏状の上にポールを立て、幕的を張ったもので、周辺を赤布で縁取りし、内側は網状となっている。幕的の大きさは、特別標的では八×五メートル、通常標的はこれより小さい。通常標的は教練射撃に、特別標的は戦闘射撃、夜間射撃にもちいた。

動的としてもちいる場合の曳航速力は、一二ノット以下と指定している。特別標的は解体して艦内に格納、再度組み立てて使用する。射撃距離は教練射撃の場合、重砲で一五〇〇～二五〇〇メートルとされ、五〇〇〇メートルまで延伸できるとしている。もっとも五〇〇〇メートルの遠距離射撃では、標的は任意とされている。

きそわれた艦砲懸賞射撃

この時期、これより先の明治三十二年二月に艦砲懸賞射撃規則というのが定められている。懸賞射撃とは、射撃成績優秀なる掌砲員を選抜して、その技量をたたかわせて成績抜群の者を褒賞して、射撃術の進歩をはかるものである。選抜者には賞与の一〇分の一以内の賞金と賞状が授与され、本人履歴に記録される。二回以上の受賞者は徽章があたえられることになっていた。

この制度は明治四十年に廃止されたが、このために特別な静的標的が規定されていた。通常の訓練射撃用標的とちがって、幕的には碁盤目状の線引きをほどこし、たぶん中心部にいくほど高い点数を設定して、成績の区別化をはかったのであろう。

明治四十年にいたると、射撃訓練は教練射撃、検定射撃、砲台射撃、戦闘射撃、特殊射撃の五種にわけられ、このうち検定射撃は廃止された懸賞射撃の代替えであった。また、標的も第一〜三種に類別された。

第一種標的は明治三十五年の通常標的、第二種標的は同特別標的を制式化したもので、ただ幕的を黒十字と中心に黒丸を描いた帆布に変更された。第三種標的はもっとも大型で、長さ二七×九メートルの大型幕的は、戦闘射撃に用いられるものであった。また、このときから内筒砲射撃訓練用の標的も制定された。

明治四十一年になって第二種標的は甲、乙の二種にわけられ、甲は従来の第二種で、乙は筏構造を変更して検定射撃用にあらためたものであった。明治四十二年度には、第三種標的の幕的に縦九分割、横三分割の線引きをほどこし、各升目に1〜9の数字をしるすことになった。

大正二年には、射撃訓練が教練射撃、検定射撃、戦闘射撃の三種となり、教練射撃は基本と応用に、戦闘射撃も単艦戦闘射撃と編隊戦闘射撃に細分化された。大正二年は最初の一四インチ砲搭載艦、巡洋戦艦「金剛」が完成した年でもある。

標的については第一〜四種に分類され、第二種の甲乙の区別がなくなり、あらたに第四種が制式化された。第四種標的は、これまでの標的が静的または動的兼用の筏構造だったのが、はじめて船体構造を採用した、いわゆる標的船とよばれる大型標的であった。

第100図　明治32年懸賞射撃標的

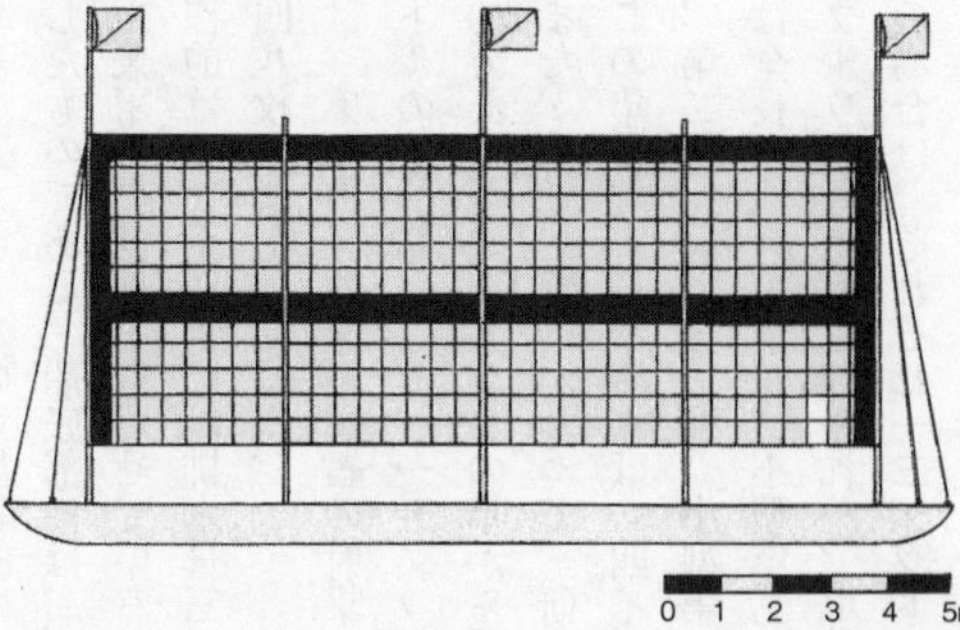

第101図　明治40年第3種標的

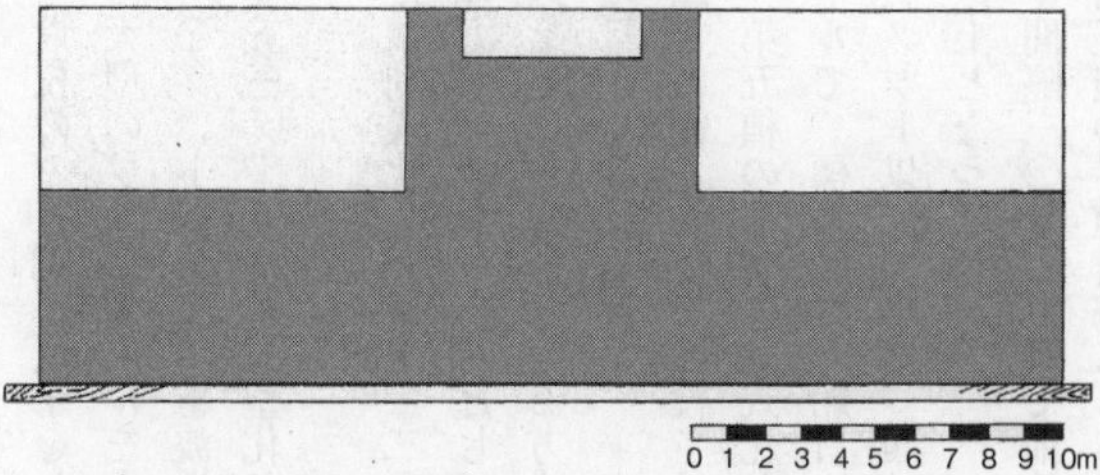

本標的は重砲の昼間戦闘射撃にもちいられるもので、排水量二四二トン、全長四七メートル、三七・五×八・五メートルの大型幕的は、碁盤目状に三六枚の1～12の数字をしるした数字幕を配置したものである。船底部には、ヨットのように大型のフィンキールをもうけ、バラストキール兼用の役割りをもたせている。曳航速力は一〇ノット以下で、耐波性は低い。

この第四種標的は、大正四年には排水量三四四トン、全長五三メートルに大型化されて、先の数字幕を四八枚に増やしている。

大正五年には、第二種標的を駆逐艦の射撃訓練用にあらたに制式化し、排水量二〇〇トン、全長三八メートルの標的船として、一五ノット以上の曳航速力が可能な、当時としてはもっとも高速な標的であった。なお、この年から各標的を二コ以上連結してもちいる方式が採用されている。また、検定射撃にかわって、研究射撃という項目がもうけられた。

大正八年、この年までに日本海軍は一四インチ砲巡洋戦艦と戦艦各四隻を就役させている。標的は第一種、第二種、大型第三種、小型第三種、第四種、第五種の六つに制式化された。大型第三種は全長三八メートル、小型第三種は二九メートルで、標的船型の船首にはじめて波切り用のブルワークがもうけられた。単独では大型一五ノット以上、小型一四ノット以上、二隻連結の場合は、それぞれ一二ノット、一〇ノット以上となっている。

この年あらたに制式化された第三種は、大型第三種二隻を間隔三〇メートルで前後に連繋したもの。一五ノット以上の曳航速力に耐える構造で、大口径砲の各種射撃にもちいた。

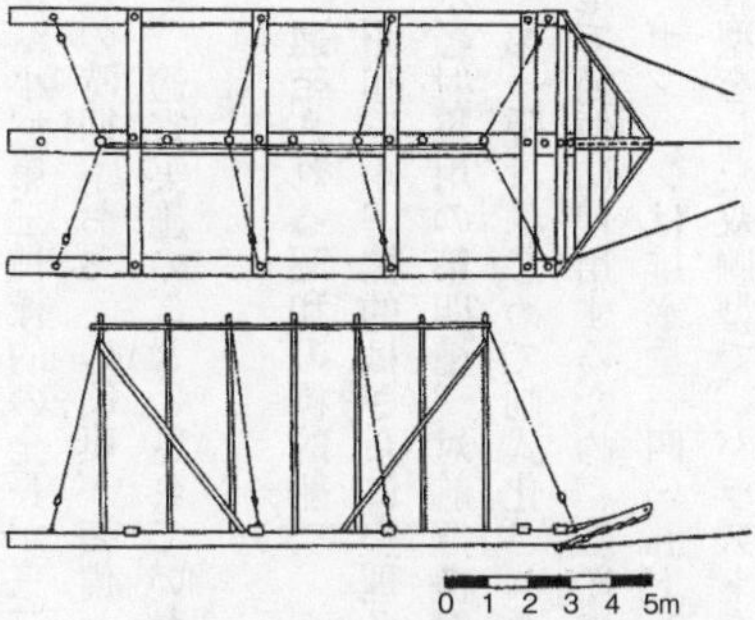

第102図 大正2年第3種標的

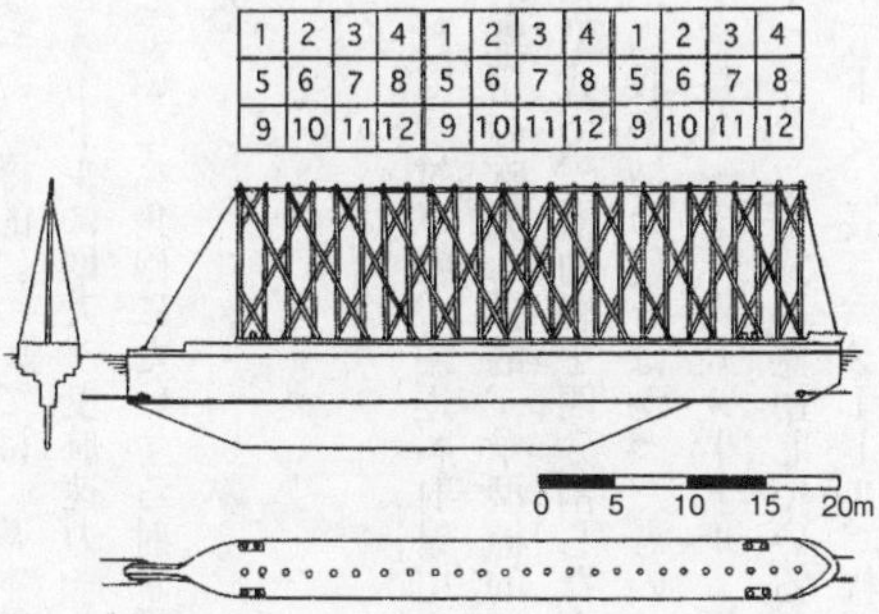

第103図 大正2年第4種標的

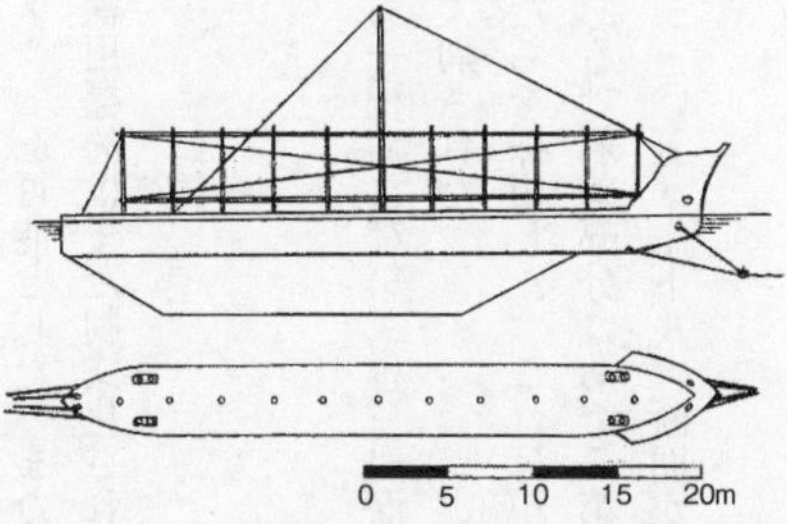

第104図 大正8年大型第3種標的

大正十二年、この年までに主力艦の大口径砲は仰角の引きあげにより、二万五〇〇〇メートル以上の遠距離射撃が可能となった。標的については、基本的には大正八年と変わりないが、小型第三種標的の全長が三三メートルに増大、曳航速力一八ノットを可能とした。また、この時期、おおくの艦艇が装備していた高角砲にたいする射撃訓練用標的はまだ制式化されず、適宜実施のこととされていた。

連結される昭和の標的船

昭和三年、標的はさらに整理されて、対軍艦、駆逐艦射撃用の第一種および第二種、対潜水艦射撃用の第四種、対航空機射撃用の吹流し標的、傘型標的に大別された。

第一種ははじめて制式化された型式で、標的船を四分割したかたちを採用した。これは現地で簡便に使用するため、艦船に揚収格納の便をはかったものである。船首部分にあたる第一ポンツンは排水量一四・五トン、長さ一〇・六五メートル、幅三・〇五メートル、断面がW型をした双胴型で、バラストをブラケット式に懸吊している。

第二～四ポンツンは排水量五・五トン、長さ六メートル、幅三・〇五メートル、角型の双胴型で、船体内には浮力確保のため石油缶が搭載されている。四コのポンツンを連結したかたちで二五×六・一メートルの幕的が張られており、曳航速力は最大一六ノットといわれている。

第105図　昭和3年第1種標的

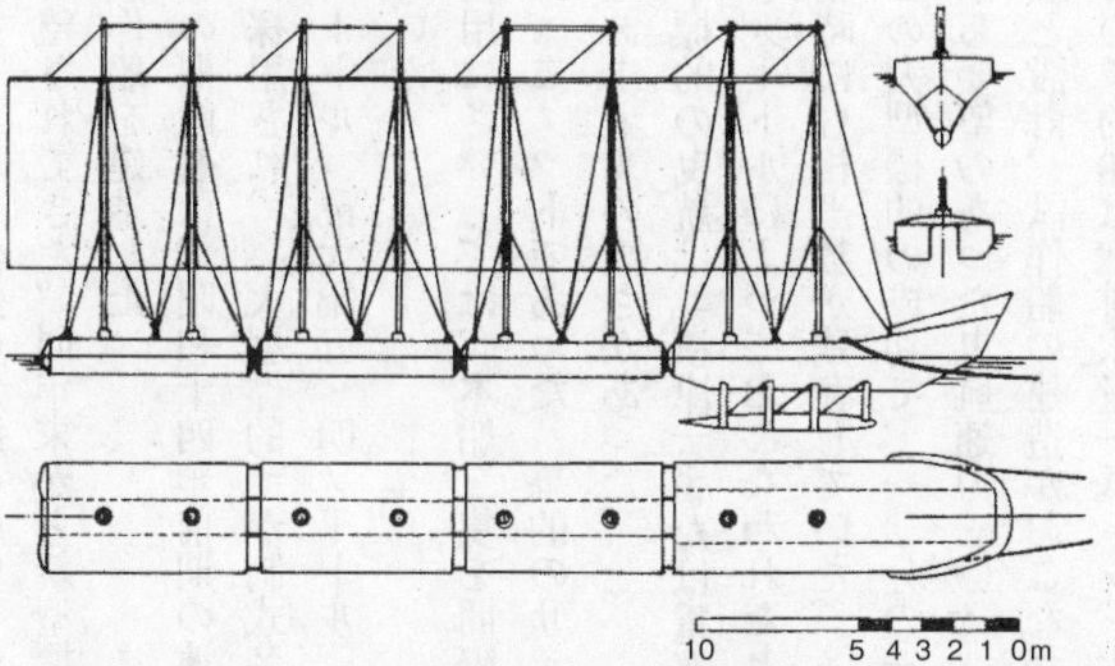

この第一種標的は甲、乙、丙、丁の四種にわけられ、甲は二五メートル間隔で六隻を、乙は同様に二隻を、丙は間隔一〇メートルで二隻を、丁は間隔二五〇メートルで二隻を連繋したものである。

第二種は従来からの筏式標的で、とくに大きな変化はない。なお、昭和四年に第二種についで第三種が追加されている。これは第一種を小型化したもので、船首ポンツンは四・八七メートル、連結ポンツンは全長四・五八メートルで連結数は六コとおおく、小型艦艇への搭載を可能にした。連繋数により甲、乙、丙の三つにわけられた。

第四種の対潜水艦射撃標的は、潜望鏡を模したいくぶん子供だまし的なもので、とくに言うべきものでもない。対航空機射撃の対空標的は、航空機が曳航する吹流し標的とおなじく、航空機から落下させる落下傘式のもので、これも特別なものではない。

以後、昭和十三年ごろにいたって戦艦の近代化改造も完了して、仰角の角度の引き上げにより射程も延長し、遠距離射撃に対応した新型標的が要望されてきた。同年末から新型標的の模型実験に着手され、呉工廠で設計、因島で最初の試作船を建造した。

この標的船は、昭和十四年前期の連合艦隊戦技訓練に使用されて好評だったため、翌年制式に採用され、「大型標的」が制式名称だったという。本船は排水量一六三トン、水線長三七メートル、最大幅五・四メートル、全鋼板溶接構造で、船体内に石油缶八五〇一コを充填していた。

使用にさいしては、本船三隻を間隔二〇メートルで連繋して全長一五五メートル、曳航速力は一二ノットであった。幕的のサイズは各船二七×一〇・五メートル、中央部のみ水線上一五メートルの高さがあった。

本標的の曳航は「摂津」または重巡の艦尾ボラードからの曳航索（四二ミリ径）長さ一〇〇〇メートルによっておこなわれたという。本標的船は公称番号をもっており雑役船扱いで、終戦時にも相当数が残存していた。

この大型標的の成功で、一〇分の一模型と実物データがきわめて一致したことから、かねてから要望のあった曳航速力三〇ノットの高速標的船の開発が十四年に訓令され、呉工廠で実験と設計、試作船の建造がおこなわれた。

この標的船は、排水量一八トン、水線長二〇メートル、戦艦または特務艦の揚艇竿で揚収可能な重量と大きさとされた。曳航は本船二隻を一五メートル間隔で連繋し、八〇〇メートルの長さの曳航索で駆逐艦が曳航するものであった。最初のI型は船体強度不足で、つづいてアメリカの高速標的にならったフィンキールを両舷にもうけたII型が試作されたが、追従性はI型に劣っていた。

最終的にはI型を改良したV型が、昭和十五年九月の訓令により佐世保工廠で建造され、翌年一月に完成した。重巡「筑摩」の曳航実験では速力三一ノットでの曳航に成功し、飛沫の高さも前二型より小さく、本型がもっとも成功したものと認められた。

この高速標的は、間もなく開戦をむかえて、対駆逐艦射撃訓練もそれどころではなくなり、それほどの数が建造されたとも思えず、写真ものこされていない。

航空機搭載艦

気球を乗せた外輪蒸気船

今日、航空機搭載艦といえば航空母艦、いわゆる空母がその典型であり、かつ現代海軍の主力軍艦として認識されていることは、周知の事実である。

もともと、航空機の出現が一九〇三年のライト兄弟による初飛行に端を発したものであるのにたいして、艦船は紀元前からの長い歴史を有しており、その結合は近代、二十世紀にはいってからのことと解釈されているものの、各国におけるその発端はさまざまである。

航空機を広義に解釈して気球／バルーンまでふくめると、軍事目的で艦船に気球を搭載した最初の事例は、一八四九年七月十二日にオーストリア・ハンガリー海軍の外輪蒸気船「バルカノ」四八三総トンが、熱気球数コを搭載し、海上よりこれらの気球を放って、陸上の敵陣を爆撃（？）したのが、世界最初と称されている。

この場合、無人の熱気球なので、成否は風向きなどの気象条件に左右されるのはいたしかたない。

第106図　1849年に熱気球による爆撃を実施したという
オーストリア海軍の外輪船バルカノ

のちのアメリカ南北戦争では、はじめてガス入り有人気球が艦船に搭載されて、主に敵陣の偵察にもちいられた。

最初に活躍したのは北軍で、しかも海軍ではなく、陸軍がファニーという小蒸気船に偵察用の気球を搭載して、開戦した一八六一年八月に、ハンプトン・ローズ沖で気球をあげて最初の偵察を実施している。気球に搭乗していたのは、民間人のプロであったという。

同船はその年の十月に南軍の砲艦に捕獲され、南軍の手にわたってしまった。

南部海軍はティーサーという六四総トンの曳船に、絹引きのガス入り気球を搭載して、一八六二年七月、バージニアとモニターの両装甲艦が交戦したあとのジェームス河で、偵察目的で気球をあげたと記録されている。

しかし、この船も作戦をおこなった翌日に北軍の砲艦に捕獲されて、活動は一回にとどまった。

一方、北部海軍では、一八六一年八月に購入した石炭

第 107 図　南北戦争中、南軍陣地を気球で偵察する北軍の気球搭載
パージ、ジョージ・ワシントン・パーク・カステス

バージをワシントン海軍工廠で改造、同年十二月にポトマック河ぞいの南軍陣地の偵察をおこなったのが最初であった。

本船は推進装置をもたないバージであるが、水素ガス発生機などの本格的な装備をもつ気球母船で、作戦にさいしては、なんらかの船に曳航してもらう必要があった。船名をジョージ・ワシントン・パーク・カステスといい、バージにしてはりっぱな名前であった。

一八六三年八月、本船の気球に、伯爵の肩書きをもつツェッペリンという若いドイツ（プロシャ）陸軍の士官が観戦武官として搭乗したことがあったが、これこそ、のちの第一次世界大戦で大型飛行船の設計者として有名となった、ツェッペリン伯爵の若き日の姿であったというエピソードがのこされている。

しかし、球形の気球は風に弱く、艦船で曳航した場合、振動や動揺が激しかった。ゴンドラの搭乗者は悪酔いして、偵察どころではないといったことが、しばしば生じた。こうしたことで、艦船への気球搭載は、それほど急速に普及したわけではなかった。

一八九〇年代にはいって、こうした気球の欠陥を改善したカイトバルーン（凧気球）が、ドイツで発明された。

カイトバルーンというのは、気球球体を風に強い葉巻、またはバナナ状の形態とし、後部に縦横の安定用フィンをもうけた、気球自身が凧のような形態を具備して、浮力に揚力を加味して、艦船で曳航すると、効率よく気球を上空にあげることができた。

また、この時期、こうした気球とは別に、凧を艦船に搭載して、人をつりさげて飛揚させるアイデアも出現してきた。

ヒーローが作った艦載凧

凧については、日本も古来より「和凧」として知られる一枚凧の先進国であった。石川五右衛門の逸話をだすまでもなく、凧をもちいて人の飛翔をこころみたことは、よく知られている。

このとき、海軍用の凧としてヨーロッパ海軍がこころみたのは、いわゆる「ボックスカイト」といわれる箱形の凧であった。これを数コつなげた連凧とし、その一番下に人の乗るバスケットを吊りさげた構造であった。

一九〇一～〇三年に、ロシア海軍がバルト海で水雷砲艦や駆逐艦に搭載して実験したのが最初といわれている。これはロシア海軍のニコライ・N・シュレイバー大尉が考案したものといわれており、六～八コの連凧をもちいて、人の乗るバスケットを吊りあげるのに成功した。しかし、その後の日露戦争への応用はなく、単なる実験におわっていた。

ほぼ時をおなじくして、イギリス海軍もこうした凧の艦載化をこころみている。

この場合、凧の売りこみは、サミエル・F・コデイというアメリカ人がパテントをとった

「ボックス連凧」であった。

基本的には、パイロットカイトというくぶん小型の先頭凧の下約三〇メートルに、二〜四コのリフターとよばれる凧がつながり、さらにその下にキャリアーカイトという人の乗るバスケットを吊りさげた凧がつながって一セットとなるものであった。そのほか、凧をつなぐロープと、それを巻きとる小型のウインチにより構成される。

こうした凧を考案したコデイというアメリカ人は、バッファロー・ビルの別名で有名な西部開拓のヒーローの一人であった。「ワイルドウエスト」という西部開拓を劇化した野外でのショーを主催して全米を巡業、一時は盛況をきわめたが、やがてあきられて解散してしまった。

コデイがこうした凧を考案してパテントをとったのが、一九〇一年であった。

イギリス海軍での実験は、一九〇三年三月にまず陸上飛翔のあと、砲術学校の練習艦であった旧式装甲艦ヘクターと駆逐艦スターフィッシュに搭載しておこなわれた。さらにひきつづき、巡洋艦エクサレントでの実験もほぼ成功であった。

当時、エクサレントの艦長をつとめていたのは、のちに方位盤射撃の発明で有名となり、近代イギリス海軍砲術の父といわれたパーシー・スコット大佐で、彼もこの凧の有効性を認めていたが、同時に、天候に左右される危険性についても指摘していた。

イギリス海軍が、砲術学校でこの実験をおこなったのも、凧による射撃観測を重視したも

コディ式凧と考案者のコディ（右）

のらしく、搭乗者のバスケットには有線電話がとりつけられて、艦上との会話が可能となっていた。

こうした実験では、コディ自身がたびたび凧に搭乗して、みずからその有効性を証明したといわれる。彼自身は体重が九七キロもあったというから、搭乗者としては適していなかったが、逆にその飛揚力の優秀性を証明する結果ともなった。

一九〇三年七月、イギリス海軍はコディ式凧四セットを、戦艦マジェスチック、同リベンジ、装甲巡グッドポープ、二等巡洋艦ドリスに搭載して、実用化の実験をつづけることを決定した。

しかし、イギリス海軍においては、これ以後しばらく、凧のことは忘れられてしまい、一九〇八年にいたって再度の実験がもたれた。

これは、ひとつに日露戦争の戦訓として、潜水艦と機雷の脅威に対抗するため、艦の上空高所より見張りをおこなうことの必要性が要望されたことも加味する必要があった。

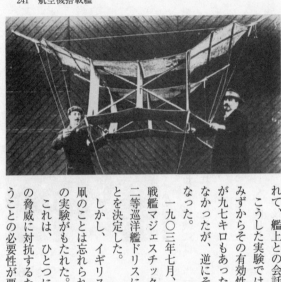

リベンジにおけるコディ式凧の飛翔実験

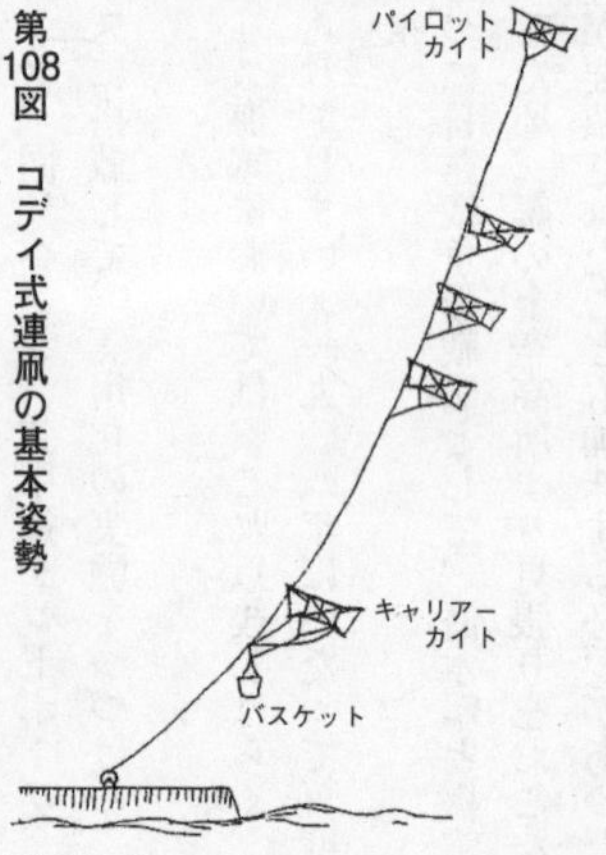

第108図　コディ式連凧の基本姿勢

八月に戦艦リベンジでおこなわれた実験には、当時ファンボローで陸軍関係の航空機の開発に従事していたコディがよばれて参加した。

実験では凧が海上に墜落して、コディが海に投げだされる事故もあったが、怪我もなく、実験中にはリフターを増やして、高度三六〇メートルに達した例もあった。しかし、機雷や潜水艦の発見はきわめてむずかしく、成功しなかった。

実験にたずさわった担当者は、実験後、凧の購入と装備を実施すべきと報告したが、とくに巡洋艦への搭載を推奨した。

これにはポーツマス鎮守府司令官の後押しもあったが、けっきょく海軍省はその採用を見送ることを決定した。

結果的に天候に左右される不安定さと、イギリス周辺海域特有の気象条件から、機雷や潜水艦の発見がほとんど望めないなどの実験結果が重視されたものである。同時に、当時開発がすすんでいた航空機や、より安定したカイトバルーンの存在も影響したことは、もちろんであった。

こうした凧を実験した海軍としては、他にアメリカ海軍とフランス海軍がある。ともに一九一二年ごろに、それぞれ装甲巡ペンシルベニアとエドガークインの艦上で実験をおこなった。

使用した凧は先のコディ式と大同小異のもので、アメリカはパーキンス式、フランスではザクーニイ式と称し、飛翔には成功したものの、当時すでにアメリカ海軍ではペンシルベニア艦上からの航空機の着艦と発艦に成功していたから、大勢は決まっていた。

カイトバルーン搭載

一方、この時期にドイツで出現したカイトバルーンはスウェーデン海軍がただちに採用し、一九〇四年には、これを搭載するための「気球母船1号」を完成させた。

この母船は、推進機関をもたない二二三総トンのバージで、気球を一機格納するための大型のレセスを船体全長にもうけ、水素発生機、コンプレッサー、ウインチなどの設備を搭載したものであった。これがカイトバルーン母船として新造された世界最初の艦であった。

フランスではこれより先、一八九八年に水雷艇母艦フードルを気球母艦に改造して使用していたが、これはふつうの球状気球であった。フランスでは一九〇四年にいたり、こうした水素ガス使用の気球は発火の危険性大として、搭載を中止してしまった。

こうした新装備について、当時のロシア海軍はつねに先取の気風があり、一八九〇年代のなかばまでに、バルト海と黒海の沿岸部に気球部隊の配置を完了していた。

ロシア海軍が艦船に最初のカイトバルーンを搭載したのは、日露戦争勃発後の一九〇四年のことで、ウラジオストクで搭載をおこなったらしい。

この戦争中に、同地では約一〇〇人ほどの陸海軍人よりなる気球部隊が編成され、コリイマ以下四隻ほどの貨物船に搭載した。さらに、唯一の正規艦艇として、ウラジオ艦隊を形成した三隻の装甲巡洋艦のうちのロシアに搭載した。

当初、気球は球形のものであったが、のちに三機のカイトバルーンが到着、一九〇四年五月、同艦はこの一機を搭載して僚艦のグロンボイとともに、日本海での通商破壊戦に出撃した。

この四日間の出撃で、ロシアは一三回の飛翔を実施し、一部は無人の飛翔であったという。五月十一日の無人飛翔ではケーブルが切断、二〇〇〇メートルまで上昇したあと、約一時間

第109図　スウェーデン海軍の気球母船第1号(1904年)

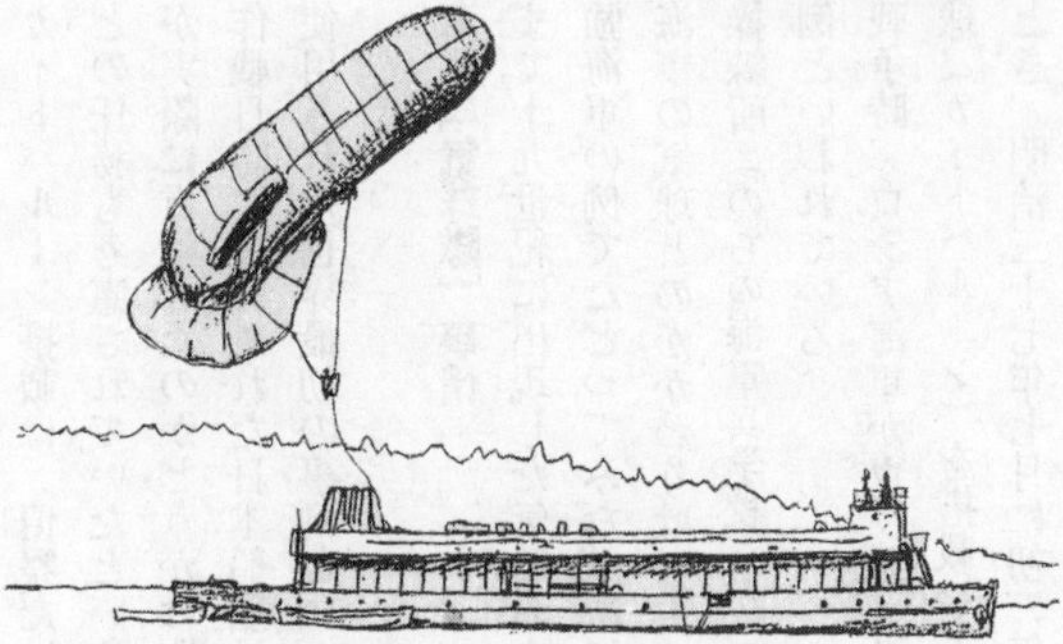

第110図　ウラジオストクにてカイトバルーンを搭載した装甲巡洋艦ロシア(1904年)

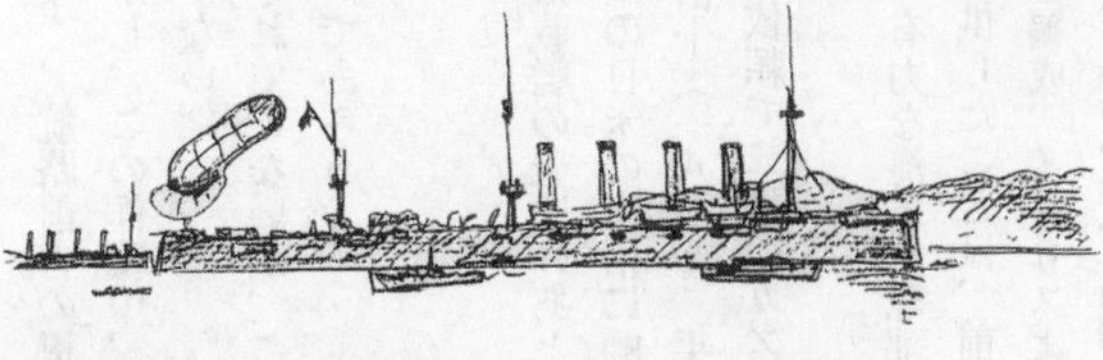

コリマ

後に海上に落下して回収された。

このカイトバルーン搭載は、偵察だけではなく、航路前方の機雷の発見、陸上砲撃の弾着観測などの任務も考慮されていたという。しかし、この作戦中、日本船舶の発見にカイトバルーンが実際に貢献したのかどうかは明らかでない。

この作戦日時に喪失された日本船舶は報告されていないが、これは実戦で艦載カイトバルーンが使用された世界最初の事例といってよいであろう。

日本海軍「気球隊」事情

これまで十九世紀に出現した気球および凧搭載艦の発達のあとを、イギリスおよびヨーロッパ列強海軍の例でたどってみた。次にこの間の日米の事情に触れてみよう。

日本海軍の気球とのかかわりは、古くは明治十（一八七七）年の西南の役において、築地の海軍操練所（のちの海軍兵学校）が、陸軍の依頼で二コのガス入り気球を製作したのが最初の事例といわれている。

日露戦争時、ロシア海軍がウラジオストクに有力な海軍気球部隊をもち、装甲巡洋艦ロシアに気球（カイトバルーン）を搭載して実戦に供したことは、前に述べた。じつは日本海軍もこのとき、明治三十七年七月に初の気球隊を編成、イギリスより購入したスペンサー式気球（カイトバルーンにあらず、球形気球か？）をもちいて、当初は艦載化を意図したという。

しかし、ロシア艦隊が旅順港に蟄居してしまったため、旅順の陸上戦線に進出をした。

この日本海軍最初の実用気球隊は、機材の不備から同年九月には解隊してしまい、旅順港の偵察および弾着観測任務は、陸軍気球隊により実施された。

以後、明治四十二年に設置された「臨時軍用気球研究会」は飛行船と飛行機に主体がおかれ、艦載繋留気球については、あまり関心がむけられなかった。つぎに日本海軍が艦載気球に関心をしめしたのは、第一次世界大戦がはじまって三年目の大正六（一九一七）年のことであった。

これは、第一次大戦において、イギリス海軍が対潜哨戒や弾着観測に艦載気球を有効に使用していた実績から、その導入をはかったものである。イギリスに士官を派遣して体験入隊させるとともに、同時に機材を購入、大正七年四月にはじめて横須賀航空隊に気球隊が編成された。

日本海軍の艦船で、最初に気球を搭載したのはなにかということは、残念ながら不明であるが、大正十年六月に駆逐艦による曳航実験をおこなったのが最初といわれている。

この成功により、同年八月以降、連合艦隊に気球が配され、偵察、弾着観測などにもちいられることになったという。

このときの気球は、日露戦争時の球形気球ではなく、欧米が開発したカイトバルーンであった。当初、イギリスから購入したカッター式とかM式という機材や、これを日本式に改良

艦尾から気球を掲揚する軽巡「夕張」

した一〇式繋留気球などが、国産化されてもちいられたものらしい。
今日、大正末期から昭和初年にかけて繋留気球を艦尾より揚げた日本戦艦、軽巡などの写真がいくつか残されている。こうした写真を見るかぎり、気球の形態は欧州のカイトバルーンと大差なく、日本独自といえるものは見られない。
しかし、こうした艦載繋留気球の時代はみじかく、航空機の艦載化がすすむにつれて、昭和三年に気球隊の規模を縮小、艦隊での気球任務は魚雷発射の監視のみとなり、他はすべて水偵にとってかえられた。気球隊自体は昭和五年に航空隊からのぞかれ、防備隊にうつされて、これも昭和十年に全廃された。
一方、この間に米英、とくにイギリス海軍は第一次世界大戦に参戦し、ドイツUボートの脅威が高まるにつれて、カイトバルーンを対潜哨戒にもちいるようになった。

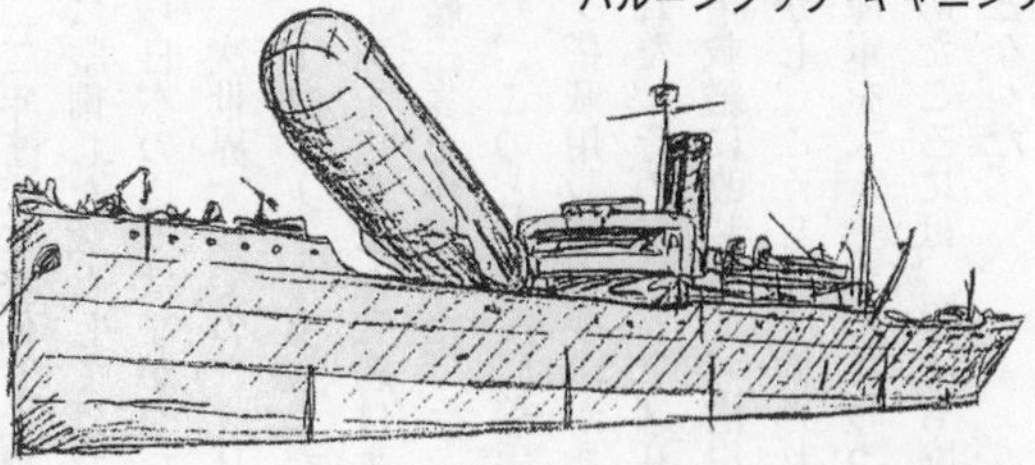

第111図　第一次大戦中のイギリス海軍バルーンシップ・キャニング

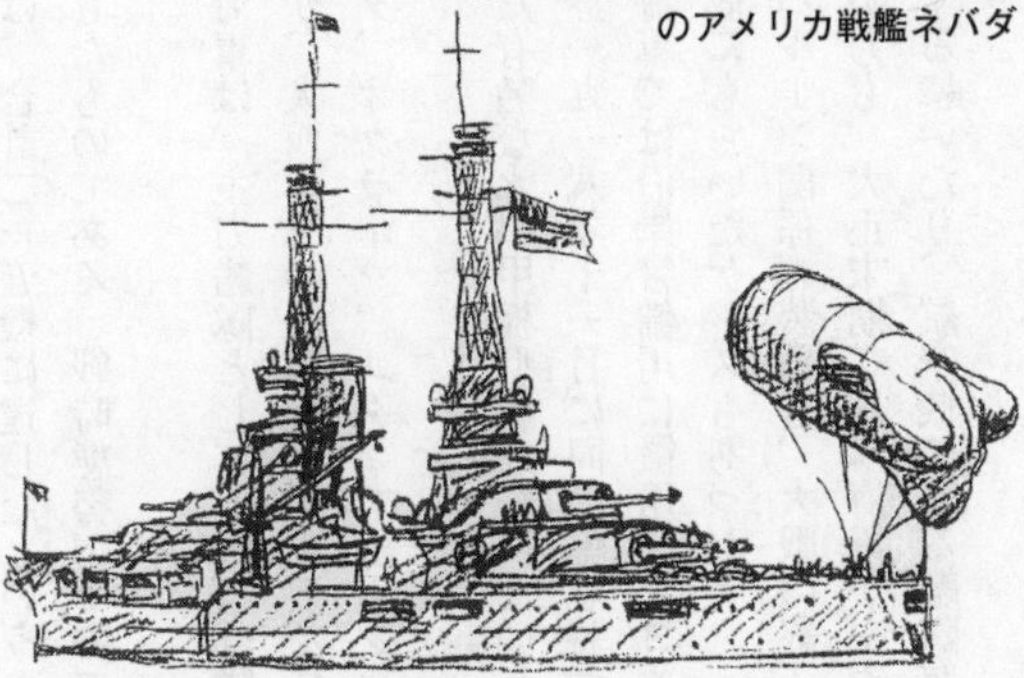

第112図　カイトバルーンを実験中のアメリカ戦艦ネバダ

一九一七年におくれて参戦したアメリカ海軍では、参戦前からこのイギリス海軍の例にならい、一九一五年に早くも二種のカイトバルーンをグッドイヤー社に発注していた。一九一六年はじめに完成した機材はペンサコラに送られ、装甲巡洋盤ノースカロライナに搭載されて実験された。

事故で損傷したノースカロライナにかわり、実験は戦艦ネバダとオクラホマでつづけられた。参戦とともに機材も大幅に増加し、最終的にアメリカ海軍がカイトバルーンを廃止した一九二二年までに整備した機材は、合計二一五機に達したというから、わずか五〜六年のあいだに整備した数としてはたいしたものである。戦時態勢下でのアメリカの底力は、この時期から日本の比ではなかった。

第一次世界大戦でのアメリカ海軍は、主力艦隊としての戦艦部隊を派遣して、イギリスのグランドフリートを支援したほか、大西洋での船団護送が重要な任務であった。このため、バルーンを搭載した戦艦はネバダ、オクラホマ、ユタ、アーカンソーなど、ド級艦八隻、前ド級艦三隻をかぞえた。

また、このとき量産に着手した有名な水平甲板型駆逐艦にたいしても、ウインチなどのバルーン搭載用設備の要求があり、一九一八年十一月に同設備を装備した最初の六隻がひきわたされた。そのほか、アメリカ海軍では沿岸警備用に徴用したヨットなどのいくつかをバルーン搭載艦に改装して、沿岸哨戒にもちいたケースもあった。

しかし、こうして整備されたバルーン関係の装備も、大戦の終了とともに急速に縮小され、日本海軍を大きくうわまわった勢力も、大正末期、日本海軍がやっと気球の艦載化を実施しはじめたころには、早くも廃止するにいたり、航空機による艦隊航空力の整備に移行するところとなった。

世界最初の航空機搭載艦

さて、カイトバルーンの話がだいぶ長くなってしまったが、このあたりで、本題の航空機搭載艦の話にもどろう。

洋上の艦船からの航空機の発艦を最初にこころみたのはアメリカ海軍で、一九一〇年十一月十四日、ハンプトン・ローズ沖に停泊中の巡洋艦バーミンガムの艦首に架設した長さ二五・三メートル、幅七・二メートルのプラットフォームから、ユージン・フライという民間のパイロットが、カーチス式複葉機で発艦に成功したのを嚆矢とする。

翌年一月十八日、同パイロットはおなじ機により、今度はサンフランシスコ湾に停泊中の装甲巡ペンシルベニアの後甲板に架設された長さ三六・三メートル、幅九・六メートルのプラットフォームに着艦することに成功する。

このさい、砂袋を両端にむすんだ綱を、いくつかプラットフォーム上に掛けわたして、制動装置としていた。

この八日前の一月十日に、イギリスでは戦艦アフリカの前甲板に架設した滑走台により、チャールズ・R・サムソン海軍大尉がショートS27複葉水上機で発艦に成功、これがイギリスにおける最初の洋上の艦船からの発艦である。

四ヵ月後の五月二日、同人はおなじ機により、今度は一〇・五ノットで航行中の戦艦ハイバーニアの前甲板に架設した滑走台より発艦に成功する。これが航行中の艦船より発艦に成

第 113 図　1910 年 11 月 14 日、バーミンガムより
カーチス式航空機が発艦した瞬間

第 114 図　イギリス戦艦アフリカの前甲板に
仮設された滑走台 (1912 年)

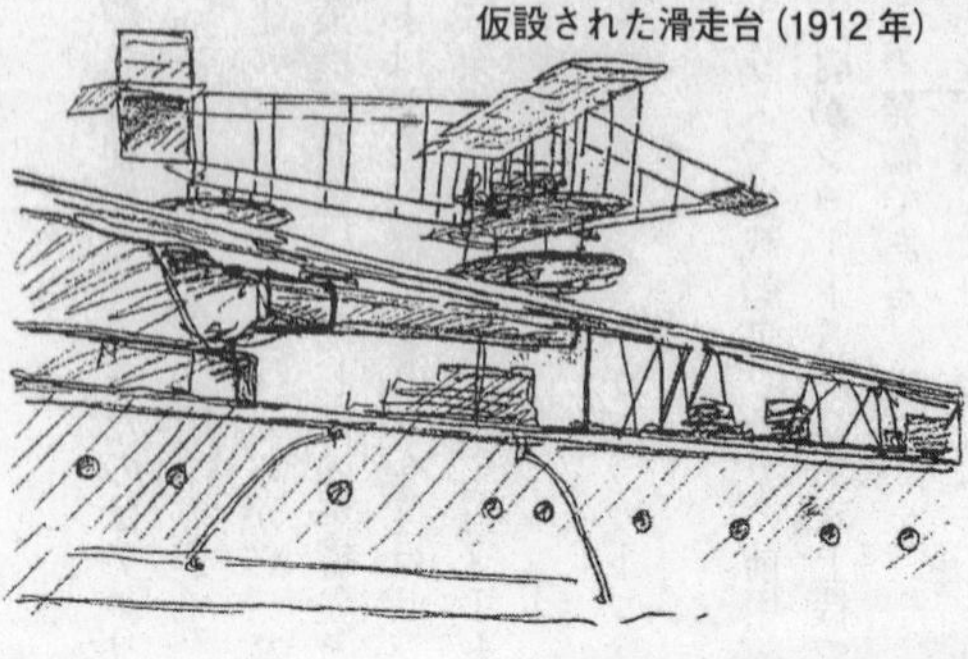

第 115 図　航空機搭載艦フードル (1914 年)

上から巡洋艦バーミンガム、戦艦アフリカ、水雷艇母艦時代のフードル

功した世界最初の事例である。

以上は、いずれも実験レベルの事例であるが、実用レベルではどうであったのであろうか。一九一一年、フランス海軍は旧水雷艇母艦フードルを航空機搭載艦に改造することを決定、翌年三月にツーロンで改造工事を完成して、世界最初の航空機搭載艦となった。もうすこし具体的にいえば、世界最初の水上機母艦となったのである。

もともと本艦は、前後にガントリークレーンをもつ、海外植民地に水雷艇や潜水艦を運搬する目的で、一八九六年に完成した常備排水量五九七一トンの特殊母艦であった。一九〇七年に工作艦、一九一〇年には機雷敷設能力も追加されていた。

それより先の一八九八年には、地中海方面で球形気球搭載艦として実験任務にあたったこともあった。

改造では、煙突後方に長さ一三・七メートル、幅九メートル、高さ四メートルの格納庫をもうけ、艦首部に長さ三四・七メートル、幅八メートルの発艦用甲板をもうけた。そして、一九一四年五月にカードロン水上機による発艦に成功している。この発艦甲板は一九一四年末に撤去され、水偵の搭載甲板にあらためられた。

イギリス海軍最初の水上機母艦は、フランスのフードルより約一年ほどおくれて出現したハーミーズであった。ハイフライヤー級防護巡（五六五〇トン）を改装して、艦首に滑走台、艦尾部にキャンバス製の格納庫をもうけており、たぶんに臨時的な改装で一九一三年五月に完成就役した。

本艦は改装完成後の七月から十月にかけて、数種の機材をもちいて約三〇回の飛行をおこない、水上機母艦としての本格的な運用をテストされて、同年十二月に予備役にまわされた。テスト結果は、かならずしもかんばしいものではなかったといわれているが、以後の改造、または新造水上機母艦の計画に貴重なデータを提供したのは必然であった。こうした短期間の実験的な就役から、本艦をイギリス最初の水上機母艦としない文献もある。

事実、第一次大戦にさいして再就役した本艦は、海軍航空隊の輸送補給艦としてもちいられ、水上機母艦には復帰しなかった。その意味では、一九一四年八月に改装工事に着手され、翌月九月一日に改装をおえた英仏海峡鉄道連絡船からの改装水上機母艦の一番手のエンガディーンが、イギリス最初の実用航空機搭載艦と称してもまちがいではないであろう。

本艦は、数日後に工事をおえた同型のリビエラ、エンプレスとともに、同年十二月のクリスマス当日、ドイツ飛行船の基地クックスハーヘンの空襲をおこなった。これがイギリス海軍最初の実戦における航空作戦だった。

ただし、出撃した七機の水上機は目標発見に失敗、母艦に帰投できたのは二機にすぎず、作戦は失敗であった。

この作戦後、これらの改装水上機母艦は、キャンバス製の格納庫を本格的構造の格納庫にあらため、水偵揚収用デリック、高角砲の装備をおこなった。また、当初は前後にわけて三機を搭載した水偵は、後部の大型格納庫に四機を収容するようにあらためた。

以上のように、第一次世界大戦開戦時のイギリス海軍は、一隻の航空機搭載艦もなかったことになるが、じつは開戦時、唯一の航空機搭載艦としてアークロイヤル（七四五〇トン）が建造中であった事実を忘れてはいけない。

本艦は本当の新造艦ではなく、建造中の船尾機関型貨物船を購入して航空機搭載艦にしたもので、開戦時は進水直前にあり、完成は一九一四年十二月十日であった。

完成は海峡連絡船の改装艦におくれたものの、実質的にはイギリス海軍最初の航空機搭載艦として、一九一四〜一五年度計画で約八万一〇〇〇ポンドの予算がつけられた正規の海軍艦船であった。

おもに先のハーミーズの成果を加味して計画されたもので、前半部の船倉を格納庫として水偵七〜一二機を搭載し、ハッチの前端に二基の蒸気クレーンをもうけた。機関は元貨物船のため一一ノットと低速であり、艦隊随伴能力はなかった。

イギリス海軍はこのために、開戦後まもなく、徴用を予定していた船舶のなかからカンパニア（二万五七〇トン）をえらんで購入し、航空機搭載艦への改装に着手した。

本船は、もともとはキュナード汽船の大西洋航路の客船で、一八九三年と九四年のブルーリボンホルダーでもあったが、老朽化と機関の不調から当時廃船解体の予定にあったものである。このような老朽船をえらんだのは、グランドフリート随伴用の航空機搭載艦のプライ

上から巡洋艦ハーミーズ、水上機母艦エンプレス、航空機搭載艦アークロイヤル

オリティが低いものであった結果という。

改装では、艦橋の前と後ろに水偵の格納庫を、艦橋から艦首にかけて長さ約五〇メートルのほぼ平坦な滑走台をもうけた。水偵は台車に載って、滑走台を滑走して離艦、台車はそのまま海中に投棄していたが、のちに回収できるようにあらためられたという。

水偵は艦橋前と中央部のデリックで揚

収するしくみで、一九一五年四月に工事を完成した。ただちにスカパフローでグランドフリートにくわわり、六月には最初の作戦航海に参加した。

イギリス海軍の実用航空機搭載艦で、滑走台を最初からもうけたのは、本艦の前にマン島―リバプール間の連絡船を改装したベン・マイ・クリー（三八八八トン）があったが、滑走台からの発艦は不成功におわり、まもなくこれを撤去していた。

カンパニアの場合、発艦には成功したものの、いろいろ不都合がおおく、再度の改装をほどこすため、一九一五年十一月にキャメル・レアード社にもどされた。

初の本格的航空機搭載艦

海軍艦船に航空機を搭載するという発想は、基本的には凧や気球とおなじく、偵察や索敵能力の画期的な向上を意図したものであった。

第一次世界大戦のはじまる直前には、航空機を飛行船とおなじく、攻勢的目的にもちいる可能性を、主要な列強海軍が考えていたのは、当然のなりゆきであった。

もちろん、当時の幼稚な航空機の性能から、過大な期待はたびたび裏切られたものの、兵器としての航空機の可能性は、これを集団でもちいることにあることは、おおくの人が認識していた。

先に述べたように、これを最初に実践したのはイギリス海軍であった。

しかし、当時の幼稚な水上機では、携帯する爆弾もおどかしていどで、それも一〇機をあつめるのには、三、四隻の水上機母艦をあつめる必要があった。

そうした意味では、カンパニアは当時もっとも大型な水上機母艦で、かつ高速であり、単艦で攻勢的な空襲をおこなうことが可能と考えられた。実際には、グランドフリートに随伴して、艦隊の目としての索敵能力を期待されたもので、結果的には本格的な艦隊航空戦力の完成は、第一次世界大戦後を待つ必要があった。

カンパニアは改装の完成まもなく、再度の改装がほどこされた。再改装で、巨大な本船の前部煙突は左右並列の二本煙突にあらためられ、従来ほとんどフラットであった前部の滑走台は、約四度の角度をもつ傾斜滑走台にかわった。

滑走台の長さも、約三〇メートル延長されて八〇メートルに達する長大なものとなった。滑走台の後端は並列の前部煙突の直前まで達した。中央部の格納庫の航空機を、煙突のあいだをとおして滑走台に運搬する意図だったが、実際には翼を折りたたみ式にするか、翼を分解しないかぎり無理であった。

さらに、船尾甲板はクリアーにされ、カイトバルーンの搭載設備をもうけて、当時としてはもっとも充実した航空艤装がほどこされた。

当時、イギリス海軍が取得した水上機のフェアリー・カンパニアは、本船搭載用として特別に開発された機材で、本船にちなんでわざわざカンパニアの名を命名されたのであった。

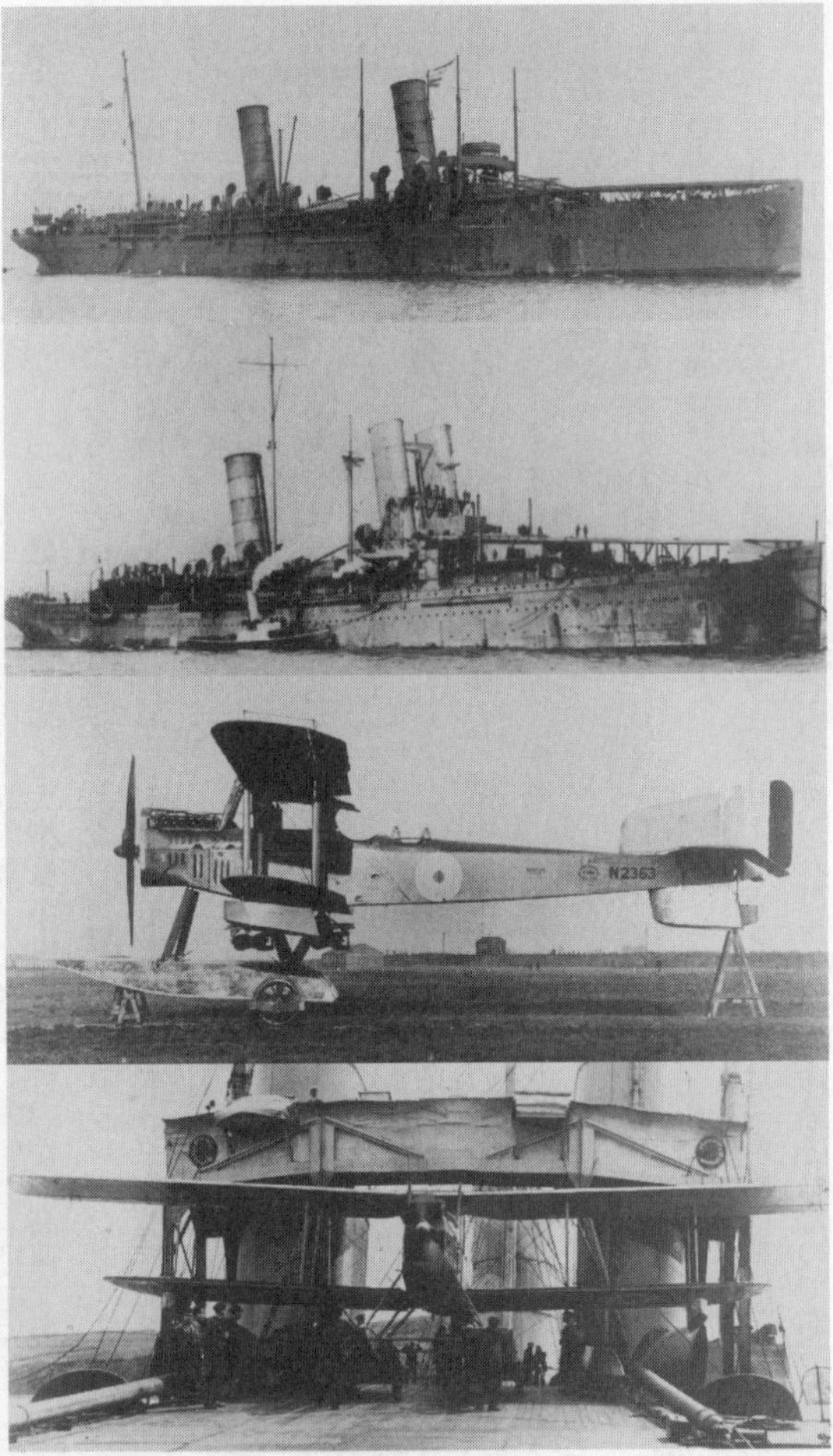

上から第1次改装後のカンパニア、第2次改装後の同艦、フェアリー・カンパニア水上偵察機、カンパニアより発艦するカンパニア機

本機は二七五馬力のロールスロイス・エンジンを搭載、約五〇キロの爆弾を搭載できた。当時としては先進的な水上機として期待され、フロートの下に四輪の滑走輪（トロリー）を敷いて、カンパニアの長大な滑走台より発艦した。

本船では前部滑走台の下部と中央部に格納庫をもうけ、最大一二機ていどを搭載、航空要員は一五七名をかぞえた。

しかし、こうした充実した装備のわりにめだった活躍のないまま、大戦末期、フォース・オブ・フォースで停泊中に他艦と接触し、沈没してしまった。

運送艦「若宮」の初陣

以上、一般的に有名な英仏の初期航空機搭載艦について説明したが、これ以外に忘れてならない艦に、日本海軍の「若宮」がある。

本艦というよりは、本船といったほうがふさわしいこの平凡な貨物船は、ほんらいはイギリスの貨物船レシントン（四四二一総トン）であった。日露戦争中に捕獲されて、戦時国際法違反で接収され、戦後、日本郵船に一時貸与されていた。

明治四十五年に砲塔運搬用にハッチの一部を拡大して、運送船としてもちいられていた。大正二（一九一三）年秋の小演習にさいして、水上機三機（ファルマン式七〇馬力二機、カーチス式七五馬力一機）を搭載して、佐世保周辺で偵察飛行などを実施、艦からの揚収や手旗信号などの訓練をおこなった。

この最初の艦船搭載がきわめてうまくいったことが、翌年八月の第一次世界大戦参戦にさいして、青島戦出撃につながったのであった。

「若宮丸」が出師準備のため横須賀に到着したのは八月十一日で、工事は同二十三日に完成した。

水上機母艦への改装はきわめてかんたんなもので、前後の上甲板に水上機各一機を組み立て状態で格納できるキャンバス製の格納庫とデリックをもうけ、船内に容量三〇〇リットルのガソリン・タンク四コと小規模な修理工場をもうけただけで、ファルマン式一〇〇馬力一機、同七〇馬力三機の合計四機を搭載した。

二機は組み立て状態で前後の天幕格納庫内に、二機は解体して前後の船倉内に格納した。航空要員は五三名が乗り組んだ。

大正三年八月二十三日、日本はドイツと交戦状態にはいり、同日夕刻、「若宮丸」は横須賀を出撃した。

「若宮丸」の搭載機が青島戦で初出撃したのは九月五日のことで、一〇〇馬力機をふくむ二機が青島港内の偵察をおこない、無事に帰還した。

これが第一次世界大戦で、水上機母艦が実際の戦闘に従事した世界最初の事例であった。

もちろん、この時点で本船は運送船のままで、大正四年六月一日に海防艦（軍艦）に類別格

（上）航空母艦「若宮」。（下）「若宮」の航空機搭載実験

上げされ、正式に航空母艦に類別されたのは大正九年四月一日のことであった。

ここで、いま一度確認しておくと、世界最初の艦船からの航空機の発着艦をおこなったのはアメリカ海軍で、一九一〇〜一一年のことである。世界最初の改造水上機母艦はフランス海軍のフードルで、一九一二年に完成した。世界最初の新造水上機母艦（実際は未成貨物船を変更）はイギリス海軍のアークロイヤルで一九一四年十二月に完成し、そして世界最初に実戦に参加した水上機母艦は、日本海軍の「若宮丸」であるとくりかえしておこう。

「若宮丸」の搭載機は、この初陣で約二ヵ月間に四九回出撃し、飛行総時間七一時間、投下した爆弾は一九九発に達した。この作戦中、「若宮丸」は触雷により一時戦列をはなれたが、航空機は陸上に基地をうつして活動をつづけ、水上機も二機が追加された。

このように「若宮丸」は正式に水上機母艦となったことはなく、日本最初の航空母艦となったものである。日本海軍で正式に水上機母艦の艦種が新設されたのは、じつに二〇年後の昭和九年八月のことであった。日本海軍の正式水上機母艦の第一号は「能登呂」である。

ちなみに、イギリス海軍ではこうした初期の航空機搭載艦をすべてエアクラフト・キャリアー（航空母艦）と呼称しており、シープレーン・キャリアーとはいっていない。

新装備カタパルトの出現

艦船から航空機を発艦させるために、単なる滑走台ではなく、なんらかの加速装置をもちいれば、より短いコンパクトなスペースから発艦できるわけで、こうしたアイデアはかなり早くから存在した。

もっとも、初期の航空機は小型軽量で、比較的に短い滑走台から身軽に発艦できたから、第一次世界大戦では必然のものではなかった。

ちなみに、イギリス海軍では大戦後半、主力艦の主砲塔上に短い滑走台をもうけて、単座戦闘機または複座偵察機を搭載していた。大戦末期には、航空機を搭載していた戦艦・巡洋

第116図　イギリス巡洋戦艦ニュージーランドの3番砲塔より発艦するソッピース1½ストラッター

戦艦は四二隻をかぞえ、搭載機の合計は八三機に達した。

これは当時のイギリス海軍が、主力艦の偵察・弾着観測用に航空機を重視していた証拠であるものの、搭載機のすべては車輪装備の陸上機であり、陸上基地に帰投するか、海上に不時着するしかなかった。もっとも、機体が沈まないように浮き袋を装備していたというから、これは覚悟のうえであったともいえた。

ほんらい、こうした任務には、カンパニアのような艦隊随伴用空母がおこなうのが効率的であるはずであったが、これができなかったところに、当時の空母の未熟さがあった。

カタパルトの開発に最初に着手したのはアメリカ海軍であった。早くも一九一二年十一月に、陸上における最初のカタパルト発射に成功している。

以後、しばらく時間がかかったものの、一九一

第117図　カタパルトを装備したアメリカ装甲巡洋艦ノースカロライナ

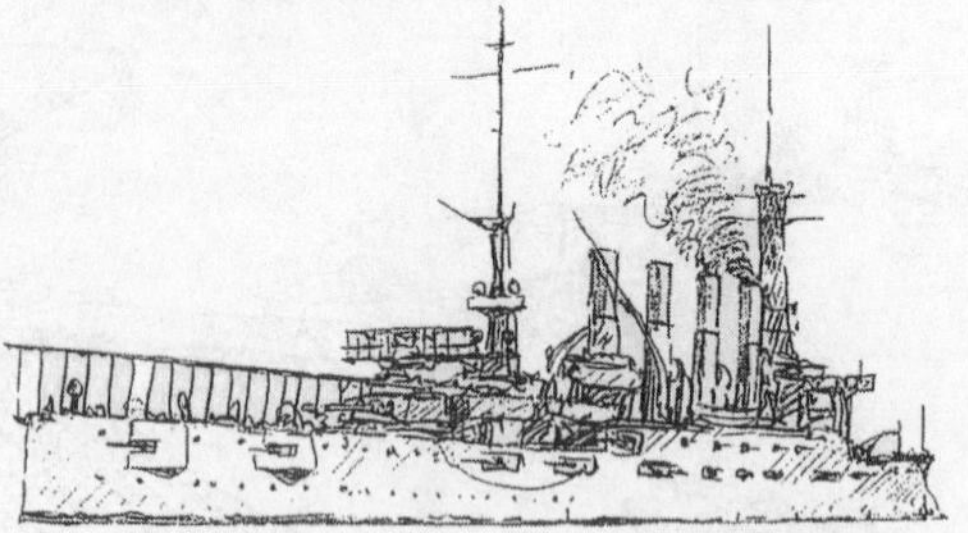

第118図　アメリカ海軍が1919年に完成した最初の実用カタパルト

五年十一月に装甲巡洋艦ノースカロライナの後部甲板にもうけられたカタパルトから、AB2飛行艇の発艦に成功している。これが、世界最初の艦船上からのカタパルト発艦であった。

動力については不明だが、後部主砲塔前から艦尾に達する比較的に長い軌条上を、加速駆動される滑車上に飛行艇を載せて発艦させたものである。比較的に重量のある飛行艇を艦載できることに意義があった。

といっても、何度かの発艦には失敗もあり、翌年四月、軌条の高さを砲塔上にかぶるように高めて、ほぼ満足できる結果を得た。

アメリカ海軍はこの時期、第一次世界大戦への参戦をひかえて、装甲巡洋艦群へのカタパルト装備を考えていたらしい。

これはアメリカ海軍が、イギリス海軍のように水上機母艦をまったくもたず、当時猛威をふるっていたドイツのUボートに対抗するのに、洋上での哨戒能力の高い飛行艇をえらんだものらしい。

一九一七年にはいって、装甲巡洋艦のハンチングトンとシアトルにカタパルトを装備、予定していたモンタナには中止された。

ハンチングトン。後甲板のカタパルト上にカーチスN・9Hが見える

このとき、これら装甲巡にはカイトバルーンも搭載され、大西洋を横断して船団護衛するには、もっとも有力な航空装備であった。

アメリカ海軍が最初の圧搾空気式の実用カタパルト（タイプＡＭｋ１）を開発したのは、このあと一九二二年のことである。同年十二月に戦艦メリーランドに装備したのが、世界最初の実用型カタパルトであった。

一方、イギリス海軍ではカタパルトの開発ではかなり遅れをとった。最初の試作カタパルトを実験船スリンガー（八七五トン）に搭載して実験をおこなったのは、一九一七年のことであった。

このときに開発されたカタパルトは、圧搾空気式の最大荷重二・二トンを速度五二ノットで打ちだせるものであったが、実際には最大荷重での実験はなく、水上機の発艦に成功したにとどまった。

戦後、本船は除籍され、イギリス海軍が実用カタパルトを艦船に搭載したのは、一九二五年の巡洋艦ビンデクティブが最初であった。

日本海軍で最初に艦船にもうけた滑走台より航空機の発艦に成功したのは、大正九（一九二〇）年で、これは「若宮」に架設した滑走台であった。

さらに大正十一年にいたって、大戦中のイギリス海軍の例にならって、軽巡「木曾」と戦艦「山城」（二番砲塔）に架設した滑走台よりソッピース・パップ機の発艦に成功した。

日本海軍最初のカタパルトは一九二五年、ドイツのハインケル社から購入したハインケル式艦上飛揚装置を戦艦「長門」の二番砲塔に仮設し、同時に購入したハインケル水偵の発艦に成功したのが最初である。これには、ハインケル自身が立ち会った。

この装置と水偵は翌年、重巡「古鷹」と「加古」に装備された。これ以降、日本海軍は呉

（上）「山城」のソッピース・パップ発艦実験。（下）「長門」の水上機発艦実験

海軍工廠で最初の国産射出機の開発に着手し、昭和三年四月、試製呉式一号射出機一型（圧搾空気式）を完成した。

特務艦「朝日」に搭載して実験をおこない、重巡「衣笠」に搭載したのが実用射出機の第一号で、アメリカ海軍に遅れること五年の差があった。

改造されたフューリアス

第一次世界大戦も二年目にはいると、航空機搭載艦のおおくの問題点が浮かびあがってきた。

航空機を海上で有効につかうには、短時間に航空機集団を発艦させ、かつ作戦終了後は洋上でこれを回収（着艦）させることが、艦隊航空力の基本であることはわかってきた。

しかし、これには発艦はともかく、着艦に問題のある水上機では限界がみえてきた。したがって、車輪をもつ陸上型航空機の方が、この目的に適しているのはあきらかだった。

この場合、最大の問題は、その着艦をどうするかであった。発艦については、比較的にみじかい甲板からでも離艦が可能であることは、当時の実績からもわかっていたが、着艦については未解決の問題がかず多くのこっていた。

最大の課題は、着艦機を拘束、制動させて、完全に着艦させる方法についてであった。こうした着艦装置とともに、搭載艦としての形態についても、以後しばらく試行錯誤がくりかえさせることになる。

一九一七年はじめ、グランドフリートでは艦隊航空力の強化を海軍省に要求し、あらたな改造艦が出現してきた。

このとき、具体的にはカウンティ級、またはリバイアザン級装甲巡洋艦の改造が候補にあがったが、海軍省はおりから完成に近づいていた大型軽巡フユーリアスをえらんだ。

本級は一九一五年に、軍令部長フィッシャーの意向で計画された一種の奇形軍艦であった。巡洋戦艦なみの船体と機関に、軽巡なみの防御と戦艦なみの兵装をほどこしたもので、バルト海への侵攻作戦用、および外洋における通商破壊艦の捕捉撃滅を意図した特殊軍艦であった。

フユーリアスのみは同型のカレイジャスとグロリアスとことなり、主砲として当時最大級の一八インチ四〇口径砲を採用し、同単装砲を前後に一基ずつ搭載を予定していた。

一九一七年三月に工事を中止し、前部主砲塔跡に格納庫をもうけて、偵察機六機、戦闘機四機を搭載し、司令塔前から艦首先端まで軽く傾斜した長さ約五〇メートルの飛行甲板がもうけられた。

工事は約三ヵ月を要し、同年七月に完成した。この時点で、フユーリアスはこれまでで最速（三一ノット）の航空機搭載艦で、その飛行甲板も比較的に長大であった。

完成後、飛行隊長だったダニング少佐はソッピース・パップ戦闘機をかって、この発艦甲

上から巡洋艦フユーリアス、航空機搭載艦に改装後のフユーリアス、再改装後の同艦

板に着艦するという、かなり無謀なことをこころみた。一度は成功したものの、数日後の再度のこころみにさいし、高速で風上に航行するフユーリアスと並行に飛行し、艦橋前で横滑りして甲板にタッチしたものの、エンジンが切れて機は舷側から落下し、少佐は殉職した。

こうしたサーカスまがいの着艦は論外としても、本格的な着艦甲板の装備は不可欠と考えられ、フユーリアスは再度の改装で、後部の主砲と後檣を撤去して、長さ九〇メートル、幅二七メートルの着艦甲板が追加された。

この甲板は、前部の発艦甲板と中央の前檣楼と煙突部のアイランドをかこむかたちで、両

（上）フユーリアスの前部発艦甲板。中央にトロリー軌道が見える。（下）同艦に搭載したソッピース機

舷のほそい通路でむすばれており、翼を折りたたんだ搭載機を前部に運ぶことができた。発着甲板の前方には、当時考案されたばかりの縦索式制動装置が、さらに煙突の前には、ロープを縦に一〇本吊りあげた制止装置もうけられた。

縦索式制動装置は、ほそいワイヤーを甲板上約一五センチの高さに数十センチ間隔で縦に張りわたし、着艦機は車輪のかわりにソリ状のスキッドを左右にもち、その支持軸間にぶら下げた錨状のフックが、これにからんで摩擦するのを制動力としていた。この制動索部分の甲板両側には、七〇〜八〇センチの高さのフェンスがあり、機が横滑りして舷外に転落するのを防止していた。

こうした着艦装置は、すでに一九一五年ごろより、いろいろ開発されていたものの、この時点では、これがベストであった。一九一一年にアメリカ装甲巡ペンシルベニアでこころみられた、両端に砂袋をむすんだロープを甲板に横に張りわたす古典的な方法も、もちろんトライされたが、機の横滑りを止められず、採用はされなかった。

フユーリアスは一九一八年三月に工事をおえて艦隊に復帰したが、後部の着艦装置は危険きわまりなく、短期間の着艦訓練で煙突にクラッシュした機は三〇機にも達したといわれている。

イギリス海軍はフユーリアスについで、こうした形態の航空機搭載艦として、おりから建造中のホーキンス級軽巡の一艦、キャベンデッシュの改造を実施した。第一次大戦もおわり

第119図　着艦に失敗しフユーリアスより転落する
ダニング少佐機

第120図　フユーリアスの着艦装置（1918年3月）

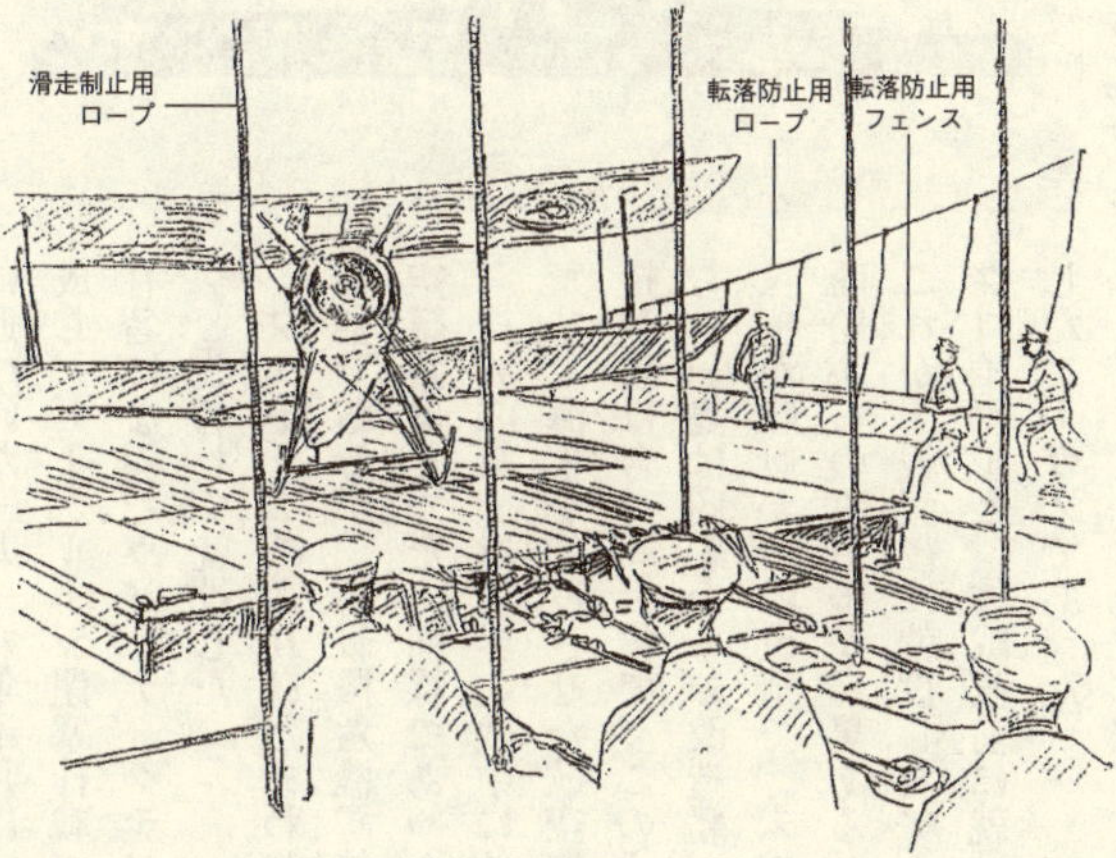

（上）ペンシルベニアにおける着艦実験。（下）ヴィンディクティブ

に近づいた一九一八年十月に完成し、ゼーブルージ閉塞作戦で有名になったヴィンディクティブと改名して就役した。

フユーリアスよりひとまわり小型であるが、搭載機六機、航空艤装はまったく同様であった。

結局、第一次世界大戦中にイギリス海軍が就役させた航空機搭載艦は合計一六隻で、このうち一一隻は商船からの改造艦、三隻が艦艇からの改造で、未成商船からの改造艦が二隻ある。これが開戦直後に就役したアークロイヤルと、休戦直前に就役したアーガスであった。

この二隻を比較すれば、この

間の技術的進歩と、航空機搭載艦から航空母艦への変身ぶりは一目瞭然である。

アーガスとハーミーズ

アーガスはほんらい、イタリアのロイド・サバウド・ラインの客船として、開戦直前にベドモア社で起工されたコンテ・ロッソである。開戦後、工事を中断していたのを、ベドモア社が海軍に航空母艦への改造を提案した。これをうけて、海軍省が一九一六年に正式に買収して、空母への改造工事に着手した。

本艦は排水量一万五七七五トン、全長一七二メートル、主機タービン、速力二〇・五ノットであった。ただし、最初からその設計についてはいろいろ紆余曲折があり、完成時のようなフラットな全通甲板の形態は、フューリアスの実績から決定したものらしい。

それまでは、飛行甲板の中央部に門形構造物と煙突を配したアイランド構造で、陸上機と水上機の混載を考えていた。

こうした形態は、模型による風洞実験からえらばれたもので、とくに最終的に選択された煙路構造は、飛行甲板の下を二本の煙路で艦尾まで誘導し、これを両舷側から強制排気するというこった構造だった。

しかし、これは艦尾の気流を乱し、完成後の実績からもかんばしくなく、のちにフューリアスの第三次改装で採用されただけであった。さらに、日本海軍が「加賀」の改装にさいして採用したものの、不評であったことは周知のとおりである。

飛行甲板の前半部には、大小二基の電動リフトがあり、下部の格納庫に通じている。格納庫は全長一〇七メートル、最大幅二一メートル、高さ六メートルの一段式で、約二〇機を格納できた。

着艦制動装置はフユーリアスとほぼおなじ縦索式のもので、ただ索を甲板から数十センチもちあげる駒板が間隔をおいてもうけられ、着艦機はこの駒板を倒しながら制動される仕組みになっていた。これとおなじものが、のちの日本最初の空母「鳳翔」にも装備された。

前部リフトの前には、昇降式の操舵艦橋と測距儀台があり、水圧により作動した。全般的に本艦の航空艤装は、基本的に近代空母に通じるもので、かつ空母としての基本構造も完成度の高いものであった。

本艦の完成は一九一八年九月で、実戦参加の機会はなかったが、もし休戦があと数ヵ月のびていたら、本艦に搭載を予定していた世界最初の艦載雷撃機ソッピース・カッコーによる、ドイツ艦艇にたいする洋上雷撃が実現したかもしれない。

イギリスではこれより先、開戦後に工事を中止していたチリ注文の戦艦アルミランテ・コクランを一九一七年に購入し、これを空母として完成させることになり、一九一八年六月に進水した。

本艦は三万トンちかい超ド級戦艦の改造であり、イギリス海軍は慎重に工事をすすめた。

とくに飛行甲板上の形態では、完成後のアーガスをもちいて右舷中央部にキャンバス製のアイランドを仮設し、実際の着艦作業をおこなったうえで、大型のアイランドの設置が決められている。

イーグルと命名された本艦は、一九二〇年四月に一部未完成の状態で地中海に回航され、シシリー島付近で実用試験を実施した。アイランド形態の確認をしたうえで本国にもどり、工事を再開して一九二四年に就役した。

本艦のアイランドは、大型三脚檣と二本煙突を配置したひじょうに大型なものであった。六インチ砲九門を装備した本艦は軽巡なみの兵装をもち、大型のアイランドはこうした砲戦能力にも関係したものであった。

完成時の要目は基準排水量二万二六〇〇トン、飛行甲板の全長は約二〇〇メートル、速力二四ノット、搭載機二〇機以上で、当時のもっとも有力な空母となった。

このイーグルの買収と相前後して、イギリス海軍ははじめて一万トン型空母の新造計画をもった。イギリス海軍最初の航空機搭載艦であるハーミーズの名を襲名した本艦は、一九一八年一月に起工され、世界最初の新造航空母艦の名誉をになうはずであった。

ところが、完成はあとから起工した日本の「鳳翔」に先を越されることになる。

計画時点での本艦は、搭載機を水上機とした水上機母艦としての設計で、アーガスの初期計画とおなじく、全通の飛行甲板に左右対称な門型のアイランドをもっていたが、イーグル

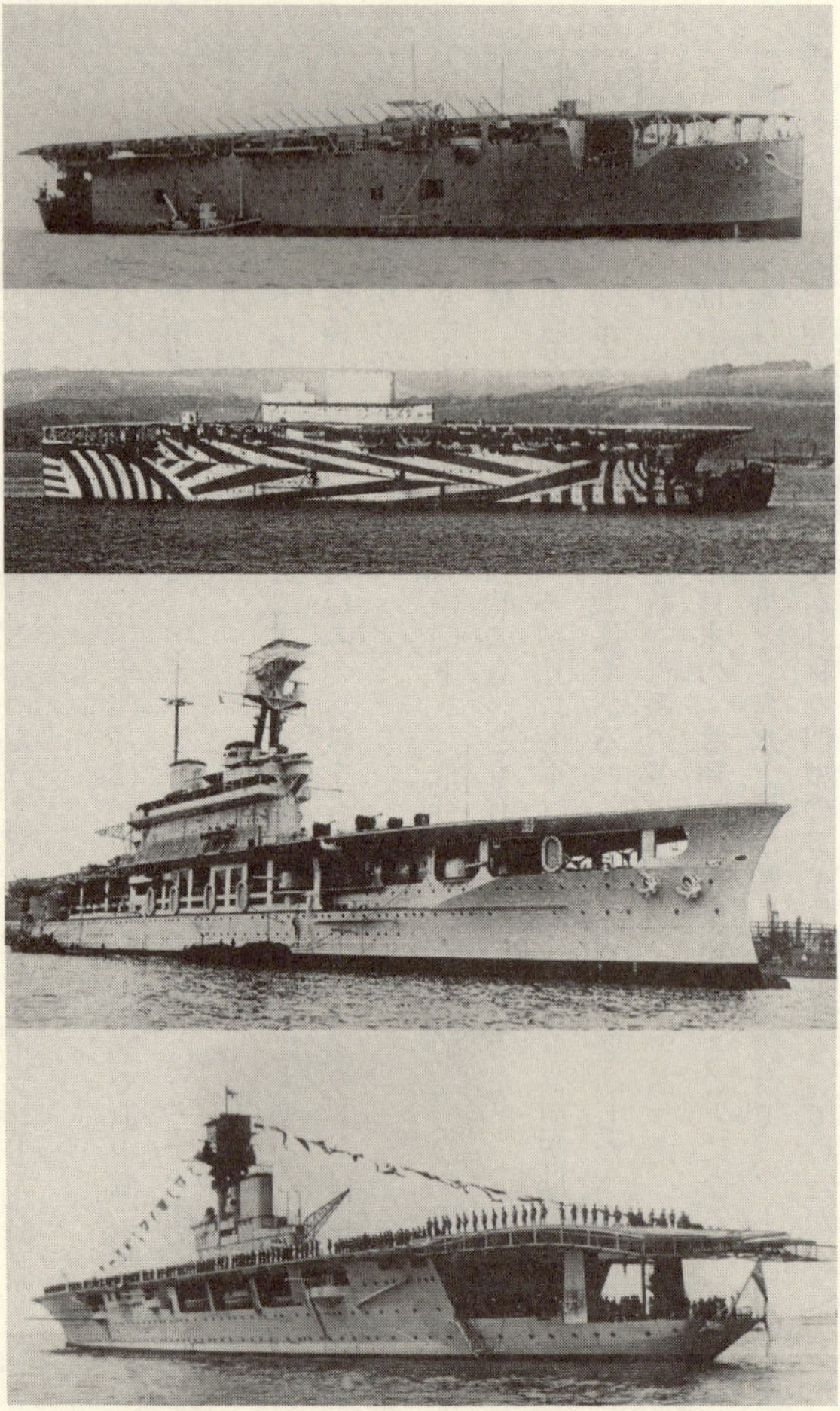

上からアーガス、仮設アイランドをもうけた同艦、イーグル、ハーミーズ

第 121 図　航空母艦アーガスの初期計画艦型

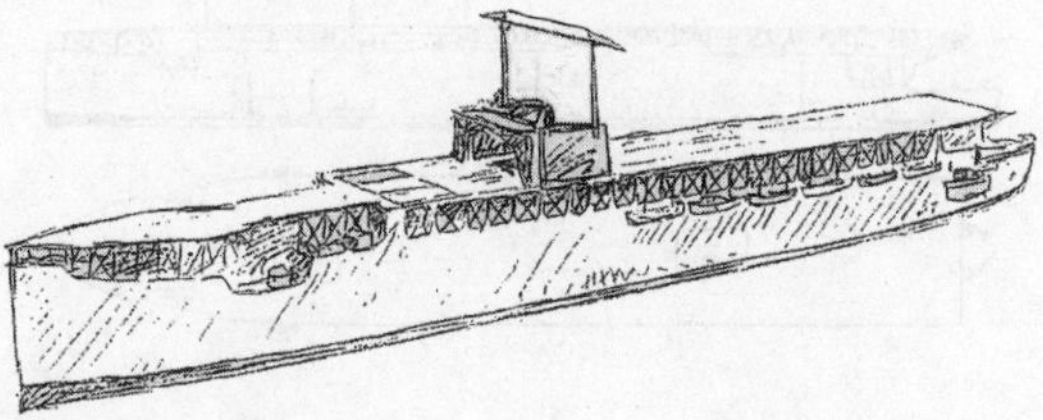

第 122 図　1920 年に地中海で実験中の航空母艦イーグル

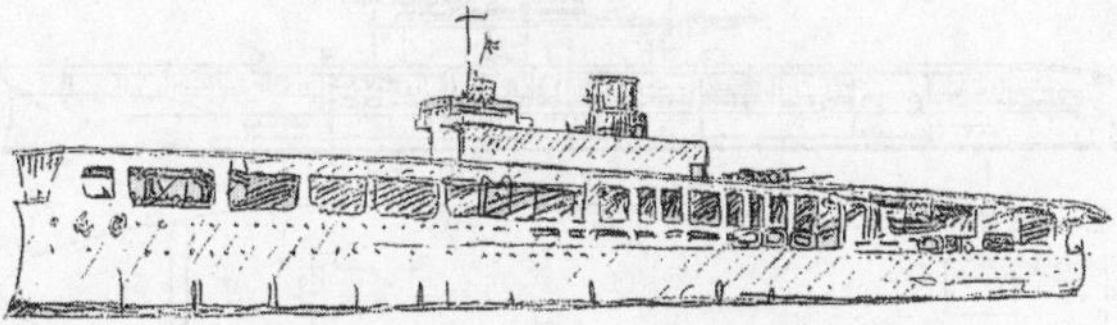

第 123 図　航空母艦ハーミーズの初期計画艦型

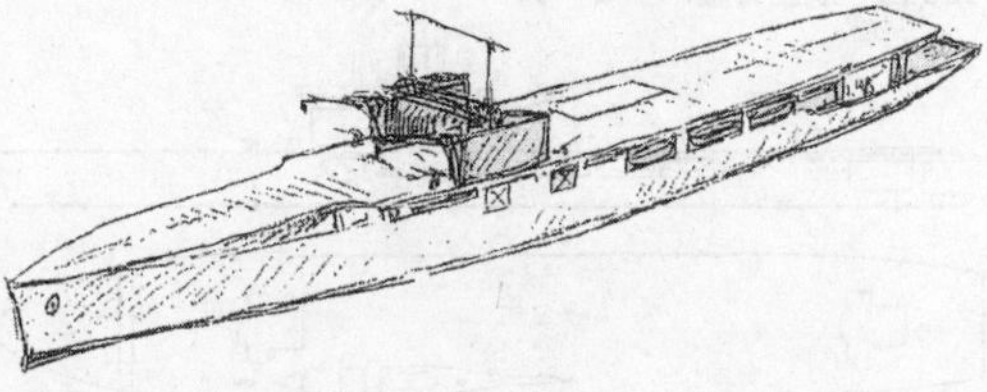

第 124 図　航空母艦アーガス

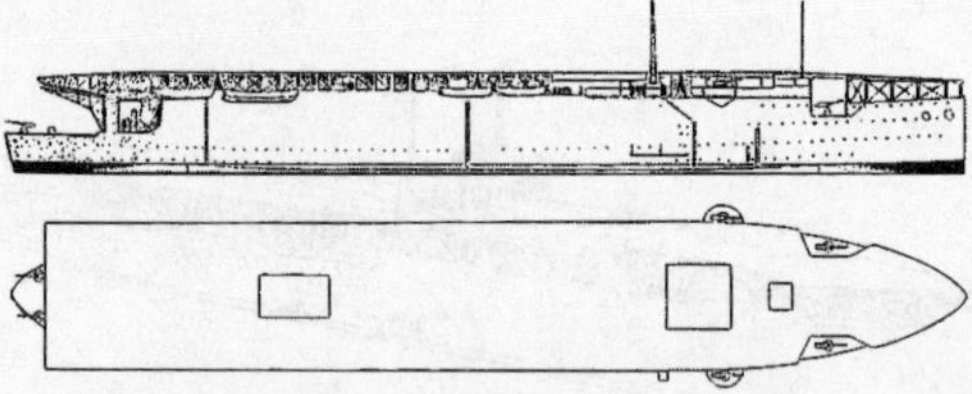

第 125 図　航空母艦イーグル

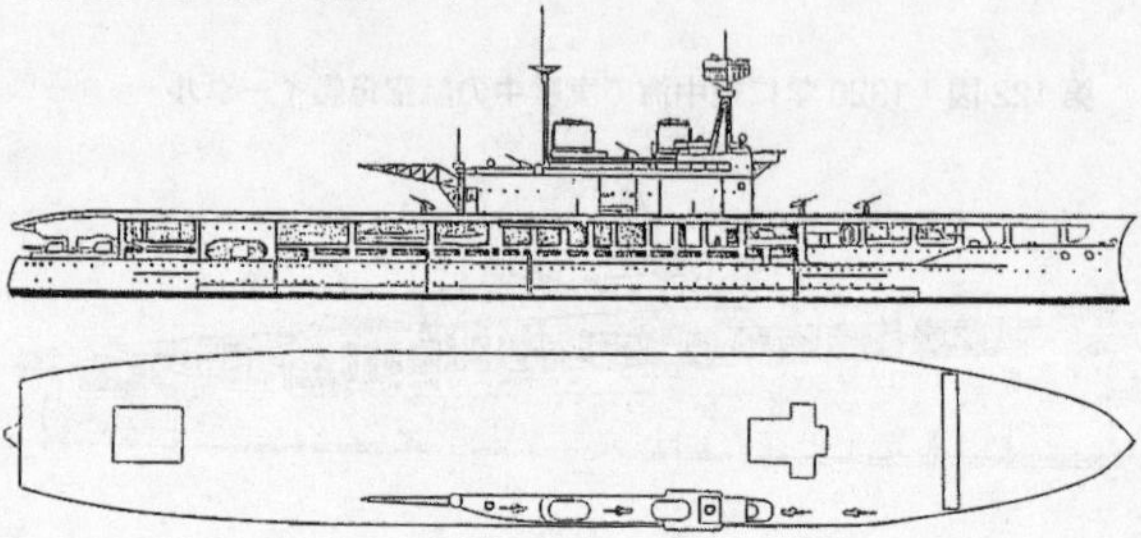

第 126 図　航空母艦ハーミーズ

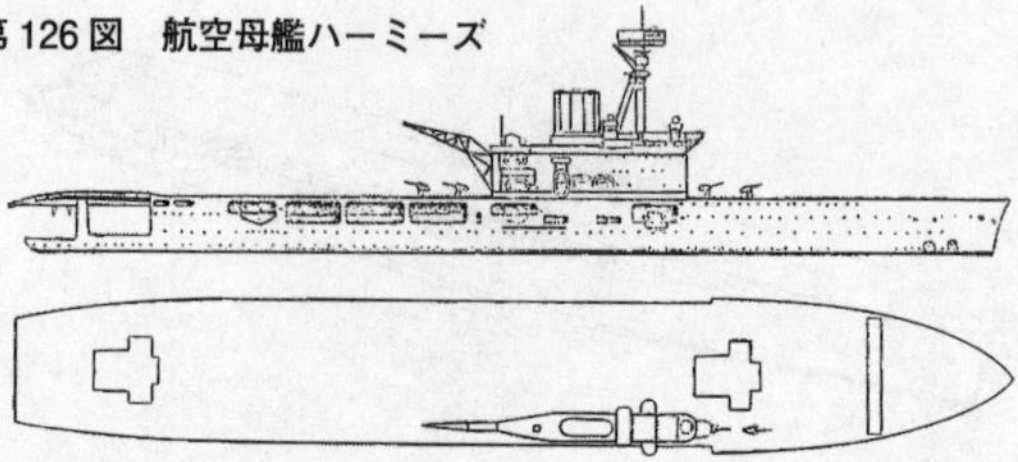

の実績を十分に加味して、右舷中央部に大型のアイランドをもつ小型空母として、イーグルと同期に完成した。

ハーミーズは基準排水量一万八五〇トン、飛行甲板全長一七四メートル、速力二五ノット、搭載機二〇機で、小型ながら、のちにいうエンクローズド・バウの採用など、なかなか先見に富んだ空母であった。

アーガス、イーグル、そしてハーミーズの三隻の空母が完成したことにより、第一次世界大戦でイギリス海軍がさまざまに試行錯誤してきた、航空機搭載艦船の集大成をなしたといっていいであろう。

事実、この大戦中、イギリス海軍ほど艦隊航空兵力の発展に尽力した海軍はほかになく、のちにイギリス海軍を凌駕する日米海軍は、こと空母にかんしては、まだまだ後方を走っていた。

日本海軍「空母」事始め

イギリス海軍が本格的な航空母艦のアーガス、イーグル、そしてハーミーズを、試行錯誤をくりかえしながら建造していた第一次世界大戦後のこの時期、第一次世界大戦で世界最初の航空機搭載艦「若宮」の参戦を実践した日本海軍では、その後も特務艦「高崎」や巡洋戦艦「金剛」への航空機搭載を実施したものの、イギリスのような航空機搭載専門艦の整備はみられなかった。

のちに世界最初の新造空母となる「鳳翔」は、大正七年度計画により大正九年（一九二〇）十二月に起工された。これはイギリスのハーミーズの進水後一五ヵ月のことであった。ただし、本艦は特務艦（運送船）として起工されたもので、予定艦名は「竜飛」であったという。

もっとも、日本最初の航空母艦は、名目上は大正九年四月一日に艦艇類別等級にあらたに航空母艦をくわえ、「若宮」をここに類別したことにはじまる。

実質的に日本最初の空母となるべくはずの艦は、大正九年度の八八艦隊完成案で計画された「翔鶴」ほか一隻の二隻の一万二五〇〇トン型空母であった。のちのワシントン条約により、未成主力艦の空母への転用が認められたため、二隻の建造はとりやめとなった。

この間、第七号特務艦として建造されていた「鳳翔」は、大正十年十月に軍艦（航空母艦）に格上げされた。同年十一月に横浜の浅野造船所で進水、横須賀海軍工廠にひきわたされて、艤装工事を実施、翌年十二月に完成した。

ハーミーズは進水後、竣工まで四年余をついやしたため、「鳳翔」はかくして世界最初の新造空母の名誉を得ることになった。

というと、いかにも順調に工事をおえたように思うが、これまで航空機搭載艦にかんして、わずかに「若宮」の艤装経験しかない日本海軍にとって、全通甲板をもつ最初の空母の計画は、たぶんに先進国イギリス海軍のコピーにならざるを得なかった。

そもそも計画時の本艦は、イギリスのカンパニア、フユーリアスにならって艦首に発艦用甲板をもち、後部に水上機の搭載施設をもうけた航空機搭載艦だったという。もちろんこの間、イギリスでフユーリアスを改造して着艦甲板をもうけたことや、全通の飛行甲板を有するアーガスの出現を知って、その計画をあらためたものであろう。

本艦の計画は、当時イギリスより帰国したばかりの田路坦造船小監が担当したといわれており、彼の考案したスケルトンフロアーとよばれる艦の二重底構造は、特許となっている。

主機のパーソンズ・タービンは、わざわざイギリスに注文されたが、これは当時の国産タービンにトラブルが続出したことから、イギリスの最新タービン技術を得る目的があったのかもしれない。また、空母としての艦の動揺をおさえるため、アメリカのスペリー社のジャイロスタビライザーを購入搭載した。

初期の搭載機は、一〇式艦戦六機、一三式艦攻九機の合計一五機で、他に補用機として六機を搭載した。

「鳳翔」完成後の最初の着艦実験は、大正十二年二月二十二日に東京湾でおこなわれた。三菱のテストパイロットのイギリス人ジョルダンが三菱の一〇式艦戦で着艦に成功、賞金として一万五〇〇〇円を獲得したという。今日の一〇〇〇万円以上であろうか。

このときの着艦制動装置は、イギリスがアーガスに最初に採用した駒板式縦索式のもので、

第127図　航空母艦「鳳翔」(新造時)

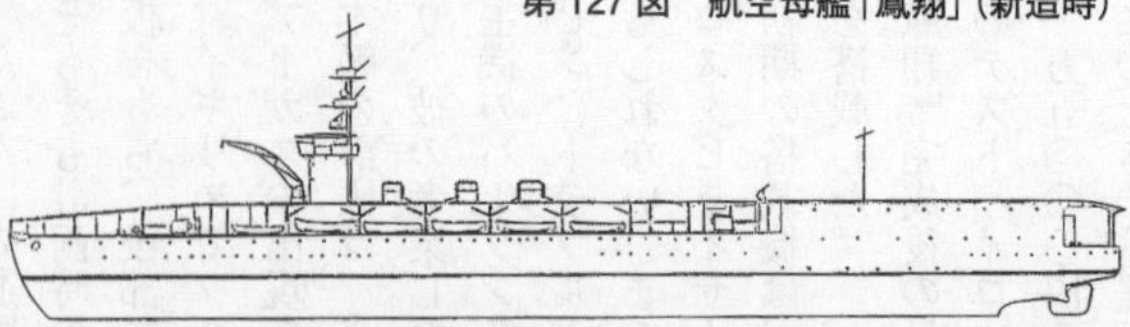

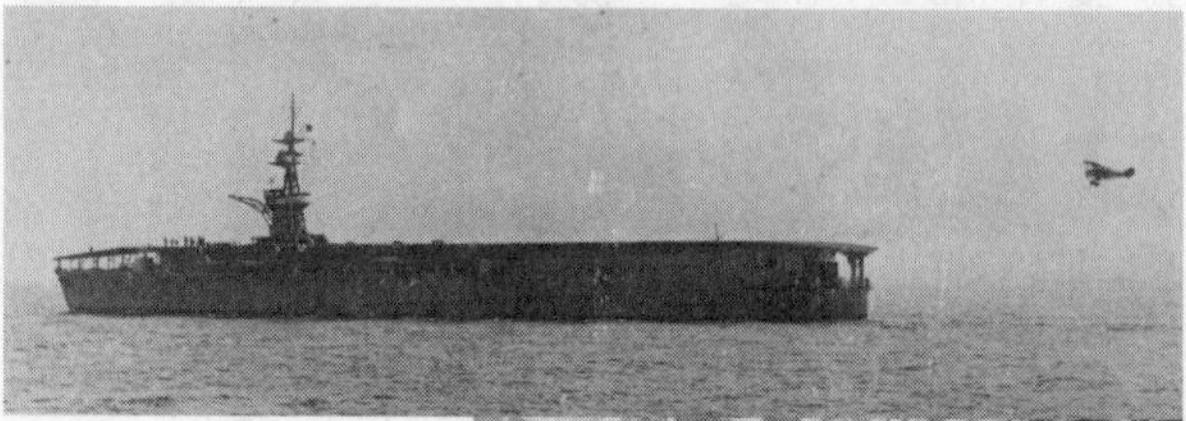

(上)「鳳翔」
(下)「鳳翔」に搭載されるジャイロスタビライザー

ジョルダンはアーガスに乗り組んだ経験があったという。三月十四日には吉良大尉が一〇式艦戦で着艦に成功、日本人として最初の着艦者となった。

こうした発着艦実験の結果、「鳳翔」は島型艦橋の撤去、艦首甲板傾斜の改正、起倒式煙突の固定化などの改正工事を実施して、日本海軍最初かつ世界最初の新造空母として、以後約二二年にわたる日本海軍の空母陣の発祥の艦となるのであった。

米最初の空母ラングレー

前述のように、アメリカ海軍は第一次世界大戦において、カタパルトなどの搭載艦は実現したものの、複数の航空機を搭載する航空機搭載艦は出現しなかった。

しかし、一九一七年に参戦後、イギリス本国海域に派遣されたアメリカ海軍将兵は、そこで見なれない航空機搭載艦に接して、はじめて艦隊航空先進国の実態を知ることになった。

一九一七年後期、のちにイギリス造船局長として知られることになるイギリス海軍の造船官S・V・グッデールがアメリカを訪問、アメリカ海軍当局にジュットランド海戦の戦訓をふくめて、イギリス艦艇の最新情報をもたらした。

このなかには、当時計画中の新造空母ハーミーズの情報もふくまれていたという。

こうした情報により、アメリカ海軍も一九一九年ごろより新造空母のスケッチデザインに着手、当初は三万トン型三五ノットという、大型高速の艦隊型空母の計画を有していた。ただし、当時アメリカ海軍は日本の八八艦隊案に対抗する三年計画案による大規模な建艦計画を実行中で、とてもこうした空母の建造を実行する余裕はなく、議会も一九二〇、二一年と建造を拒否してきた。

こうしたことで、アメリカ海軍はまず実験的空母として、一九二〇年三月に給炭艦ジュピターを最初の空母に改造するため、ノーフォーク海軍工廠に送りこんだ。

ジュピター(AC3)は一九一三年に完成した、当時としては近代的な給炭用クレーン設備をもつ大型の給炭艦で、また当時、アメリカ海軍が主力艦用の主機として採用をすすめていた電気推進機関の実験艦でもあった。

艦型的にはイギリスのアーガスとほぼ同大の艦で、形態的にもよく似たアイランドをもたない平甲板型で、煙路処理は日本の「鳳翔」とおなじ起倒式煙突方式であった。完成時は、左舷後方に一本煙突が後方に回転起倒する機構であったが、まもなく二本煙突にわけ、外舷に倒れる方式にあらためられた。

本艦の最大の特長は、格納庫甲板をもうけず、飛行甲板下のほんらい格納庫となるべき空間を開放式として、搭載機は中央部に一基のみもうけられたエレベーターをはさんだ前後の空間に、飛行甲板下のガントリークレーンに吊られて移動、格納された。

搭載機は一九二四年当時で戦闘機一二機、偵察機一二機、雷撃機六機、水上機六機の合計三六機であった。かなり多いように思えるが、アメリカ空母の特色として、飛行甲板での露

（上）空母改造後のラングレー
（下）２本煙突に改装後の同艦

第128図　給炭艦ジュピター

第129図　サラトガ、レキシントンの初期空母改造案による艦型

天搭載が相当数を占め、実際の格納数はこの半数強であろう。
　まして、本艦のような格納方式では、飛行甲板に上げるまでに長時間を要し、実戦的ではなかった。
　本艦に採用された着艦制動装置は、イギリスや日本とおなじく縦索式で、横に駒板を多数配した独特のもので、のちにサラトガ、レキシントンの完成時にもおなじものが装備され、横索式のものにかわったのは、一九三〇年代にはいってからであった。
　一九二〇年四月二十一日に、アメリカの航空学者として航空理論の確立で知られるサミエル・P・ラングレー（一八三四―一九〇六）の名をとって、ラングレーと命名された本艦は、一九二二年三月二十日にアメリカ海軍最初の空母（CV1）として就役した。これは日本海軍の「鳳翔」の完成する約八ヵ月前のことである。

本艦からの最初の発艦は、かなり遅れて同年十月十七日に、バージル・C・グリフィン大尉がVE7―SF戦闘機をかって発艦に成功、九日後にG・チェバリエー少佐が最初の着艦に成功した。

ラングレーにはまた、飛行甲板上に実験的に初期のカタパルト（空気式）が装備され、のちに一基を追加した。またのちに、完成時のサラトガなどにも装備されたはずみ車式カタパルトも装備されたが、いずれも実験的なものにとどまり、実用化にいたる前に撤去された。

このカタパルトによる最初の発艦実験は、同年十一月十八日におこなわれ、ホワイティング中佐が、空母の甲板からカタパルトにより発艦した最初のパイロットとなった。

本艦の実績は、当時ワシントン条約により未成主力艦の空母への転用が認められたことで、改造計画に着手したばかりのサラトガ、レキシントンの二大空母の設計に大きく寄与したことは明らかである。ほんらい艦型的にも不十分で、かつ低速でもあり、のちのロンドン条約で空母の保有量が制限されたこともあって、一九三七年に水上機母艦に改造され、空母艦種からのぞかれた。

いずれにしろ、こうした日英米の初期空母をくらべたとき、第一次大戦中のもっとも豊富なノウハウと戦訓をもつイギリスと、これに追従した日本、さらに独自の技術を確立したアメリカの空母に対する基本的な方針は明らかにことなっている。結果的に、のちに太平洋戦争で激突することになる、日米空母の出発点となった二隻を比較しても、空母の基本ということではアメリカに一日の長があることは、次の日米の主力空母となる「赤城」「加賀」とサラトガ、レキシントンをくらべれば明白であろう。

低調だったその他の空母

第一次大戦において欧州の列強海軍には、イギリスに匹敵するような航空機搭載艦は見られず、わずかにドイツ海軍が、防護巡洋艦シュッツトガルトを水偵三機搭載の水上機母艦に改造、その他にも貨物船五隻を水上機母艦として就役させた。

しかし、インド洋で「常陸丸」を撃沈した通商破壊艦ウルフは水偵一機を搭載していたから、航空機の使用が不活発であったわけではない。大戦後半には、装甲巡洋艦ルーンをシュツットガルトと同様な水上機母艦に改造する計画もあったが実現せず、さらに本格的な空母の改造計画もあったことが知られている。

これは開戦時、ハンブルグのブローム&フォス社で建造中であったイタリアの客船アウソニア一万一三〇〇総トンを、水上機一三〜一九機、陸上機一〇機を搭載し、二段式飛行甲板(発着甲板)をもつ航空母艦に改造する計画で、一九一八年に発足したものの、未着工のうちに休戦となって未成におわっている。

全般に大戦中のドイツ水上機の性能は優秀で、大戦後、日本海軍はこうした水上機材のい

（上）シュットガルト。（下）ベアルン

第130図　第一次大戦末期のドイツ空母計画完成予想図

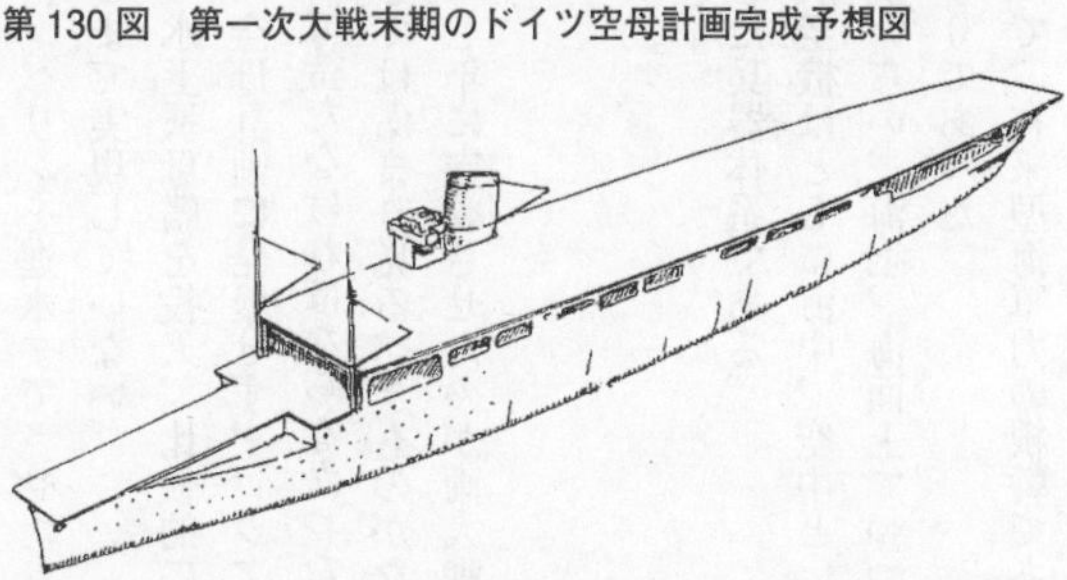

くつかを購入して、以後、世界でもっとも優秀な艦載水上機の発展に寄与することになる。ドイツ海軍はのちのナチス時代に、最初の空母グラフ・ツェッペリンを進水までさせたものの完成にいたらず、けっきょくドイツ空母は、今日にいたるまで実現していない。

ロシア海軍は第一次大戦中に客船や貨物船を改造した五隻の水上機母艦を投入、比較的に海軍の航空機使用に熱意を見せていたが、革命の勃発で以後の空母計画に発展せず、ロシア(ソ連)最初の空母は、じつに一九七五年に出現するキエフまで待たなければならなかった。

列強海軍では、有力な仏伊海軍も大戦中の航空機搭載艦としてはあまり見るべきものがなく、戦後、フランスが未成戦艦ベアルンを空母に改造、一九二七年に完成させたのが両大戦間に、日英米以外の唯一の空母であった。

潜水艦搭載航空機事始め

潜水艦と航空機は、ともに第一次世界大戦ではじめて登場した兵器体系である。

これまでの平面的二次元世界の兵器にたいして、潜水艦と航空機はともに海中、空中という三次元の空間を移動することのできる兵器である。船の出現いらい、海上、海面上でつづいてきた戦闘とは基本的にことなる、新しい戦闘方式のはじまりであった。

ただし、第一次世界大戦での航空機はまだまだ幼稚なレベルで、在来型海軍力の根幹であった戦艦に、ただちに大きな脅威となったわけではなかった。

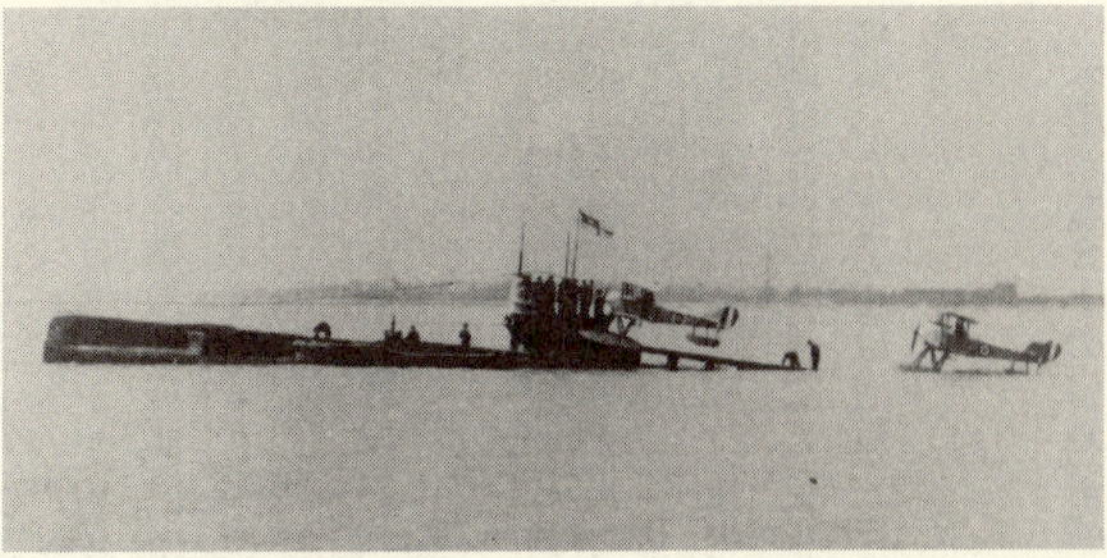

シュナイダー水上機をおろすE22

ただし、潜水艦はその隠密性から、海上の艦船にとってきわめて危険な存在となった。大艦といえども、水中防御力におとる在来艦のおおくはそのえじきとなり、さらに潜水艦を組織的に投入することで、相手の海上交通を破壊して、国力を締めあげる戦略的効果も発揮することができた。

潜水艦に航空機を搭載した最初は、ドイツ潜水艦U12が一九一五年一月に、その前甲板に双浮舟の水上機一機を載せて作戦行動をおこなったことが、嚆矢とされている。

この場合、搭載とはいっても、単に水上機を潜水艦の甲板上に、文字どおり載せただけであった。その目的は、水上機の足の短さをおぎなうため、できるだけ基地より遠い海上まで潜水艦で運んで、洋上から発進して目的地にたっし、爆撃なり偵察なりをおこなうことを意図していた。

この場合、とくに潜水艦の隠密性が要求されたわけではなく、潜水艦が潜航すれば、水上機はそのまま海面にのこされて発進できる、といった簡便さをかわれただけで、特別な搭載設備はなかったものと推定される。

約一年後の一九一六年のはじめに、イギリス海軍も似たようなことをトライしていた。イギリス海軍は当時、イギリス本土をたびたび襲うドイツ飛行船を撃墜するため、潜水艦に水上戦闘機を搭載して北海に進出し、ドイツ飛行船の飛行通路にあたる海上でこれを放って、飛行船の迎撃をはかったのである。

このため、潜水艦E22の艦橋後方の甲板上に、ソッピース・シュナイダー水上機二機を搭載する架台がもうけられた。この上に二条のレールをわたし、ここに水上機二機を搭載した。発進にさいしては、潜水艦の後部にトリムをかけて、後半部を沈めて傾斜をかけることで、水上機を後方にすべらせて海面に移動することを意図していた。

洋上での発進実験は三度おこなわれ、二度は発進にさいして水上機のフロートが破損失敗した。三度目に成功したものの、実際の作戦実施にはいたらなかった。

さらに、かんじんのE22が同年四月に、架台をつけたままUボートに撃沈されてしまい、計画は立ち消えとなった。先のU12の場合よりは本格的装備をほどこしたものの、水上機を搭載した状態では潜航できないという欠陥のため、実用性に欠けていたことはあきらかだった。

米潜水艦S1の搭載実験

第一次大戦における英独海軍のこころみは、あくまでも初歩的なものにとどまったが、こ

S1

うしたこころみは、大戦後も各国でおこなわれることになる。

これには潜水艦の大型化、巡洋潜水艦の構想にともなう兵装の強化拡大により、索敵・偵察能力の向上を目的に水上機を搭載することが意図されたもので、その最初がアメリカ海軍におけるS1の搭載実験であった。

S1はアメリカ潜水艦としては最初の実用的量産型潜水艦で、第一次世界大戦末期に計画され、同型五一隻が一九二〇年代のはじめまでに完成した。S1はこの第一艦で、一九二三年末に艦橋後方に円筒型の格納筒をもうけて、一九三二年ころまで断続的に搭載実験に従事した。

最初に搭載した水偵は、一九二二〜二四年にマーチン社で製造したMS1で、四機が調達された。

最初、この機体は格納筒から引きだし、後甲板で組み立てて発進するまでに約四時間を要し、実用的とはいえなかった。一九二六年にXS1という新しい機材が調達され、これだと浮上して格納筒から引きだして組み立て、艦を沈下させて機を発進させるのに一二分、機を回収して格納するまで一三分で完了することがたしかめられた。

アメリカ海軍では、一九二〇年代に計画されたVシリーズの大型艦隊型潜水艦の設計において、水偵の搭載を考慮した時期がある。S1の搭載実験は、こうした実用化への予備実験であったが、結果的にアメリカ海軍では以後、潜水艦への航空機搭載を実行していない。

唯一、一九五〇年代にはいってから、兵員輸送潜水艦に改造されたガトー級潜水艦の一部が、後甲板にもうけた格納筒にベルH13ヘリコプターを臨時に搭載した事例があるのみであった。

ユニーク一杯のアイデア

イギリス海軍は第一次大戦中の一九一五年に、主機に蒸気タービンを採用したユニークな艦隊型潜水艦K級を計画、建造した。そのうちの後期建造艦の四隻は、計画を変更して三〇センチ砲という大口径砲を搭載し、ディーゼル主機の潜水モニターとして建造されることになった。

これをM級と称しているが、とうじイギリス海軍の潜水艦はアルファベット順に命名していたから、偶然の一致か、作為的なのかは不明だが、モニターのMと一致した絶好の命名であった。

四隻のM級のうち、二番艦のM2は一九二五年に航空機搭載艦に改造されることになり、艦橋前の三〇センチ砲を撤去して、かわりに水偵一機を格納する格納庫をもうけた。さらに、

（上）Ｍ２。（下）スルクフ

その前方にカタパルトを設置し、カタパルトにより水偵を発進する最初の潜水艦となった。

Ｍ２は一九二八年末に改造工事をおえて就役した。水偵はブリストルのジョージパーネル社のペトという二座水偵で、約二時間の飛行が可能であった。プロトタイプ二機にくわえ、六機が製造された。

格納庫には、艦内より連絡する交通口があり、潜航中の格納庫内作業が可能であった。浮上とともに、ただちに格納庫の水密扉を水圧でひらき、カタパルトへの軌条を連結して、機をカタパルト上にうつして発進することができた。

回収にさいしては、格納庫上にクレーンを有し、これで機を揚収して格納庫内におさめるしくみであった。基本的に本艦の航空艤装は、ほぼ完成されたものであった。

一九三二年、演習中に行方不明となり、八日後に現場の海底で浸水沈没しているのが発見された。沈没原

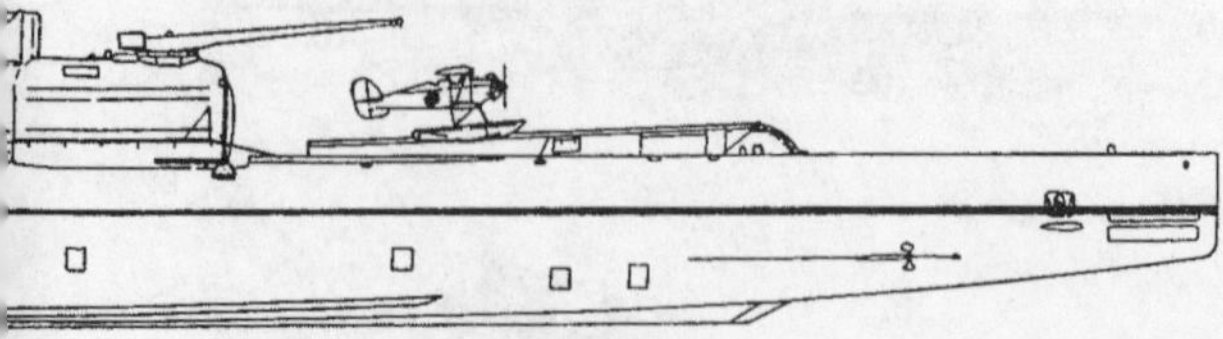

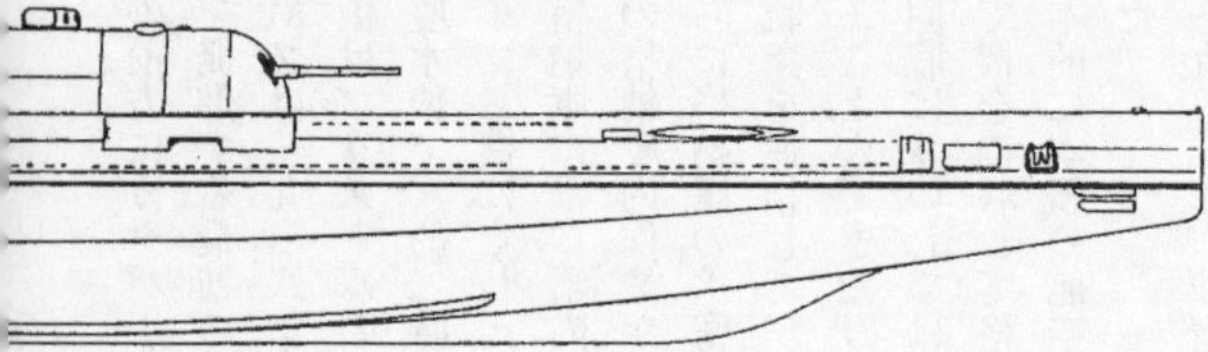

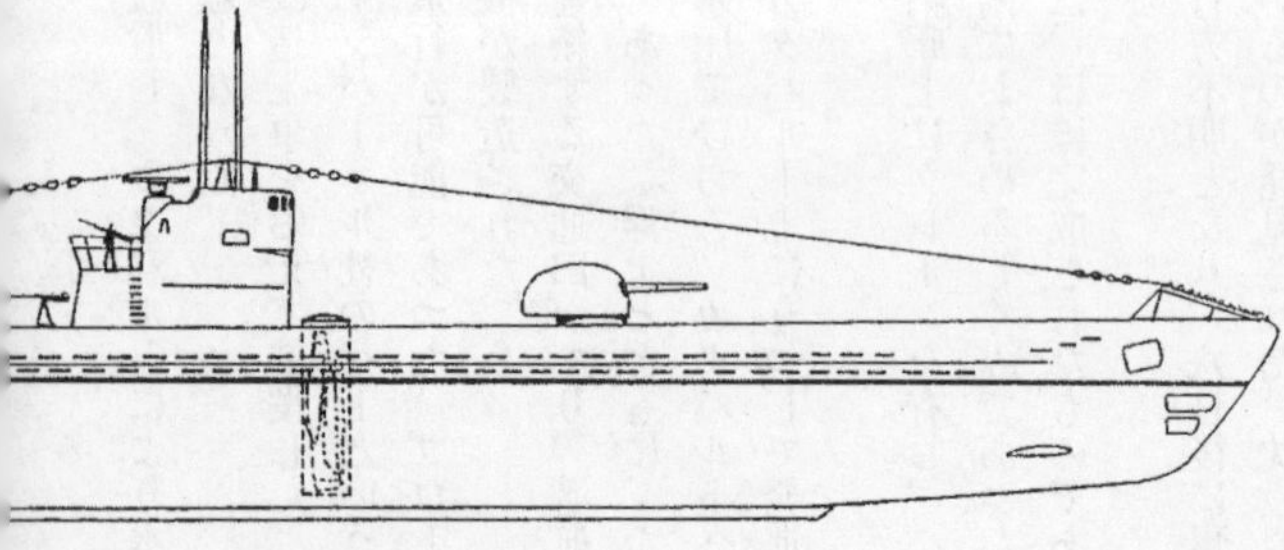

第 131 図　潜水艦 M2（イギリス）

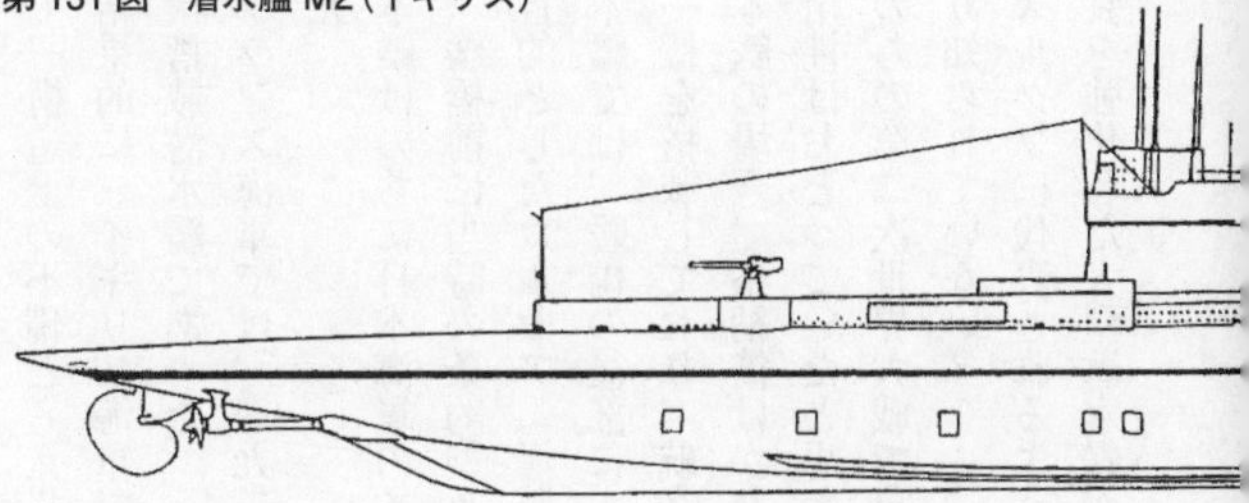

第 132 図　潜水艦スルクフ（フランス）

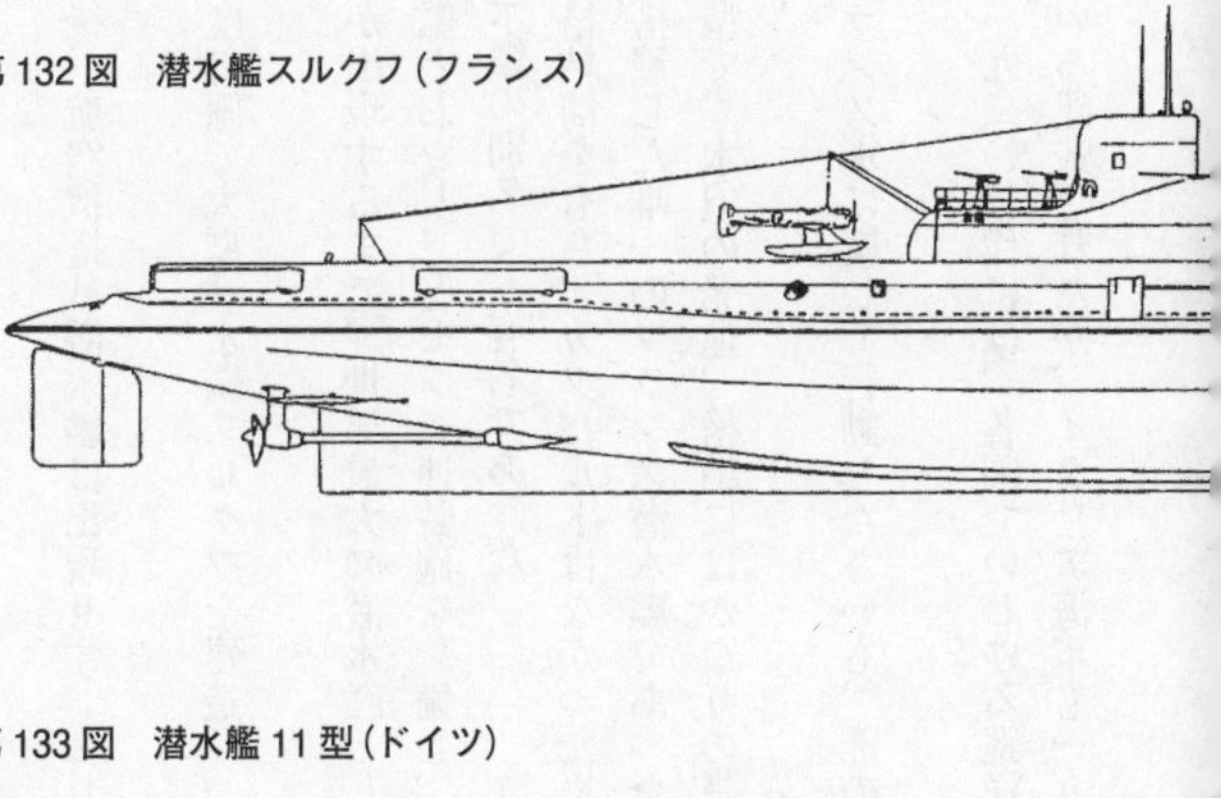

第 133 図　潜水艦 11 型（ドイツ）

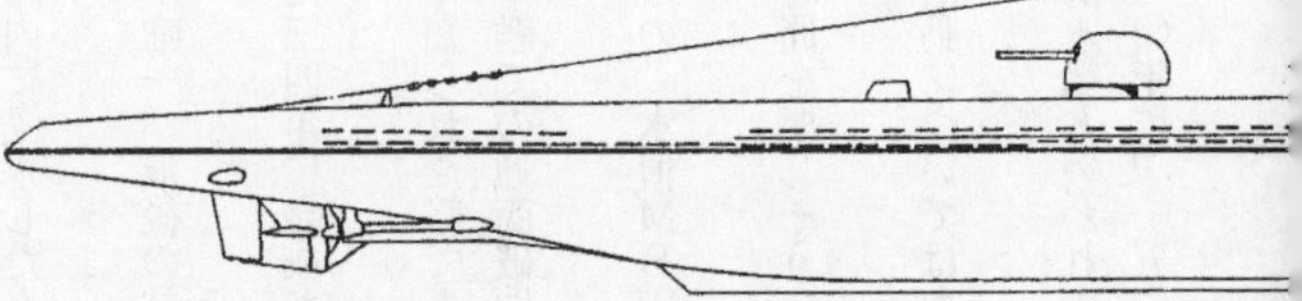

因は潜航中に格納庫扉より浸水、格納庫が満水となり、さらに連絡口より艦内に浸水したものので、構造上の不備と考えられた。

結果的に、イギリス海軍では以後、航空機搭載潜水艦は出現せず、これが唯一、最後の航空機搭載潜水艦であった。

フランス海軍では、一九二六年度計画で大型潜水艦スルクフを建造、一九三四年に完成させた。

本艦はのちに日本海軍のイ400型が出現するまで、世界最大の潜水艦として知られた艦である。艦橋前に当時の条約型重巡洋艦とおなじ二〇センチ連装砲を装備し、単艦での通商破壊を目的としたコルセア（海賊）潜水艦の別名でも有名であった。

本艦では、艦橋の後部に水偵の格納筒をもち、カタパルトはなかったものの、水偵MB114型一機を搭載しており、航空機を搭載した唯一のフランス潜水艦であった。

本艦の場合、格納筒はかなり小型で、水偵の発進、格納にはかなりの長時間を要しそうで、実用性はおとっていたと思われる。

のちの第二次世界大戦で自由フランス軍に属して行動したさいも、その活動についてはあまり知られていない。

スルクフに代表されるように、一九二〇年代には、各国でいわゆる巡洋潜水艦といわれる兵装を強化した大型潜水艦がいろいろ建造されたが、イタリア海軍も一九三〇年に、一五〇

第 134 図　第一次大戦で U12 が搭載した水上機

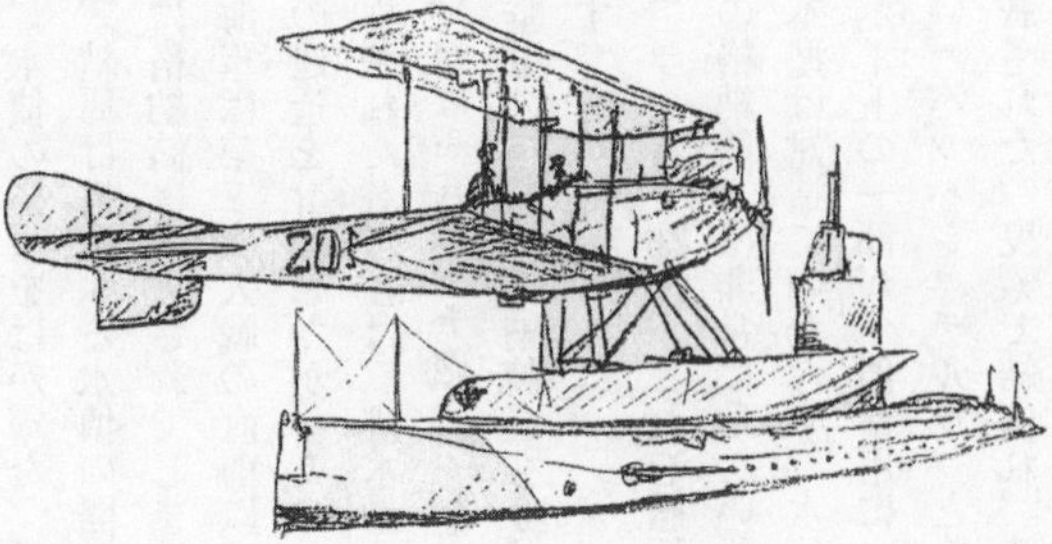

第 135 図　第二次大戦中、U ボートが装備した
オートジャイロ FA330

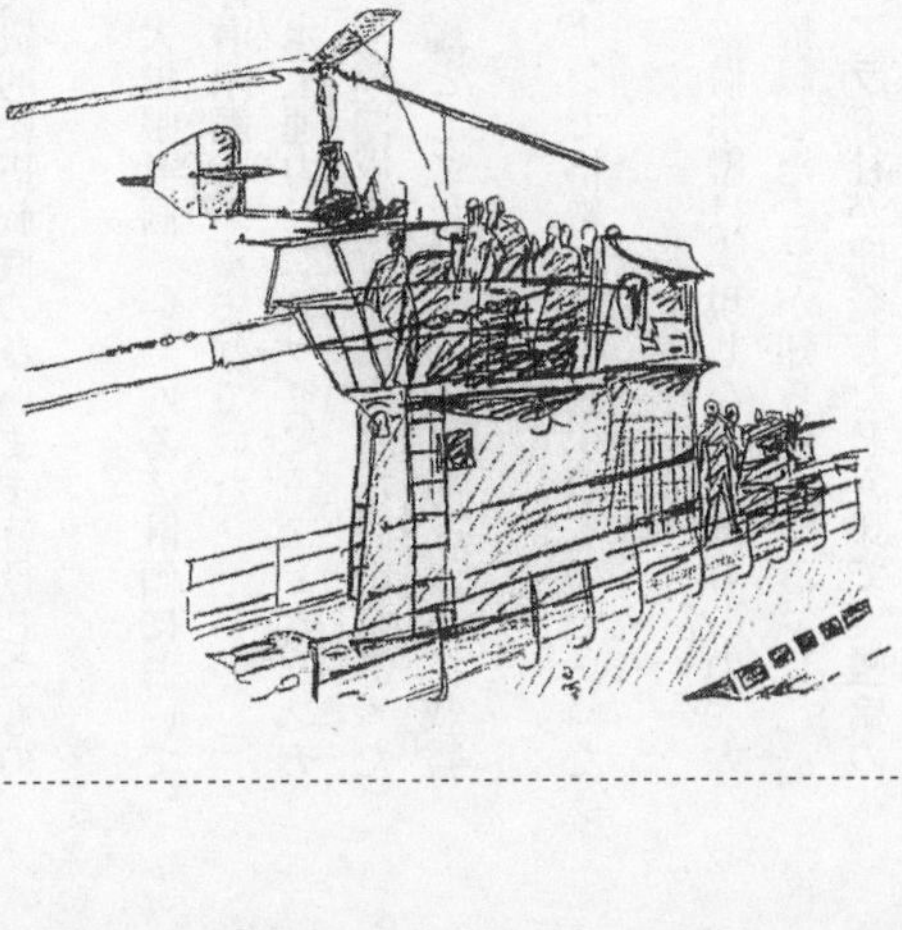

○トン級のエトーレ・フェラモスカを完成させたときに、艦橋の後方に搭載機用の格納筒をもうけて、水偵の搭載をはかった。

しかし、結局は搭載する水偵の開発に失敗して、実質的に搭載機のないまま就役したものの、のちに格納筒は撤去されてしまった。

ドイツ海軍は第二次大戦の直前に立案した海軍の一大拡張計画、いわゆるZ計画において各種艦艇の建造を計画したが、このなかに大型の巡洋潜水艦もふくまれていた。

11型と称された潜水艦は、排水量約二〇〇〇トン、水上速力二二ノット、一二・七センチ連装砲（当初は一五センチ砲）二基を搭載し、外洋での通商破壊を目的とした設計であった。艦橋前に垂直の搭載機格納筒をもうけて、ドイツ潜水艦としてははじめて本格的な水偵搭載艦となるはずであった。

水偵はアラドＡｒ231で、これを艦橋脇の起倒式クレーンで格納筒に揚収するものであったが、垂直の格納筒とは非常に珍しい設計であった。

結局、本型は建造にいたらず、水偵を搭載したドイツ潜水艦は実現しなかったものの、大戦中にUボートの一部が、偵察用にオートジャイロを搭載したことが知られている。

「せきれい」バッハシュテルツッといわれた本機は、アラド社が開発したＦＡ330で、艦橋の後部に搭載された。曳索で結ばれ、艦が全速で風上に向けて航行し、合成速度が四〇キロにたっすると、回転翼が回転して高度一〇〇メートル前後まで上昇可能であった。

かくて「潜水空母」誕生す

日本海軍の潜水艦への水偵搭載は、昭和四年（一九二九）にイ51に横廠式単座小型水偵を搭載したのがはじまりである。

ワシントン条約により、主力艦の保有量を制限された日本海軍は、いきおい補助艦艇の質的強化にはしり、大型巡洋潜水艦によって敵主力を襲撃、艦隊決戦に先だって勢力の削減をはかることが、主要作戦方針のひとつとなった。

広大な太平洋を舞台の作戦には、なによりも索敵力としての航空機の役割りが重視されたのは当然であった。

日本海軍では潜水艦搭載水偵を潜偵と称して、大正十二年にドイツからハインケル潜偵を購入、これにならって先の横廠式を完成した。イ51に搭載して実験をおこなったものの、昭和六年（一九三一）には耐圧式格納筒を艦橋後方両側にもうけて、本格的な搭載試験を実施した。

さらに昭和八年には、潜水艦用射出機の呉式一号二型も装備されて、ほぼ完成されたものとなった。

最初の実用搭載は、大正末期からドイツ巡潜にならって建造をはじめた巡潜Ⅰ型改のイ5で、昭和七年（一九三二）の竣工時から艦橋後方の甲板両舷に格納筒をもうけ、九一式潜偵

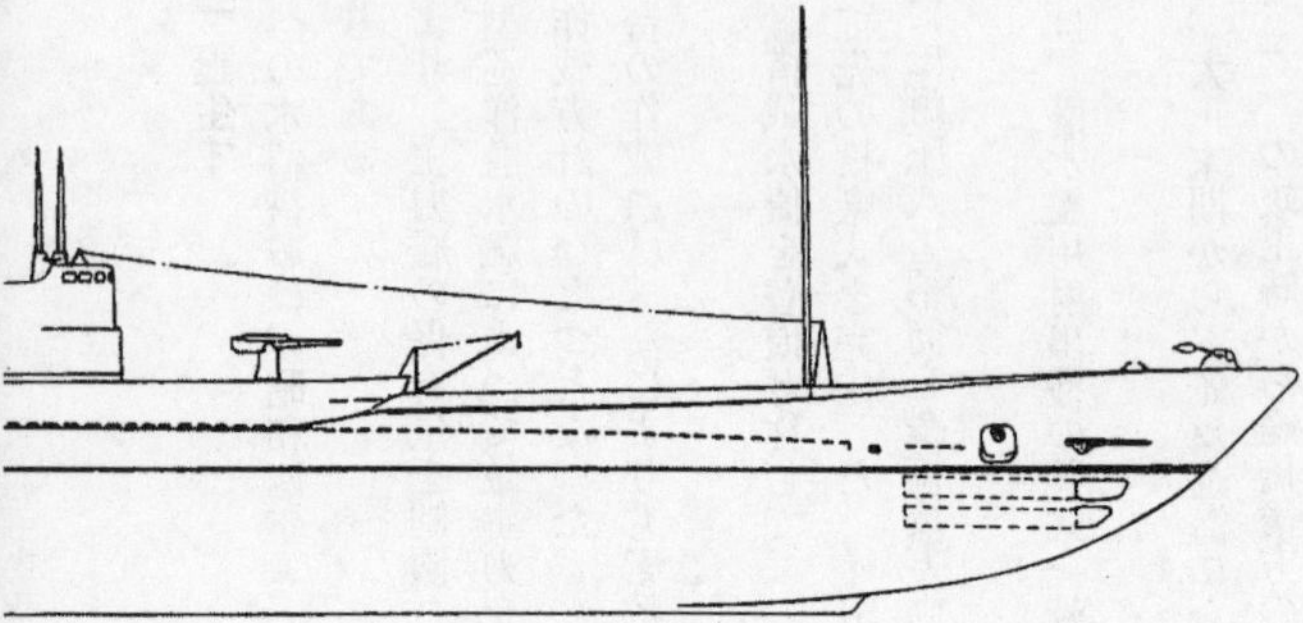

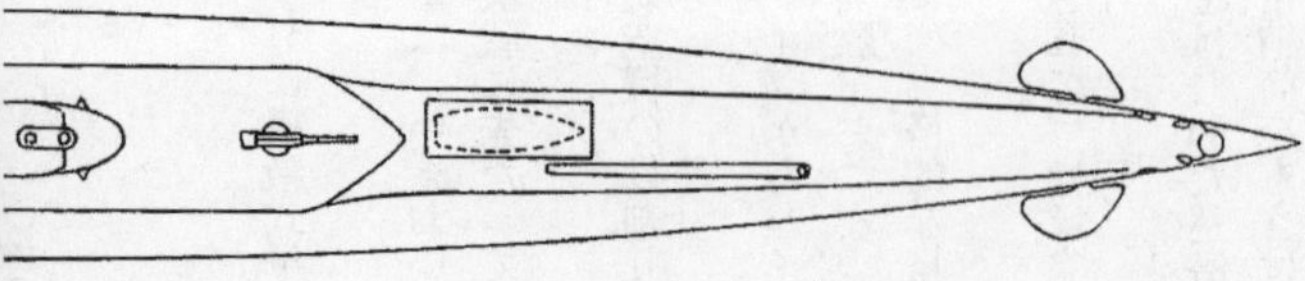

第136図　潜水艦イ6(巡潜Ⅱ型)

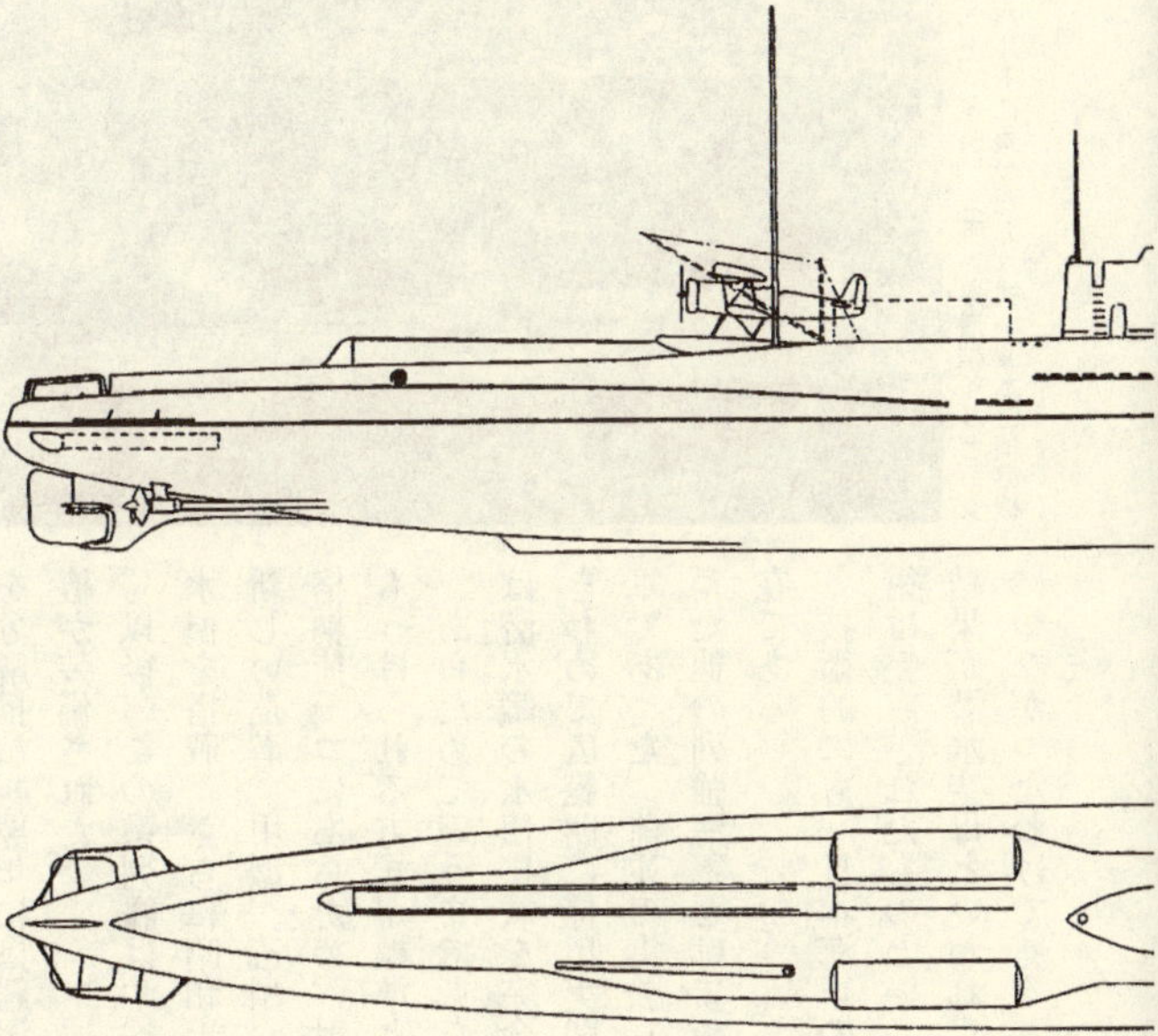

（上）イ51。（下）巡潜型イ8とカタパルトに乗った九六式小型水上偵察機

を分解搭載、翌年には艦尾に向けて射出機が装備された。

以後、この系列艦はすべてこの形式で水偵を搭載、さらに昭和十二年度計画の新しい巡潜、甲型、乙型からは艦橋前の格納筒一コにあらため、射出機も艦首にもうけられる方式が標準となった。

あらためていうまでもなく、日本海軍は潜水艦の水偵搭載を完全に実用化して、きわめて広範囲に採用実践した唯一の海軍であった。前述の実験レベルにとどまった他の列強海軍とはまったく異質な存在である。

技術的にも、日本海軍の航空機搭載技術は完成されたものといってよく、その結果が潜水空母といわれたイ400型の建造につながったわけである。

アメリカ本土を唯一空襲した日本機が、乙型の搭載水偵である事実も忘れられない戦果である。

結果的には、日本海軍の想定した洋上決戦における巡潜の活躍の場はなく、こうした優秀な機材と技術も、あまり日の目を見ずにおわったのも残念なことであった。

あとがき

軍艦に興味を持って、それと一生付き合う対象とする人間は、世間にはそう多くないと思うが、昔からそういう趣味嗜好を持っていた人はいろいろいたようで、中にはそれを生涯の仕事として海軍の造船官をめざした人もいたようである。一般人にとってはこうした趣味を持つと軍艦ファンとか呼ばれたが、現代風には軍艦オタクとでもいうのかもしれない。戦前、明治末期から「海軍」をテーマとした雑誌は存在していたが、海軍艦艇や航空機を対象とした雑誌は昭和七年ごろまでは存在しなかった。

しかし、終戦を転機にこうした雑誌は発刊を禁じられて、航空機関係は一足早く昭和二十六年には最初の雑誌が出現していたが、艦艇関係の雑誌は昭和三十一年に戦前の「海と空」が復刊したのが最初であった。

こうした、戦後の空白の一〇年間、我慢できなかった軍艦ファンは同好会員をつのって自前のガリ版刷り会誌を発行して知識欲を満たすという時代があったことを知る人間も少なくなっていよう。大阪の「ネービイ・サークル」と東京の「漣会」はこの時代の双璧で、昭和三十年代末まで会誌の発行を続け、会誌の常連執筆者がその後の艦艇専門誌のライターとして育った経緯もあった。

かくいう筆者も高校時代、こうした同好会の会員になり胸をときめかしていた一人で、やがて、原稿を投稿するまでになった。このとき選んだテーマが実は「超駆逐艦」であった。

ただし、これにはネタ本があり、当時、軍艦の模型を作ってやるからと、工業高校に通っていた友だちをけしかけて、代わりに軍艦の写真や記事が掲載してある「造船協会雑纂」という戦前の造船業界誌を図書室から切り取って持ってこさせていたのであった。

「造船協会雑纂」というのは、主に欧米の造船・海事記事の翻訳ダイジェスト版で、一般の軍艦ファンには全く知られていない戦前の軍艦記事写真の情報源で、専門的でかなり難解な内容も含まれていたが、ここにあったのが、「超駆逐艦」の一文だった。

これを下敷きにして「ネービイ・サークル」の会誌に発表した「超駆逐艦の変遷」は、大変好評で、当時、軍艦の神様といわれた旧造船官福井静夫氏の賛辞もいただき、恐縮した記憶がある。今を去る、六〇年前の話だが、ここに改めて「超駆逐艦」をまとめてみるとその当時が懐かしく思い起こされる。

今では艦船専門誌もいろいろあり軍艦ファンの知識欲を満たすに十分な情報があふれているが、かつてこんな時代があったということも知っておいてほしいと思う昨今である。

雑誌「丸」平成十五年八月号〜平成十七年二月号隔月連載
・原題「『軍艦のルーツ』うんちく考」他に加筆訂正

NF文庫

超駆逐艦 標的艦 航空機搭載艦

二〇一七年五月十五日 印刷
二〇一七年五月二十一日 発行

著 者 石橋孝夫
発行者 高城直一
発行所 株式会社潮書房光人社
〒102-0073 東京都千代田区九段北一-九-十一
振替/〇〇一七〇-六-五四六九三
電話/〇三-三二六五-一八六四(代)
印刷所 慶昌堂印刷株式会社
製本所 東 京 美 術 紙 工
定価はカバーに表示してあります
乱丁・落丁のものはお取りかえ
致します。本文は中性紙を使用

ISBN978-4-7698-3006-1 C0195
http://www.kojinsha.co.jp

NF文庫

刊行のことば

第二次世界大戦の戦火が熄《や》んで五〇年——その間、小社は夥しい数の戦争の記録を渉猟し、発掘し、常に公正なる立場を貫いて書誌とし、大方の絶讃を博して今日に及ぶが、その源は、散華された世代への熱き思い入れであり、同時に、その記録を誌して平和の礎とし、後世に伝えんとするにある。

小社の出版物は、戦記、伝記、文学、エッセイ、写真集、その他、すでに一、〇〇〇点を越え、加えて戦後五〇年になんなんとするを契機として、「光人社NF（ノンフィクション）文庫」を創刊して、読者諸賢の熱烈要望におこたえする次第である。人生のバイブルとして、心弱きときの活性の糧《かて》として、散華の世代からの感動の肉声に、あなたもぜひ、耳を傾けて下さい。

潮書房光人社が贈る勇気と感動を伝える人生のバイブル

ＮＦ文庫

特攻戦艦「大和」その誕生から死まで
吉田俊雄

「大和」はなぜつくられたのか、どんな強さをもっていたのか——昭和二十年四月、沖縄へ水上特攻を敢行した超巨大戦艦の全貌。

日本陸軍の秘められた兵器 最前線の兵士が求める異色の兵器
高橋　昇

ロケット式対戦車砲、救命落下傘、地雷探知機、野戦衛生兵装具——第一線で戦う兵士たちをささえた知られざる〝兵器〟を紹介。

母艦航空隊 実戦体験記が描く搭乗員と整備員たちの実像
高橋定ほか

艦戦・艦攻・艦爆・艦偵搭乗員とそれを支える整備員たち。洋上の基地「航空母艦」の甲板を舞台に繰り広げられる激闘を綴る。

本土空襲を阻止せよ！ 従軍記者が見た知られざるＢ29撃滅戦
益井康一

日本本土空襲の序曲、中国大陸からの戦略爆撃を阻止せんと、空陸で決死の作戦を展開した、陸軍部隊の知られざる戦いを描く。

赤い天使 白衣を血に染めた野戦看護婦たちの深淵
有馬頼義

恐怖と苦痛と使命感にゆれながら戦野に立つ若き女性が見た兵士たちの過酷な運命——戦場での赤裸々な愛と性を描いた問題作。

戦場に現われなかった爆撃機
大内建二

日米英独ほかの計画・試作機で終わった爆撃機、攻撃機、偵察機六三機種の知られざる生涯を図面多数、写真とともに紹介する。

＊潮書房光人社が贈る勇気と感動を伝える人生のバイブル＊

ＮＦ文庫

艦艇防空
石橋孝夫

軍艦の大敵・航空機との戦いの歴史
第二次大戦で猛威をふるい、水上艦艇にとって最大の脅威となった航空機。その強敵との戦いと対空兵器の歴史を綴った異色作。

悲劇の艦長西田正雄大佐
相良俊輔

戦艦「比叡」自沈の真相
ソロモン海に消えた「比叡」の最後の実態を、自らは明かされず、怯懦の汚名の下に苦悶する西田艦長とその周辺を描いた感動作。

海鷲 ある零戦搭乗員の戦争
梅林義輝

予科練出身・最後の母艦航空隊員の手記
本土防空戦、沖縄特攻作戦。苛烈な戦闘に投入された少年兵の証言——若きパイロットがつづる戦場、共に戦った戦友たちの姿。

海軍軍令部
豊田　穣

戦争計画を統べる組織と人の在り方
連合艦隊、鎮守府等の上にあって軍令、作戦、用兵を掌る職——日本海軍の命運を左右した重要機関の実態を直木賞作家が描く。

軍艦と装甲
新見志郎

主力艦の戦いに見る装甲の本質とは
艦全体を何からどう守るのか。バランスのとれた防御思想とは。侵入しようとする砲弾や爆弾を阻む〝装甲〟の歴史を辿る異色作。

新兵器・新戦術出現！
三野正洋

時代を切り開く転換の発想
独創力が歴史を変えた！　戦争の世紀、二〇世紀に現われた兵器と戦術——性能や戦果、興亡の歴史を徹底分析した新・戦争論。